中國企業社會責任
內部控制研究

前　言

　　隨著中國經濟的迅速發展，環境保護、食品安全以及員工權益保護等問題日益增多，企業社會責任失範的案例頻頻曝光。社會責任風險拓寬了企業的風險邊界，提升了企業的風險等級，嚴重制約企業的可持續發展。那麼，是什麼導致了企業社會責任缺失現象愈演愈烈？一個重要的原因在於許多企業尚未構建系統完善並有效運行的社會責任內部控制系統。中國《內部控制應用指引第4號——社會責任》將社會責任風險控制作為重要內容，但缺乏理論基礎架構和更為具體的實務細則及分行業操作指南。現階段，中國只有石油石化、汽車等少數行業引入了發達國家的 HSE（Health Safety Environment）或 QHSE（Quality Health Safety Environment）管理系統，大部分企業內部控制主要是基於合規性和效益性的考量，僅依靠法律法規來控制企業社會責任風險，存在滯後性和高風險，有必要建立或健全社會責任內部控制系統，有效管控企業社會責任風險，促進企業的健康可持續發展。

　　第一部分　導論。提出本研究的選題背景和意義、研究目標和方法、研究主要內容、關鍵概念界定。構建和實施企業社會責任內部控制是人本經濟時代的必然選擇和未來發展方向。

　　第二部分　企業社會責任內部控制研究綜述。通過理論與實務兩個層面的梳理對企業社會責任內部控制進行了綜述，主要包括企業社會責任內部控制理論基礎、社會責任與內部控制的互動關係、企業社會責任內部控制框架以及相關研究等。總體而言，企業社會責任理論和內部控制的理論研究成果較多，而將社會責任和內部控制進行整合研究的成果很少，亟待開展企業社會責任內部控制研究，為形成企業社會責任內部控制的理論框架與實踐體系提供支撐。

　　第三部分　企業社會責任內部控制基礎理論。包括企業社會責任內部控制的概念和本質、目標和職能、主體和對象、假設和原則等，彌補企業社會責任內部控制基礎理論研究的空缺，為企業社會責任內部控制建設提供理論依據。

　　第四部分　企業社會責任內部控制作用機理。企業內部控制基本規範自

2009年7月1日在上市公司開始施行，一般地，一項政策實施後3~5年是效果最為顯著的窗口期，因此，本書通過對2009—2013年A股上市公司的經驗數據進行實證檢驗，分析內部控制、財務績效對企業社會責任的影響以及企業社會責任、內部控制與企業可持續發展水準的關係。研究表明，財務績效和內部控制對企業社會責任的承擔產生顯著正向影響，內部控制能夠正向調節財務績效和企業社會責任之間的關係；研究還發現，企業社會責任、內部控制質量與企業可持續發展水準顯著正相關，同時前兩者間良性互動對企業的可持續發展產生了協同效應。進一步研究發現，這一協同效應在管理層權力較大的上市公司中並不顯著。研究結果拓展了企業可持續發展研究視角，有助於打開企業社會責任實現機理的黑箱，對「新常態」下提升中國上市公司企業社會責任意識、完善內部控制建設，進而提升企業財務績效、實現可持續發展具有重要現實意義。因此，財務績效越好，內部控制越完善，就越能夠促進企業履行社會責任，從而提升企業的可持續發展水準。以上研究揭示了企業社會責任內部控制的實現機理，並為企業構建社會責任內部控制提供了決策參考。

第五部分　企業社會責任內部控制實現路徑。本部分構建了以戰略為導向、以社會責任風險管控為中心的企業戰略性社會責任內部控制框架，將企業社會責任內部控制分別融入企業戰略、企業文化、企業預算、企業合同管理、企業稅務、企業QHSE管理信息系統，兩兩有機耦合，交互共生。此外，本部分還提出企業社會責任內部控制審計的理論基礎和實施環境，構建企業社會責任內部控制審計的理論框架體系，對企業社會責任內部控制的內部環境、風險評估、控制活動、信息與溝通、內部監督等進行全面評價與審計。

第六部分　不同行業背景下企業社會責任內部控制的應用研究。我們選擇了比較典型的、能夠拿到第一手資料信息的三個行業：汽車行業、食品行業和金融行業。首先，從內部質量管理、企業社會責任利益相關者、內部控制目標與環境、溝通與內部監督機制、風險評估與應對、社會責任投資、社會責任報告與審計七個方面提出實現汽車行業社會責任內部控制的路徑。其次，結合QHSE管理系統對Y食品企業內部控制體系提出優化意見，以期促進Y食品企業完善內部控制制度，並為其他食品企業的內部控制建設提供實踐參考。最後，從社會、環境、經濟三個方面將社會責任項目分為15個商業銀行社會責任報告一級評價指標和多個二級具體評價指標，構建商業銀行社會責任內部控制評價體系。

第七部分　企業社會責任內部控制的創新研究。第一，探索供應鏈內部控制。突破單個企業組織的內部控制研究，將企業社會責任內部控制窗口往供應鏈領域擴寬，提出面向供應鏈的內部控制鏈理念，構建以供應鏈核心企業為基

礎、以利益相關者為導向、以社會責任風險管控為中心的企業社會責任內部控制架構，包括綠色發展戰略、綠色信息與溝通、綠色物流、控制活動和內部監督，並從決策、執行和監督三個層面提出實施路徑。第二，探索互聯網+社會責任內部控制。在「互聯網+」時代背景下，企業社會責任、內部控制與信息化的結合是內部控制理論創新和實踐發展的必然方向。可以推動中國企業社會責任內部控制信息化，提高企業內部控制的戰略高度、人本溫度和信息化速度。第三，探索環境社會責任審計。內部審計是對內部控制的再控制，環境社會責任審計是基於環境審計和社會責任審計相融合，構建以環境社會責任風險為導向、環境審計為中心的企業環境社會責任審計框架，包括環境社會責任審計的概念、主體、目標、內容、方法、標準和報告等。

第八部分 研究結論與展望。本部分對前面的研究進行總結，提出研究展望。

本書主要從以上八個部分對企業社會責任內部控制的實現機理與實施路徑進行分析研究，以期為企業加強內部控制建設、政府部門完善內部控制規範體系提供理論依據和決策參考。

作者

目 錄

1 導論 / 1
   1.1 選題背景和意義 / 1
   1.2 研究目標和方法 / 3
   1.3 研究主要內容 / 4
   1.4 關鍵概念界定 / 6

2 企業社會責任內部控制研究綜述 / 10
   2.1 企業社會責任內部控制的理論基礎研究 / 10
   2.2 企業社會責任與內部控制的互動關係研究 / 12
   2.3 企業社會責任內部控制框架研究 / 14
   2.4 其他相關研究 / 16
   2.5 研究述評 / 18

3 企業社會責任內部控制基礎理論 / 19
   3.1 企業社會責任內部控制的概念和本質 / 19
   3.2 企業社會責任內部控制的目標和職能 / 20
   3.3 企業社會責任內部控制的主體和對象 / 22
   3.4 企業社會責任內部控制的假設和原則 / 23

4 企業社會責任內部控制作用機理 / 28
   4.1 內部控制、財務績效對企業社會責任影響的實證研究 / 28

4.2 企業社會責任、內部控制與企業可持續發展的實證研究 / 41

5 企業社會責任內部控制實現路徑 / 57

5.1 企業戰略性社會責任內部控制框架構建 / 57

5.2 企業社會責任內部控制文化建設 / 68

5.3 企業戰略性社會責任預算控制 / 78

5.4 基於企業戰略性社會責任的合同內部控制審計 / 86

5.5 企業社會責任稅務內部控制構建 / 95

5.6 社會責任導向的企業 QHSE 管理信息系統 / 102

5.7 企業社會責任內部控制審計 / 111

6 不同行業背景下企業社會責任內部控制的應用研究 / 123

6.1 企業社會責任內部控制的理論框架與實施路徑
　　——以汽車行業為例 / 123

6.2 基於價值鏈的 QHSE 內部控制優化
　　——以 Y 食品企業為例 / 135

6.3 企業社會責任內部控制評價指標設置
　　——以金融行業為例 / 144

7 企業社會責任內部控制的創新研究 / 152

7.1 基於綠色供應鏈管理的企業社會責任內部控制體系 / 152

7.2 基於「互聯網+」的企業社會責任內部控制 / 161

7.3 基於環境資源保護的企業社會責任內部審計 / 168

8 研究結論與展望 / 181

8.1 研究總結 / 181

8.2 研究展望 / 183

參考文獻 / 189

1 導論

1.1 選題背景和意義

將「企業社會責任」嵌入企業內部控制體系是人本經濟時代各企業實現可持續發展的必然選擇。從 1924 年謝爾頓提出「企業社會責任」概念一詞到 1997 年社會責任標準認證制度（SA800）的建立，再到 2014 年《中國企業社會責任報告白皮書（2013）》的發布，「企業社會責任」從來就沒有離開過人們的視線。隨著理論與實務界對企業社會責任的研究越來越多、越來越深入，企業對於承擔社會責任的內容以及範圍更加明晰，但對其經營活動中所面臨的社會責任風險卻瞭解甚少。隨著中國經濟的迅速發展，居民生活水準大幅提高，消費者對於產品的要求已不僅僅限於滿足自身的基本生理需求，更在意產品是否能給自己帶來獨特的價值。企業供給側未能很好地回應和滿足社會需求，傳統的經營發展模式導致環境污染、食品藥品安全難以保障以及員工權益保護失範等問題日益增多，企業社會責任失範的案例頻頻曝光。從「三鹿毒奶粉」到「地溝油」「瘦肉精」再到「汽車召回」事件，企業社會責任缺失問題已經從食品行業蔓延到製造業，企業重視和履行社會責任成了社會焦點話題。社會責任風險拓寬了企業的風險邊界，提升了企業的風險等級，嚴重制約了企業經濟的可持續發展。是什麼導致了企業社會責任風險居高不下並屢屢爆發社會責任危機呢？對法制的漠視以及缺乏質量健康安全管理體系（Quality Health Safety and Environment，QHSE），是企業社會責任危機產生的重要原因。企業亟待全面構建一個系統完善並有效運行的社會責任內部控制系統。

企業內部控制建設的一個重要目標就是合理保證企業經營管理的合法合規性。企業對國家政策法律的遵守，需要通過內部控制系統來實現。企業社會責任危機的頻繁發生，折射了企業社會責任內部控制存在缺陷。中國《內部控

制應用指引第 4 號——社會責任》將社會責任風險控制作為重要內容，但缺乏理論基礎架構和更為具體的實務細則及分行業操作指南。中國現階段，只有石油石化、汽車等少數行業引入了發達國家的 HSE（Health Safety Environment）或 QHSE 管理系統，大部分企業內部控制主要是基於合規性和效益性的考量，僅依靠法律法規來控制企業社會責任風險存在滯後性和高風險特徵，有必要建立或健全社會責任內部控制系統，有效管控企業社會責任風險，促進企業的健康可持續發展。

理論界對企業社會責任內部控制的研究尚處於萌芽階段，實務中所出現的由於內部控制失效所導致的社會責任危機又亟須理論指導。黨的十八大以來，中國經濟、政治、社會和文化等領域均逐漸進入新常態，表現為：經濟從高速增長轉為中高速增長，經濟結構優化升級，從要素驅動、投資驅動轉向創新驅動；摒棄一味追求速度而忽視資源節約、環境保護、科學發展等；把權力關進制度的籠子裡，預防和打擊貪腐；創新社會治理體制，推進法治社會建設，構建和諧社會；培育和倡導社會主義核心價值觀，淨化人們的精神追求等。這體現了綠色發展、和諧發展、人本發展、可持續發展的理念。企業是構成市場經濟的基本細胞，內部控制作為企業實現經營目標、創造價值的戰略性構件和基礎工具，應根據外部環境的變化做出相應調整，積極履行社會責任，做負責任、有擔當的企業公民。但是隨著社會環境的劇烈變化，社會責任的履行不單是企業家的自發行為，而企業社會責任被拓展為每個企業的非自願責任。企業從哪些方面履行社會責任成為這一時期社會責任研究的核心內容，「三個同心圓」理論、社會責任「金字塔」模型以及「三重底線」理論指明了企業未來履行社會責任的方向，拯救了多數企業在「社會責任」大潮中手足無措的狀況，使多數企業在面對社會責任危機時態度由消極被動回應到積極主動處理。雖然企業在履行社會責任方面得到了一定程度的啟示，但是社會責任概念界定的混亂仍然導致實務界在履行社會責任方面出現亂象叢生的狀況。有些企業便開始鑽空子，打著「利益相關者共同治理」的旗號，實際卻是「一股獨大」，「偽社會責任行為」愈演愈烈，最終必將導致社會危機的產生。很顯然，除了社會責任概念界定不清以外，企業內部缺乏完善的制度對「偽社會責任行為」進行約束也是導致這種狀況發生的主要原因。企業社會責任理論蓬勃發展，並在國家宏觀層面和行業中觀層面取得重要成果，但關於如何在企業微觀層落地，卻缺乏研究。基於內部控制視角研究企業社會責任問題，是社會責任應用於實踐的必然選擇和未來發展方向。

現代內部控制產生於 19 世紀 40 年代，此後人們對於內部控制的研究方興

未艾，內部控制的含義及其理論也在不斷演化發展。總的來說，企業內部控制理論主要經歷了內部牽制、內部控制、內部控制結構、內部控制整體框架、風險管理整體框架五個階段。從內部控制的發展軌跡可以看出，隨著控制環境的變化，單一、靜態的內部控制（結構）顯得不再適用，而複合、動態的內部控制框架（體系）正逐步嵌入企業整體的戰略管理過程。但是我們不難發現，內部控制的發展歷程是一項在原先的系統上「打補丁」式的理論發展模式，根據控制環境的變化與時俱進地吸納新內容。這種理論發展模式缺乏系統性和科學性，甚至容易產生邏輯矛盾，控制工具日漸複雜，但控制效率卻不容樂觀。造成這種情況的根本原因在於內部控制理論研究將控制重心始終置於「物」的要素之上，對控制環境和控制目標給予了應有的關注，而對控制主體和控制活動缺乏全面、深入考慮，而後者顯然受到人的因素的顯著影響。內部控制整體框架和風險管理整體框架雖然考慮到人對內部控制系統的影響，但人的因素仍然依附於物本內部控制框架，內部控制「物是人非」「見物不見人」，引發了企業內部控制衝突和社會責任危機。在「新常態」宏觀經濟背景下，企業社會責任能夠為企業可持續發展提供先行優勢、創新途徑及資源基礎，內部控制能夠通過規範企業行為、提升資源配置效率實現企業可持續發展。企業社會責任與內部控制二者有機耦合，能夠產生「1+1>2」的協同效應，對提升中國企業的社會責任意識、完善內部控制建設，進而實現可持續發展具有重要現實意義。

1.2 研究目標和方法

（1）研究目標

研究目標是提出企業社會責任內部控制的實現機理和路徑，將企業社會責任風險全面納入企業內部控制系統，推動企業內部控制理論與實務的創新發展，為中國企業社會責任內部控制建設提供理論依據、政策參考和實踐指引。本研究重點闡述企業社會責任內部控制的基礎理論，企業社會責任內部控制實現的機理和路徑。現有內部控制體系體現「股東至上」的邏輯，追求股東經濟利益的最大化，對社會效益等問題缺乏考慮，損害了其他利益相關者的權益，降低了企業經濟發展的可持續性，而且引發一系列社會責任缺失問題，使社會整體利益受損。本研究針對企業社會責任內部控制的理論薄弱、缺少相應系統研究的現狀，在參考借鑑中西方企業社會責任內部控制、人力資本控制、

環境控制、利益相關者理論、經濟可持續發展理論等相關研究成果基礎上，遵照「取其精華、去其糟粕、由表及裡、由淺入深」的科學研究指導思想，構建邏輯一致、結構嚴謹的企業社會責任內部控制研究框架體系，包括企業社會責任內部控制綜述、企業社會責任內部控制基礎理論、企業社會責任內部控制作用機理、企業社會責任內部控制實現路徑、企業社會責任內部控制創新研究，力求對企業社會責任內部控制問題進行科學系統的研究，為企業社會責任內部控制理論研究與企業內部控制實踐提供參照，推動中國企業內部控制創新和內部控制體系變革，以促進企業經濟健康可持續發展。

（2）研究方法

本研究在梳理和吸收相關文獻基礎上，擬採取規範研究、實證研究和案例研究相結合的研究方法對企業社會責任內部控制問題進行系統和深入的研究。將企業社會責任嵌入內部控制體系，分析診斷企業內部控制存在的問題，構建企業社會責任內部控制理論與實務框架。本研究的主體邏輯框架及研究內容安排採用了規範研究的方法，本研究在將企業社會責任導入內部控制體系的過程中，既追蹤相關理論前沿，旁徵博引，取長補短，又立足於中國的經濟社會實踐，將理論研究與內部控制實踐緊密結合起來，堅決避免就理論談理論，提高了研究的政策參考意義及實踐指導價值。同時，本研究還引用了大量的上市公司數據、事件或案例，通過翔實可靠的論據，對所提出的理論觀點進行論證，以達到「理論頂天、實踐立地」的目的。本研究在研究過程中綜合應用了經濟學、管理學、社會學、環境生態學等不同學科的知識，利益相關者理論、企業社會責任理論等相關理論都將被充分應用，並在理論推演方面遵循「去粗取精、去偽存真、由此及彼、由表及裡」的科學研究原則，以保證結論的嚴謹性。

1.3 研究主要內容

第1章：導論。本章提出本研究的選題背景和意義、研究目標和方法、研究主要內容、關鍵概念界定。構建和實施企業社會責任內部控制是人本經濟時代的必然選擇和未來發展方向。

第2章：研究綜述。本章通過理論與實務兩個層面的梳理對企業社會責任內部控制進行了綜述，主要包括企業社會責任內部控制理論基礎、企業社會責任與內部控制的互動關係、企業社會責任內部控制框架以及相關研究等。總體

而言，企業社會責任理論和內部控制理論研究較多，而將社會責任和內部控制進行整合研究的成果很少，亟待開展企業社會責任內部控制研究，為形成企業社會責任內部控制的理論框架與實踐體系提供支撐。

第3章：企業社會責任內部控制基礎理論。本章包括企業社會責任內部控制的概念和本質、目標和職能、主體和對象、假設和原則等，彌補企業社會責任內部控制基礎理論研究的空缺，為企業社會責任內部控制建設提供理論依據。

第4章：企業社會責任內部控制作用機理。企業內部控制基本規範自2009年7月1日在上市公司開始施行。一般地，一項政策實施後3~5年是效果最為顯著的窗口期，因此，通過對2009—2013年A股上市公司的經驗數據進行實證檢驗，分析內部控制、財務績效對企業社會責任的影響以及企業社會責任、內部控制與企業可持續發展水準的關係。研究表明，財務績效和內部控制對企業社會責任的承擔產生顯著正向影響，內部控制能夠正向調節財務績效和企業社會責任之間的關係；同時研究還發現，企業社會責任、內部控制質量與企業可持續發展水準顯著正相關，同時前兩者間的良性互動對企業的可持續發展產生了協同效應。進一步研究發現，這一協同效應在管理層權力較高的上市公司中並不顯著。研究結果拓展了企業可持續發展研究視角，有助於打開企業社會責任實現機理的黑箱，對「新常態」下提升中國上市公司企業社會責任意識、完善內部控制建設，進而提升企業財務績效、實現可持續發展具有重要現實意義。因此，財務績效越好，內部控制越完善，就越能夠促進企業履行社會責任，從而提升企業的可持續發展水準。以上揭示了企業社會責任內部控制的實現機理，並為企業構建社會責任內部控制提供了決策參考。

第5章：企業社會責任內部控制實現路徑。本章構建以戰略為導向、以社會責任風險管控為中心的企業戰略性社會責任內部控制框架，將企業社會責任內部控制分別融入企業戰略、企業文化、企業預算、企業合同管理、企業稅務、企業QHSE管理信息系統，兩兩有機耦合，交互共生。此外，還提出企業社會責任內部控制審計的理論基礎和實施環境，構建企業社會責任內部控制審計的理論框架體系，對企業社會責任內部控制的內部環境、風險評估、控制活動、信息與溝通、內部監督等進行全面評價與審計。

第6章：不同行業背景下企業社會責任內部控制的應用研究。我們選擇了比較典型的、能夠拿到第一手資料信息的三個行業：汽車行業、食品行業和金融行業。首先，從內部質量管理、企業社會責任利益相關者、內部控制目標與環境、溝通與內部監督機制、風險評估與應對、社會責任投資、社會責任報告

與審計七個方面提出實現汽車行業社會責任內部控制的路徑。其次，結合QHSE管理系統對Y食品企業內部控制體系提出優化意見，以期促進Y食品企業完善內部控制制度，並為其他食品企業的內部控制建設提供實踐參考。最後，從社會、環境、經濟三個方面將社會責任項目分為15個一級商業銀行社會責任報告的評價指標和多個二級具體評價指標，構建商業銀行社會責任內部控制評價體系。

第7章：企業社會責任內部控制的創新研究。第一，探索供應鏈內部控制。突破單個企業組織的內部控制研究，將企業社會責任內部控制窗口往供應鏈領域擴寬，提出面向供應鏈的內部控制鏈理念，構建以供應鏈核心企業為基礎、以利益相關者為導向、以社會責任風險管控為中心的企業社會責任內部控制架構，包括綠色發展戰略、綠色信息與溝通、綠色物流、控制活動和內部監督，並從決策、執行和監督三個層面提出實施路徑。第二，探索「互聯網+」社會責任內部控制。在「互聯網+」時代背景下，企業社會責任、內部控制與信息化的結合是內部控制理論創新和實踐發展的必然方向，推動中國企業社會責任內部控制信息化，提高企業內部控制的戰略高度、人本溫度和信息化速度。第三，探索環境社會責任審計。內部審計是對內部控制的再控制，環境社會責任審計是基於環境審計和社會責任審計相融合，構建以環境社會責任風險為導向、環境審計為中心的企業環境社會責任審計框架，包括環境社會責任審計的概念、主體、目標、內容、方法、標準和報告等。

第8章：研究結論與展望。本章通過對前面章節企業社會責任內部控制基本理論、實現機理與路徑、案例研究、未來創新研究等進行總結，提出研究展望。

1.4　關鍵概念界定

（1）關於「企業社會責任」。根據「三重底線」（Triple Bottom Line）理論，廣義的企業社會責任（Corporate Social Responsibility，簡稱CSR）包括經

濟責任、社會責任和環境責任①。從強制性程度上看，可以將企業社會責任劃分為基於法律層次的強制性社會責任和基於道德層次的非強制性（或自願性）社會責任。企業社會責任的主要理論包括利益相關者理論、社會責任層級理論、企業公民理論、經濟倫理學的社會責任理論等。參照聯合國「全球契約」（Global Compact）和中國《企業內部控制應用指引》（2010），基於法律層次的強制性企業社會責任是指企業在經營發展過程中必須履行的社會職責和義務，主要包括安全生產、產品質量（含服務）、環境保護、資源節約、促進就業、員工權益保護、反貪污等，利益相關者具有現實性、直接性。基於道德層次的非強制性企業社會責任比較廣泛，包括支持和參與社區文化建設、從事慈善事業包括扶貧、助教、救災等，利益相關者具有潛在性、間接性。企業應當重視履行社會責任，實現企業與員工、企業與社會、企業與環境的和諧共生，以及經濟效益和社會環境效益、短期利益與長遠利益、自身發展與社會發展相互協調。

　　企業社會責任實踐大致經歷了三大發展歷程。20世紀50~70年代，企業將營利作為唯一的社會責任；20世紀80~90年代，企業開始關注環境；20世紀90年代至今，企業社會責任運動興起。企業社會責任思想的起點是亞當·斯密的「看不見的手」。古典經濟學理論認為，市場機制能夠自動地實現資源的優化配置目標，達到理性經濟人「利己」目標的同時，必然也增進了社會福利。由於存在市場失靈、失敗的可能，人們對該論點的認可度不高，而且2008年爆發的金融危機已經證實了自由資本主義會帶來社會危害，政府應當成為企業社會責任的推動者和規制者，並引入社會監督機制。現代企業不僅僅是私人領域內的營利機構，而且是公共領域的重要成員，從而賦予企業社會責任以公共品屬性，古典學派的社會責任無關論站不住腳。利益相關者理論被認為是用於企業社會責任研究的最為密切相關的理論框架（Wood, Jones, 1995），將利益相關者理論應用於企業社會責任研究是可取的。利益相關者學派將「社會責任」轉化為「利益相關者權益」，使企業履行社會責任的路徑明確化，但在「利益相關者」概念上缺乏清晰界定，由此可能增加內部交易成本並引發管理者的尋租行為。戰略學派站在企業的視角考察社會責任，重點關

---

　　① 「三重底線」是指經濟底線、社會底線和環境底線。企業在追求自身發展的過程中，需同時滿足經濟繁榮、環境保護和社會福祉三方面的平衡發展，為社會創造持續發展的價值（Elkington, 1998）。這裡的「價值」涵蓋了經濟效益、社會效益和環境效益，這裡的「發展」乃是平衡發展、協調發展與可持續發展。長期來看，企業對任何一條底線的逾越，都將導致其他效益「歸零」。

注關鍵利益相關者，可操作性強，但削弱了社會責任的社會需求方面，容易忽視那些高投入、低收益的社會責任，並可能導致對關鍵利益相關者過度履行社會責任的行為，從而危及弱勢群體的權益。鑒於對利益相關者及其範圍的界定會影響企業社會責任，以及利益相關者的身分可能是動態變化的、複合的或者非直接相關的，企業社會責任的內容也是動態的和發展變化的。現代企業是由眾多利益相關者形成的契約組織，具有社會的、經濟的和環境的多重屬性，履行企業社會責任、維護利益相關者的正當權益應成為現代公司治理和企業管理的首要職責和功能。

（2）關於「企業社會責任內部控制」。所謂「企業社會責任內部控制」，是指企業利益相關者共同參與的、管理層和全體員工共同實施的、旨在實現社會責任控制目標的過程。企業社會責任內部控制系統是將傳統企業內部控制的窗口往社會責任拓寬、往戰略層次提升而形成的內部控制系統，更加關注戰略性社會責任風險，旨在促進企業的健康可持續發展。企業社會責任內部控制概念的內涵包括三點：一是企業社會責任內部控制更加突出利益相關者參與作用，尤其是對關鍵利益相關者的戰略性社會責任，會深刻影響企業內部控制系統，各利益相關者對企業社會責任內部控制既有決策上的參與，也有監督上的參與，擴大了企業原有內部控制的主體——不僅包括原有的董事會、監事會等治理機構，還包括工會、政府部門、行業組織、社會公眾媒體等；二是管理層和全體員工是企業社會責任內部控制的實施主體，負有執行責任；三是企業社會責任內部控制作為維護和平衡利益相關者的共享價值的手段，是旨在實現社會責任內部控制目標的過程。企業社會責任內部控制的基本職能是監督、控制企業合理履行社會責任情況，維護、平衡和促進各利益相關者的合法權益。

傳統意義上的企業內部控制制度安排是基於股東擁有企業和兩權分離導致的委託代理治理邏輯，企業內部控制重視對合規性風險和經營效率風險的控制，而社會責任風險控制處於從屬地位，企業社會責任管理表現出被動回應的特徵，缺乏系統性、主動性和戰略性。傳統企業內部控制研究是基於「原子型」企業假設，企業社會責任內部控制突破了傳統的「原子型」企業假設，向「網絡型」企業假設靠攏，即現代企業已不是一個完整、孤立、封閉的價值創造實體，而是一組利益相關者締結而成的動態契約。企業處在一個開放的商業生態系統中，呈現網絡型特徵，強調連接、共生、責任和分享（擔）。企業社會責任內部控制是基於內部管理需要，運用利益相關者理論和內部控制理論與實踐經驗對企業有效履行社會責任情況進行控制，因而屬於社會責任管理會計的範疇（花雙蓮，2011）。企業社會責任內部控制的研究將利益相關者理

論、社會責任理論和內部控制理論三大理論融合。利益相關者理論曾經為企業社會責任研究提供理論依據，促進企業社會責任理論的發展和演變。企業內部控制理論是企業社會責任內部控制的基礎理論，企業社會責任內部控制目標和體系框架都是架構在企業內部控制理論之上的。企業社會責任內部控制的目標是通過將企業社會責任融入企業的戰略目標，識別、分析和控制企業社會責任風險，促進各利益相關者資本的高效配置和權益的公平分配，實現包括企業經濟效益、社會效益和環境效益在內的綜合價值最大化，促進企業與社會的和諧共生及企業自身的可持續發展。企業社會責任內部控制的研究是對內部控制理論的修正和補充，內部控制產生於委託代理需要，而現代企業受託責任已經從原始的經濟受託責任擴展到社會責任和環境責任，因此，有必要重構企業內部控制，建立完整的企業社會責任內部控制體系。

2 企業社會責任內部控制研究綜述

「企業社會責任」的概念最早由歐利文・謝爾頓（Oliver Sheldon, 1924）提出，阿奇・B. 卡羅爾（Archie B. Carroll, 1999）將社會責任細化為經濟責任、法律責任、道德責任和慈善責任，Bowen 在 1953 年出版的《商人的社會責任》推動了企業與社會之間關係的理論化，開啓了現代企業社會責任大辯論的序幕。在此基礎上，約翰・埃爾金頓（John Elkington, 1997）提出了與企業社會責任相關的「三重底線」理論，亦即企業必須履行最基本的經濟責任、環境責任和社會責任。隨著企業社會責任運動的興起，社會責任與企業的結合度日益緊密，企業社會責任逐步由一種宏觀社會理念落實到微觀企業行為，從被動社會責任回應向主動社會責任管理演進。

近年來，有關環境污染、食品安全、員工權益保護等社會責任缺失事件頻發，引發全社會密切關注。是什麼導致了企業頻繁出現社會責任危機呢？毫無疑問，內部控制失效依然是企業社會責任危機產生的導火索。但是，理論界對企業社會責任內部控制的研究尚處於萌芽階段，實務中出現的由於內部控制失效所導致的社會責任危機又亟須理論指導，因此，本研究試圖梳理社會責任與內部控制研究的現有成果，指明進一步研究方向。

2.1 企業社會責任內部控制的理論基礎研究

企業社會責任內部控制的理論基礎簡單地講是企業社會責任理論和內部控制理論的疊加。在企業社會責任形成初期，多數學者都強調社會責任是企業家自發地以慈善的方式履行的責任（李偉陽、肖紅軍，2010）[1]。但是隨著社會環境的劇烈變化，社會責任的履行不單是企業家的自發行為，而是拓展到每個企業的非自願責任行為，企業從哪些方面履行社會責任成為這一時期社會責任研究的核心內容。「三個同心圓」理論、社會責任「金字塔」模型以及「三重

底線」理論指明了企業未來履行社會責任的方向，拯救了多數企業在「社會責任」大潮中手足無措的狀況。使多數企業在面對社會責任危機時態度由消極被動迴歸到積極主動。雖然企業在履行社會責任方面得到一定程度的啟示，但是社會責任概念界定的混亂仍然導致實務界在履行社會責任方面出現亂象叢生的狀況，有些企業開始鑽空子，打著「利益相關者共同治理」的旗號，實際卻是「一股獨大」。「偽社會責任行為」愈演愈烈，最終必將導致社會危機的產生。很顯然，除了與社會責任概念界定不清有關外，企業內部缺乏完善的制度對「偽社會責任行為」進行約束也是導致這種狀況發生的主要原因。企業社會責任理論蓬勃發展，並在國家宏觀層面和行業中觀層面取得重要成果，但如何使其在企業微觀層落地，尚缺乏研究。基於內部控制視角研究企業社會責任問題，是社會責任應用於實踐的必然選擇。

現代內部控制產生於19世紀40年代，內部控制的含義及其理論也在不斷演化、發展。總的來說，企業內部控制理論主要經歷了內部牽制、內部控制、內部控制結構、內部控制整體框架、風險管理整體框架五個階段。從內部控制的發展軌跡可以看出，隨著控制環境的變化，單一、靜態的內部控制（結構）顯得不再適用，而複合、動態的內部控制框架（體系）正逐步嵌入企業整體的戰略管理過程。內部控制的發展在原先的系統上「打補丁」，根據控制環境的變化吸納新內容，這種理論發展模式缺乏系統性和科學性，甚至容易產生邏輯矛盾。控制工具日漸複雜，但控制效率卻不容樂觀。造成這種情況的根本原因在於內部控制理論研究將控制重心始終置於「物」的要素之上，關注控制環境和控制目標，但卻對控制主體和控制活動缺乏全面、深入的考慮，而後者顯然受到人的因素的顯著影響。內部控制整體框架和風險管理整體框架雖然考慮到人對內部控制系統的影響，但人的因素仍然依附於物本內部控制框架。內部控制「物是人非」「見物不見人」，引發了企業內部控制衝突和社會責任危機。王海兵等（2010、2011、2014、2015）基於人本視角考察企業內部控制問題，提出企業人本內部控制的構建基礎及其對物本內部控制的改進，並將企業社會責任風險納入內部控制框架，具有理論創新性和實踐指導價值[2]。

綜上所述，企業社會責任和內部控制的理論發展進入瓶頸期，其交叉學科——企業社會責任內部控制理論應運而生。企業社會責任履行需要內部控制來規範，新形勢下內部控制應增加對社會責任風險的控制。外界環境的變化也促成了企業社會責任與內部控制的融合，只有建立企業社會責任內部控制體系，才能根本保證企業的長治久安。

2.2　企業社會責任與內部控制的互動關係研究

有學者對企業社會責任與內部控制關係、互動機制進行了初步的探討，認為社會責任是內部控制規範體系的重要組成部分，二者可以起到互動、互相促進的作用（劉玉廷，2010；鄒益民、孫海燕，2010；莊步俊，2010）。企業可持續發展與社會責任履約狀況和內部控制的有效性密切相關，滲透社會責任的理念指導具體內部控制的設計、運行與評價，內部控制實務的積澱又反作用於社會責任的實踐（王志勇、高強、常國雄，2008）[3]，社會責任必須依靠內部控制予以規範和執行，內部控制的完善也理應加強社會責任建設（張姍姍、李玉娜，2017）[4]，內部控制與企業履行社會責任的終極目標都是實現企業長期價值最大化。因此，企業社會責任和內部控制的互動關係研究有助於促進企業社會責任與內部控制的良性互動發展，保證企業戰略理念與制度規則契合，共同促進企業可持續發展。

（1）內部控制的有效性是企業履行社會責任的保證

作為社會責任理念貫徹執行的制度基礎，內部控制的有效性對企業履行社會責任的保證作用主要體現在：第一，社會責任嵌入內部控制的全過程。2010年，中國單獨在《企業內部控制應用指引》中提出「社會責任」問題，表明「社會責任」理念作為內部控制的重要環境條件，深深地影響著企業內部控制的全過程，同時內部控制機制也有利於促進企業在實現社會責任方面的合理化和規範化（王加燦、沈小裕，2012；劉芳芳，2012）[5]。內部控制不僅能通過促進財務績效的增長為企業承擔社會責任提供資金保障，還能對企業社會責任承擔情況進行監督（王海兵、劉莎、韓彬，2015）[6]。第二，企業內部控制的完善一定程度上會降低企業社會責任風險發生的概率。企業履行社會責任存在履行不足或履行過度的情況，容易使企業陷入社會責任風險的漩渦，企業內部控制的有效執行將有助於識別企業社會責任領域的潛在風險，並通過內部控制制度對其開展監控活動（王加燦、沈小裕，2012）。內部控制制度在有效識別、評估與應對企業社會責任風險方面具有不可替代的作用。第三，有效的內部控制有助於保障企業內外部利益相關者的權益。依據《企業內部控制應用指引第1號——組織架構》，內部控制通過對企業組織架構設計合理性及運行有效性的規制，避免治理結構形同虛設、治理效率低下等情況的出現，在一定程度上可以約束企業治理層的行為，使其可以充分保障利益相關者的權益，這

也是企業履行社會責任的一個重要組成部分（郭素勤，2011）。

（2）企業社會責任是促進企業內部控制完善的動力

社會責任作為企業重要的戰略發展思想，其對內部控制的完善作用除了體現為「環境影響」作用之外，還表現在對內部控制建設的人才支持方面。第一，社會責任對內部控制環境建設施加影響。外界環境的變化越來越影響企業的生產營運，企業若單純注重生產產品，閉門造車，忽視與政府、消費者及其他相關組織的互動，終將面臨被市場淘汰的命運。因此，兼顧內外界利益相關者的利益，將社會責任引入內部控制環境建設，對於企業的可持續發展具有重大意義，在中小企業中這種作用更加顯著（李秀蓮，2012）。第二，企業履行社會責任為企業內部控制建設提供人力資源的支持（王加燦、沈小裕，2012）。中國出抬的《企業內部控制應用指引第4號——社會責任》中提到社會責任的履行包括保護員工的權益，企業通過及時辦理員工社會保險、定期對員工進行非職業性健康監護以及建立科學的員工薪酬和激勵機制等，提高員工的工作積極性以及對企業的忠誠度，進而為企業內部控制建設提供高質量的後備人才。第三，企業內部控制受企業董事會、管理層和其他人員影響，存在具有一定的局限性，即內部控制不能有效地約束企業的最高管理層（劉芳芳，2012）。但是，通過將社會責任納入內部控制框架，引入利益相關者監督機制，將有效制衡公司治理層的權力，將「權力」關進籠子裡，督促公司治理層合理利用權力為企業服務，能有效地避免內部控制對企業最高管理層「制約」作用的失效。第四，企業執行社會責任標準並按要求披露社會責任的履責情況，對企業內部控制起到了一定的監督作用，有利於促進企業內部控制的良好運行（劉芳芳，2012）。例如社會責任標準SA8000主要關注勞工權益問題，對企業社會責任的履行具有重要推動作用。企業履行社會責任是大勢所趨，中國應當積極參與國際社會責任標準的制定，並恪守該標準，為包括中國在內的發展中國家爭取到更多的權益。

綜上所述，中國較多學者對企業社會責任和內部控制進行了研究，強調企業內部控制的有效性是企業履行社會責任的保證，企業社會責任是促進企業內部控制完善的動力，兩者相輔相成、相得益彰。這些研究成果為企業社會責任與內部控制耦合提供了理論依據，也為我們建設企業社會責任內部控制系統提供了實踐指導。社會責任和內部控制之間關係密切，但社會責任和內部控制之間的互動機制，它們是否存在因果關係、協同關係或是否借助中間變量發揮作用，仍需要通過實證研究對兩者的關係加以進一步確定。

2.3　企業社會責任內部控制框架研究

在企業社會責任與內部控制融合的大背景下，社會責任理念引導企業內部控制建設已經成為提高內部控制效率的重大舉措，同時內部控制制度規範企業履行社會責任的行為已經成為改善企業社會責任困境的有效手段，因此，眾多學者開展了企業社會責任內部控制框架的相關研究。

（1）企業社會責任內部控制框架的理論研究

國外對內部控制的研究可以追溯至20世紀30年代。經過長達半個多世紀的理論研究和實踐探索，一系列較為系統以及頗具可行性的內部控制框架和指南逐漸形成。縱觀主流的內部控制框架：內部控制目標無外乎經營目標、報告目標、合規目標以及戰略目標；因對「內部控制」的界定不同，內部控制要素存在較大差異，主流的內部控制要素包括內部環境、風險評估、控制活動、信息與溝通以及內部監督等；風險管理整合框架進一步細化了對風險的監控。基於社會責任的大環境，中國學者提出了企業社會責任內部控制框架。花雙蓮（2011）提出「目標、主體、層面和要素」四位一體的社會責任內部控制框架，同時構建了「軟」「實」相映的社會責任內部控制格局。基於企業戰略視角，王海兵、劉莎（2015）提出了以戰略為導向，以社會責任風險管控為中心的企業戰略性社會責任內部控制框架及其實施路徑：在主流的內部控制框架基礎上加入「社會責任」因素，既是對傳統的繼承，又是順應時代變化的發展。隨著施政目標的全面推進，習近平總書記的文化戰略思想逐漸清晰，即培育社會主義核心價值觀，弘揚中華民族優秀傳統文化，重視意識形態工作，提升國家文化軟實力，建設社會主義文化強國。目前學術界對企業社會責任內部控制文化研究較少，但是隨著文化戰略的推進，對該領域的研究將會出現「百花齊放，百家爭鳴」的局面。王海兵、謝汪華（2015）開展了民營企業社會責任內部控制文化構建研究，對於中國企業社會責任內部控制文化的發展具有一定的啓迪作用[7]。

（2）企業社會責任內部控制框架的實務應用

企業社會責任內部控制理論發展得再完善，也必須落地，將理論框架運用於實務當中是檢驗框架適用與否的重要標誌。在理論研究的基礎之上，中國學者開展了對各個行業社會責任內部控制的研究，包括汽車行業、乳製品行業以及建築行業等，每個行業各有特色。汽車是一種對安全性、可靠性要求極高並

對資源和環境有重大影響的特殊消費品。在汽車企業履行社會責任方面，提升產品質量以及保護環境的要求無疑是其首要關注點。王海兵、黎明（2014）提出構建以 QHSE 管理為核心的企業社會責任內部控制框架[8]；王海兵、梁松（2014）從內部質量管理、企業社會責任利益相關者、內部控制目標與環境等七個方面提出實現汽車行業社會責任內部控制的路徑，旨在提升汽車行業社會責任管理能力，促進汽車行業健康可持續發展。乳製品行業肩負著民族的希望，「三聚氰胺」奶粉事件的發生震驚了全國，同時也讓人們開始反思乳製品行業社會責任履行不足的問題。賀真（2013）認為正是三鹿集團對重大風險點的管控不夠，對「合理懷疑」未採取有效控制以及對業務流程未嚴格把關，直接導致社會責任危機的產生。近些年，農民工討薪問題彌漫於建築行業。建築企業是一種勞動密集兼機械密集型企業，勞資關係及對生產環節的把控是兩大重要的風險控制點。齊魯（2013）認為應當構建建築行業的社會責任內部控制體系，健全安全生產的組織和責任體系以及完善人力資源制度，構建和諧的勞資關係，同時對生產環節嚴格把控。這具體表現在：嚴格執行建築質量管理的相關規定、優化監督反饋機制、對原材料進行質量把關、採購環保綠色材料和管控房屋質量細節等。

（3）企業社會責任內部控制框架的案例研究

基於不同行業的社會責任內部控制框架研究，行業內不同的企業，其社會責任履行情況以及內部控制制定及執行情況都存在很大差異，開展對典型企業的社會責任內部控制研究顯然對同類企業社會責任內部控制框架的構建更有啟示意義。王清剛、王靈寧（2011）針對能源類企業提出基於風險導向的企業社會責任管理體系[9]。左銳等（2012）針對紫金礦業重大環境污染事故，從內部控制五要素分析該企業環境風險管理不當的原因：內部環境中未重視社會責任氛圍的營造是導致事故發生的首要原因[10]。哈藥集團制藥總廠的水陸空立體排污事件同樣引起了人們的廣泛關注。李易坤等（2012）認為哈藥總廠忽視內部控制環境中社會責任建設是其環境污染事件發生的主要誘因。

綜上所述，學術界對企業社會責任內部控制框架的研究主要從理論、實務以及案例等角度開展。在理論研究中，普遍暴露出「社會責任」仍然只作為環境因素對內部控制構成影響，並沒有完全滲透到內部控制的全過程；在實務研究中，針對某一行業的社會責任內部控制框架的研究仍然較少，同時具體到某一行業，對內部控制缺陷的分析也不夠深入；在案例研究中，目前的多數研究主要聚焦於已經發生的重大事故，對於尚未發生事故但社會責任風險水準較高的企業內部控制仍然缺乏關注，這樣做只是「亡羊補牢」，並沒有起到事前

預防的作用。這些均是目前企業社會責任內部控制框架構建的缺陷。隨著社會責任內部控制對企業愈來愈重要，企業將會更加關注內部社會責任風險的防控。推動企業社會責任內部控制框架的構建，進一步減少社會責任危機事件的發生，亟待建立健全企業社會責任內部控制的理論體系和應用體系，構建以利益相關者為導向、以社會責任風險管控為中心，包括預防性社會責任內部控制、檢查性社會責任內部控制、糾正性社會責任內部控制、指導性社會責任內部控制和補償性社會責任內部控制在內的企業社會責任內部控制系統。

2.4 其他相關研究

其他與企業社會責任內部控制有關的研究包括人本內部控制研究、企業社會責任風險研究、企業社會責任內部控制基礎理論研究等。

（1）人本內部控制研究

隨著「人本主義」的興起，部分學者也開展了人本內部控制的相關研究。王海兵、李文君（2010）率先提出「人本內部控制」的概念，他們認為人本內部控制是指企業的內部控制活動以「人」為中心，人既是內部控制的客體，也是內部控制的主體，既是內部控制的手段，也是內部控制的目的，同時還探討了人本內部控制構建的思想基礎、理論基礎和現實條件。王海兵（2011）認為中國內部控制建設亟待從物本導向向人本導向轉變，同時提出建設以人為本的內部控制機制，包括競爭機制、決策機制、激勵與約束機制、監督機制、風險治理機制和績效評估機制等。王海兵、伍中信等（2011）基於人本內部控制概念以及以人為本的內部控制機制，進一步提出了人本內部控制戰略框架，主要包括內部控制目標、內部控制文化、內部控制制度、內部控制機制、內部控制活動、內部控制關係、內部控制報告、內部控制評價八個要素。「以人為本」是內部控制效率的核心特徵（鄧春華，2005）[11]，人本控制是內部控制的關鍵（熊宜政、鄧少洲，2008）；企業內部控制的成功和失敗與企業內部控制環境息息相關，而內部控制的最佳「土壤」應為和諧的內部控制環境，而和諧的內部控制環境的核心應是以人為本的價值理念（沈烈、孫德芝、康均，2014）[12]。

（2）企業社會責任風險研究

企業營運行為給社會效益帶來的不確定性使企業面臨一種企業社會責任風險（賈敬全、卜華，2014）。社會責任風險是指由於企業承擔社會責任成本不

合理（包括過多或不足）引起的企業遭受損失的不確定性（易漫，2009）。對於社會責任風險的分類，每一位學者都有自己不同的見解。易漫（2009）認為企業社會責任風險應當包括戰略風險、市場風險、經營風險以及財務風險，這些風險的提出都是基於企業日常的業務領域；而賈敬全、卜華（2014）結合企業社會責任，創新地提出環境保護風險[13]；孫偉、李煒毅（2012）在上述風險的基礎上，增加了法律或合規性風險、人力資源風險及聲譽風險等，更加切合企業社會責任的主題，尤其是聲譽風險。孫偉、李煒毅（2012）認為聲譽風險不同於其他風險，其本身並不是風險的來源，其產生的原因是企業未能有效地控制其他類型的風險。中國企業海外直接投資則會涉及環境保護、勞工權益等社會責任風險。與傳統的企業風險（多強調外部因素如環境、技術的變化對本企業造成的可能損失）不同，社會責任風險重點關注企業內部行為給社會帶來的風險以及風險可能性轉為現實後給自身和社會帶來的損失（劉祖斌，2006）。超越強制性的自主性社會責任會給公司帶來更多的社會責任收益，有利於規避社會責任風險（鄭曉青，2012）。中國學者開展了大量企業社會責任風險管理的研究，其風險管理流程分為如下幾個方面：社會責任目標設定、社會責任風險的識別和評估、社會責任風險的控制以及社會責任風險的監督（易漫，2009；孫偉、李煒毅，2012）。此外，孫偉、李煒毅（2012）更加強調內部環境和信息系統與溝通的重要性。因此，企業應當實現對社會責任風險的規範化管理，強化社會責任基礎管理工作，並在此基礎上建立相應的企業社會責任風險管理模式，實現對社會責任風險的規範化閉環管理（王茂祥、李東，2013）。

（3）企業社會責任內部控制基礎理論研究

中國目前對於企業社會責任內部控制的研究局限於社會責任與內部控制互動關係以及企業社會責任內部控制框架等方面，而對基礎理論的研究比較匱乏，不利於構建科學合理、邏輯一致的企業內部控制體系。王海兵、王冬冬（2015）對企業社會責任內部控制基礎理論進行了系統的研究，探討了企業社會責任內部控制的概念、本質、目標、職能、主體、對象、假設、原則等基礎理論問題[14]。在企業社會責任內部控制目標方面，花雙蓮（2011）認為企業社會責任內部控制應當包含企業價值目標以及社會責任目標，社會責任內部控制包括治理控制、管理控制和作業控制[15]。王海兵、王冬冬（2015）提出企業社會責任內部控制旨在促進各利益相關者資本的高效配置和權益的公平分配，實現包括企業經濟效益、社會效益和環境效益在內的綜合價值最大化。在企業社會責任內部控制對象方面，王海兵、王冬冬（2015）認為企業社會責

任內部控制主體包括設計主體、實施主體和監督主體，極大地擴展了先前研究的控制主體邊界，對於構建企業社會責任內部控制框架、推動社會責任內部控制建設具有重要的現實意義。

2.5 研究述評

　　企業社會責任內部控制屬於社會責任和內部控制的交叉領域，是近年才興起的研究方向。目前理論界對企業社會責任內部控制的研究主要從企業社會責任與內部控制的互動關係、企業社會責任內部控制框架構建等角度進行。對於相關領域的研究也較多，如人本內部控制研究、企業社會責任風險研究和企業社會責任內部控制基礎理論研究等，在這些領域均產生了重要的理論研究成果。目前學術界在企業社會責任內部控制研究中存在的問題主要有：基礎理論研究較為缺乏，社會責任與內部控制之間的互動機制尚待明確，互動機制的不明確直接導致理論框架構建過程中社會責任只是作為環境因素起作用，並沒有直接融入內部控制。此外，實務中社會責任內部控制框架的構建仍然只限於對已經發生重大事故的行業或企業開展，而對於其他社會責任風險較高的行業或企業研究較少，研究成果缺乏系統性和全面性，可能會減弱理論對實踐的指導作用，最終有可能導致理論和實務發展的脫節。

　　綜上所述，中國企業社會責任內部控制研究尚處於初級階段，實踐應用也比較滯後，缺乏系統性。企業社會責任內部控制的研究將轉向社會責任內部控制實現機理、控制路徑、績效評價，社會責任內部控制審計，社會責任內部控制信息化等方面，社會責任內部控制框架體系的研究也更加凸顯「社會責任」的內涵。同時，分行業的社會責任內部控制案例研究也將成為社會責任內部控制研究的重要領域。應用層面，相關法律法規和體系構建將十分迫切。可以通過推動企業內部控制發展，進而拓展到行業，最終延伸至國家。或者由國家提出，相應的行業建立配套的行業社會責任內部控制框架，最終落實到具體的企業進行部分修繕。不論是從下至上的層層滲透方式，還是從上至下的層層引導方式，都有助於企業社會責任內部控制的建立與完善。只有通過政府、行業、企業以及公民等各方力量的聯合，社會責任內部控制建設才會出現大發展和大繁榮。

3 企業社會責任內部控制基礎理論

目前與企業社會責任內部控制相關的研究主要包括社會責任與內部控制的關係、互動機制以及社會責任內部控制框架構建等方面，而基礎理論研究比較匱乏，不利於構建科學合理、邏輯一致的企業內部控制體系。《企業內部控制應用指引第 4 號——社會責任》對於企業構建社會責任內部控制系統、履行企業社會責任具有重要的指導意義，但由於前端缺乏基礎理論，後端缺乏分行業操作指南（僅有石油石化行業和電力行業發布，其他行業暫未推出），社會責任內部控制落實到企業微觀行為層面尚有一定困難。本研究擬對企業社會責任內部控制的基礎理論問題進行探討，拋磚引玉，旨在推動政府相關部門企業社會責任及內部控制立法的完善，促進企業社會責任內部控制框架的構建，以及企業社會責任內部控制建設。

3.1 企業社會責任內部控制的概念和本質

概念是人們認識事物的最小單位和基本工具，人們只有通過概念才能把握事物的本質及發展規律（楊清香，2010）。概念為理論探討提供共同平臺，是建立理論體系的基礎單元。如果概念缺乏清晰界定，或不能達成共識，勢必導致判斷、推理等出現更大分歧，影響科學理論體系的構建。現有研究大多從社會責任內部控制的目標出發研究，而對其概念缺乏清晰界定。所謂「企業社會責任內部控制」，是指企業利益相關者共同參與的、管理層和全體員工共同實施的、旨在實現社會責任控制目標的過程。該概念的內涵包括三點：第一，企業社會責任內部控制更加突出利益相關者參與作用。這種參與，既有決策上的參與，也有監督上的參與，擴大了企業原有內部控制的主體，不僅包括原有的董事會、監事會等治理機構，還包括工會、政府部門、行業組織、社會公眾媒體等。第二，管理層和全體員工是企業社會責任內部控制的實施主體，負有

執行責任。第三，企業社會責任內部控制作為維護和平衡利益相關者的共享價值的手段，是旨在實現社會責任內部控制目標的過程。

企業社會責任內部控制的本質是一種資本與權益的控制機制。傳統企業內部控制過於強調對資產、資本等進行控制，其實質是捍衛股東權益，而對勞動者、環境等其他利益相關者所投入的資本和權益缺乏應有重視。基於企業社會責任理論、利益相關者理論和人本經濟發展理論，企業要履行社會責任是因為利益相關者向企業投入了相關資源，形成資本，各種資本聯合創造了企業價值，因此企業有責任對資本的價值創造和分配情況進行控制，維護和平衡利益相關者的合法權益。企業社會責任內部控制表面上是對企業的社會責任風險進行識別、分析和控制，實質是對隱藏在社會責任背後的各種類資本以及依附於資本的相應權益進行控制。這裡的資本是廣義資本，既包括物質資本、人力資本，還包括社會資本和環境資本。這裡的權益是綜合權益，既包括經濟權益，還包括社會權益和環境權益。資本和權益，猶如硬幣的正反面，不可偏廢。在企業日常經營過程中，企業社會責任內部控制對廣義資本和權益進行科學合理的管控。資本體現了經濟關係，權益體現了社會關係；資本是價值創造的基礎，權益是價值分配的依據。

3.2　企業社會責任內部控制的目標和職能

企業社會責任內部控制的目標是通過將企業社會責任融入企業的戰略目標，識別、分析和控制企業社會責任風險，旨在促進各利益相關者資本的高效配置和權益的公平分配，實現包括企業經濟效益、社會效益和環境效益在內的綜合價值最大化，促進企業與社會的和諧共生及企業自身的可持續發展。企業社會責任內部控制要求按規定編製和披露企業社會責任內部控制報告（單獨報告或嵌入內部控制報告），並依據法定程序和企業規程生成企業社會責任內部控制評價報告和審計報告。2008 年財政部等五部委頒布的《企業內部控制基本規範》指出內部控制的目標是合理保證企業經營管理合法合規、資產安全、財務報告及相關信息真實完整，提高經營效率和效果，促進企業實現發展戰略。基本規範所確定的內部控制目標體現了以股東利益最大化為軸心，偏重於資產保值增值、經濟效率效果提升等經濟目標，兼顧合法合規性和外部利益相關者信息需求等社會目標，但是對其他利益相關者的權益目標考慮是不全面的。《企業內部控制應用指引第 4 號——社會責任》雖然對社會責任內容進行

了詳細規定，但和基本規範之間缺乏必然的邏輯關聯，加之分行業社會責任的內部控制缺乏操作指南，存在難以落地的問題，不利於企業社會責任控制目標的實現。內部控制產生於委託代理需要，而現代企業受託責任已經從原始的經濟受託責任擴展到社會責任和環境責任，因此，有必要重構企業內部控制，建立完整的企業社會責任內部控制體系。全球企業社會責任運動風起雲湧，「企業公民」理念深入人心，以「社會責任」為內核的商業倫理與道德不僅關係到企業自身發展，還給社會經濟帶來巨大影響，企業活動不能逾越經濟底線、社會底線和環境底線。所以企業要實現的不僅僅是經濟目標，還應包括一定的社會目標和環境目標，而且後者的權重還將會不斷增加，這是現代企業實現可持續發展的必然要求。

企業社會責任內部控制的基本職能是監督、控制企業合理履行社會責任情況，維護、平衡和促進各利益相關者的合法權益。控制目標是我們希望企業社會責任內部控制做什麼，體現的是社會需求屬性；而控制職能是企業社會責任內部控制能夠做什麼，體現的是經濟技術屬性。王海兵、伍中信等（2011）在《企業內部控制的人本解讀與框架重構》中指出，監督、控制企業合理履行社會責任情況，維護平衡各利益相關者的合法權益，是現代企業內部控制的重要職能，這是人本內部控制的基本職能。物本框架下的內部控制職能不能適應日益擴大的風險防控目標，社會責任風險擴大了企業的風險範圍，提升了企業的風險等級，亟待納入人本內部控制框架加以管控和治理。社會責任和以人為本是一脈相承、融會貫通的，在當前企業人本內部控制就是企業社會責任內部控制，內部控制必須借助於社會責任這個載體才能實現以人為本的目標。近年來，企業社會責任問題日益受到熱捧，社會責任市場正在逐步形成，例如社會責任投資、社會責任消費、社會責任審計等。傳統內部控制是維護股東利益最大化而對企業的日常經營活動進行監督和控制，而企業社會責任內部控制的監督和控制職能是對所有利益相關者的合法權益進行監督和控制。花雙蓮（2011）的研究表明企業社會責任內部控制可以在企業的戰略層面、管理層面、作業層面對企業的社會責任履行情況進行監督和控制，這是對企業社會責任內部控制具體職能的進一步闡釋。首先，戰略控制著眼於戰略定位和戰略規劃控制，對戰略制定進行監督。企業社會責任內部控制將社會責任的履行提高到企業戰略的高度，並要求管理層採取適度合理的程序進行戰略決策，同時企業社會責任戰略的制定要接受利益相關者的監督。其次，管理控制關注的是戰略執行，對戰略執行進行監督，旨在促進戰略目標的實現。企業的經營管理者要按照戰略規劃以及企業社會責任內部控制的要求執行企業的社會責任戰略，

同時經營管理者的經營績效應該由利益相關者加以評價，大數據時代可以引入計算機網絡進行網上評價和監督。最後，作業控制主要針對的是具體業務和事項的流程化控制和監督，要求員工在採購、研發、生產、銷售、分配、投融資等全過程考慮社會責任。

3.3 企業社會責任內部控制的主體和對象

企業社會責任內部控制主體包括設計主體、實施主體和監督主體，管理層和員工是企業社會責任內部控制的實施主體，而企業利益相關者是內部控制的設計主體和監督主體，參與或委託企業特定部門設計和監督社會責任內部控制。股東、員工、政府相關部門、債權人、消費者、社會組織等參與設計和監督的形式不同。重要利益相關者可以嵌入治理結構，舉手投票；非重要利益相關者也應嵌入治理結構，聯合舉手投票，或有否決權。以此保障各方利益不受侵害，保證內部控制的合法合規。特定情況下，利益相關者的數量和性質可能會發生變化，譬如某企業知識化程度不斷提升，員工持股使得原來的股東從重要利益相關者降格為非重要利益相關者，而部分員工從非重要利益相關者升格為重要利益相關者。因此，企業社會責任內部控制主體不是固定不變的，而應該進行與環境變化相適應的相機調整。物本內部控制的主體是董事會、管理層和企業員工，其實質是股東至上原則的產物，是一種自上而下的控制模式，重視對經濟風險的控制。企業社會責任內部控制是以社會責任風險管控為中心、以相關者利益為導向的內部控制體系，是一種動態、交互、開放和共生的控制模式，重視對包括經濟風險在內的社會責任風險的控制。隨著中國勞動者和消費者維權意識的增強，與企業抗衡的相關勞工組織、消費者組織等也將不斷建立與完善，他們也應該分享企業內部控制的制定權。企業社會責任內部控制主體涵蓋治理層、管理層和企業員工等在內的利益相關者，由治理層實施社會責任內部控制戰略控制，管理層實施管理控制，企業各層次的員工實施作業層面的社會責任內部控制，這樣從上到下形成一個嚴密的社會責任內部控制系統。隨著中國法制化和信息化程度的進一步增強，企業社會責任內部控制的監督主體在獲得及行使監督權方面有著巨大潛力，不僅授權監事會、審計委員會、內部審計或內部控制評估機構等內部機構專司內部控制日常監督和專項監督，也授權供應商、消費者、行業協會、政府部門和其他社會大眾等實施各種合法形式的監督。信息化使得社會化網絡媒體被廣泛採用，對於企業社會責任內部控

制不健全、不作為、亂作為現象進行檢舉揭發，法制化則使得這種被社會廣泛關注的重大問題能夠迅速得到國家紀檢、公安、審計等監督力量的關注以及相關處理結果被公之於眾，監督的效率高、效果好。

企業社會責任內部控制的對象是企業日常經營管理活動中的社會責任風險。哈默說內部控制不僅要找出公司當前的「病毒」，更要培植未來的「種子」。傳統的企業內部控制只重視對經濟風險的識別和控制，而忽視了風險的全面性和風險中的機會。經濟價值創造、利益相關者管理、社會責任承擔是企業道德依次遞進的三個發展階段，從只重視股東利益、相關者利益到關注社會利益，範圍不斷擴大，層次不斷提高。組織道德前常規期階段，企業以自我為中心，追求自身利益最大化。組織道德常規期階段的企業內部控制將利益相關者關係管理作為價值導向，內部控制更大更遠的戰略目標是實現組織利益相關者的共享價值。組織道德後常規期階段的企業內部控制更多是維護共享價值的手段，社會責任成為此時企業內部控制的價值導向；這一階段企業內部控制風險範圍不斷擴大，涵蓋企業社會責任的各個方面，包含社會風險、環境風險，而不僅僅是企業狹隘的經濟風險，更體現出了風險控制的全面性。企業社會責任內部控制不但擴大了風險控制的範圍，而且善於發現社會責任風險中的機會。譬如傳統內部控制將負債、費用視為資產和收入的扣除，助推了早收晚付、只收不付、克扣工資、偷逃稅費等現象的發生，引發大量的社會責任風險；而社會責任內部控制將負債和費用視為利益相關者的合法權益並加以維護，此時的負債實質上是企業社會責任融資，而費用實質上是企業社會責任投資。對於舒緩企業與利益相關方的矛盾、改進商品或服務質量、提高企業聲譽、降低法律風險、促進企業健康可持續發展具有重大意義。企業社會責任內部控制對社會責任風險的全面關注，有助於提升企業整體價值。例如企業履行資源節約和環境保護責任，對於企業來說可以加大研發，改進生產工藝，再造業務流程，創新環保產品和服務，這樣就會在同行業其他企業還在為因資源高消耗提高經營成本，因環境污染面臨法律懲罰擔憂時，該企業已經實現了轉型或升級，成為行業的領跑者甚至是領導者，進而獲得極大的競爭優勢。

3.4　企業社會責任內部控制的假設和原則

企業社會責任內部控制假設是人們利用自己的知識，根據社會責任內部控制的內在規律和環境要求所提出的、具有一定事實依據的假定或設想。企業社

會責任內部控制的假設包括基本假設和具體假設，控制假設是形成控制原則和控制方法的基礎，是構建企業社會責任內部控制理論的基石。

(1) 企業社會責任內部控制的假設

該假設包括兩個基本假設：①企業社會責任重要性假設。企業社會責任重要性假設即企業承擔社會責任對企業的健康可持續發展，以及對構建和諧社會、實現國家「善治」都具有十分重要的意義。該假設是企業社會責任內部控制存在的基本依據。從長遠來看，企業不承擔、不能及時承擔或承擔的社會責任不足，都將給企業自身和社會帶來危害。企業承擔社會責任是一種信號傳遞機制、交易實現機制和價值創造機制。首先，企業承擔社會責任是一種信號傳遞機制。由於信息不對稱普遍存在，企業與各利益相關者之間就會形成動態博弈，為了達成比較好的博弈均衡解，企業就有必要通過承擔和報告社會責任，向各利益相關者傳遞積極信號，表明本企業是具有競爭力和發展潛力的企業，從而獲得各利益相關者的信賴和支持。其次，企業承擔社會責任是一種交易實現機制。企業是各利益相關者締結的「一組契約」，企業要從各利益相關者獲得創造價值的稀缺資源，就必須對他們承擔相應的社會責任，維護他們的合法權益。同樣，各利益相關者要想從企業獲得報酬，就要為企業提供資金或人力、物力資本等。王清剛（2012）、張兆國（2012）等的研究表明企業如果忽視社會責任就會導致企業面臨聲譽風險、環境風險、消費者抵制、人才流失、再融資困難等風險，從而影響企業的可持續發展[16]。最後，企業承擔社會責任是一種價值創造機制。企業通過承擔社會責任可以增加企業信譽資本從而有利於企業創造長期經濟價值（劉建秋、宋獻忠，2010）[17]。企業承擔社會責任創造了社會價值、環境價值，而且也為自身和利益相關者創造了經濟價值。②社會責任風險可控性假設。社會責任風險可控性假設即假設企業社會責任風險是可以控制的，換言之，就是企業內部控制系統僅僅控制可控的社會責任風險，對於不可控的外部社會責任風險不予考慮，譬如政策風險，不可預期的自然災害、戰爭因素等。企業社會責任風險可控性假設是社會責任內部控制發揮作用的先決條件，企業內部控制系統通過社會責任風險規避、風險分擔、風險降低和風險承受四種手段，將社會責任風險控制在可以接受的水準。企業社會責任風險規避和風險承受是兩個極端。規避意味著和風險有關的收益和價值的喪失，承受必須是在自身可以承受的範圍內，而且社會責任風險具有負的外部性，會對利益相關者造成損害，給社會帶來不良後果，非特殊時期不宜採用。社會責任風險分擔和風險降低是比較主動的風險管理策略，可以大量運用。

（2）企業社會責任內部控制的原則

企業社會責任內部控制的原則，是企業建立與實施社會責任內部控制應當遵循的基本準則。內部控制的原則是內部控制的精髓所在，是內部控制經過長期實踐而總結出來的規律性的東西（李連華，2007）。它是連接內部控制理論與實務的橋樑，為企業建立與實施社會責任內部控制以及評價社會責任內部控制的有效性確立了標準和依據。企業社會責任內部控制的原則分別從不同方面對社會責任內部控制的建立與實施給予指導，對內部控制有效性的評價提供參考標準，是企業社會責任內部控制得以有效實行的重要保證。包括如下原則：

①合法合規性原則。企業社會責任內部控制的設計和執行必須是合法合規的，這與當下中國強調法制的大背景是非常吻合的。傳統內部控制將合法合規作為內部控制的目標，企業社會責任內部控制強調合法合規性不只是目標，更是內部控制的原則之一。企業在設計社會責任內部控制時，必須依據國家的相關法律法規的要求，比如公司法、所得稅法、勞動法、消費者權益保護法、環境保護法、企業內部控制基本規範、企業內部控制應用指引第4號——社會責任等，並吸收全球契約、SA8000等國際標準，確保企業社會責任內部控制的設計符合合法合規性原則。

②環境適應性原則。環境適應性的理論基礎是權變理論。權變理論簡單地說指的是策略與其所處的環境必須配合才能產生效果，再好的策略放在不適合的環境下都無法產生績效。不同行業、企業在不同時期承擔的社會責任範圍、深度、形式等都可能存在很大差異，所以企業社會責任內部控制的設計就必須要根據企業內外部環境的變化，結合行業和企業自身特點，適時地對內部控制加以調整和完善，防止出現「水土不服」導致的失控，從而保證企業社會責任內部控制目標的順利實現。

③戰略主導性原則。該原則不僅包含傳統內部控制的全面性原則，更突出重要性原則，而且將內部控制建設提高到了企業戰略的高度。中國企業內部控制規範體系雖然涉及對社會責任的控制，但是整體上屬於被動回應式控制，缺乏基於戰略驅動的內生性動力。許多企業做內部控制系統過於強調合法合規性而忽視了戰略主導性，使得內部控制建設未能充分融入企業戰略框架，導致控制成本大幅增高，企業發展陷入困境。戰略主導性原則強調「好鋼用在刀刃上」，將企業社會責任內部控制與企業戰略進行有機整合，在運用內部控制手段促進企業合理履行社會責任的同時，盡可能推動自身戰略的實現。這包括三個維度：實施包括戰略控制、管理控制和作業控制在內的全面控制，管理層和員工乃至其他利益相關者都參與的全員控制，事前、事中、事後都覆蓋的全程

控制，體現內部控制建設的「天時地利人和」。人本經濟方興未艾，黨的十八屆三中全會提出經濟、政治、文化、社會、生態建設「五位一體」的總佈局，可見建立戰略性社會責任內部控制，管理社會責任戰略風險，將成為企業的必然選擇。企業戰略性社會責任內部控制是內部控制窗口寬度上向社會責任擴展、高度上向戰略層次延伸所形成的內部控制體系，能夠體現內部控制的社會責任戰略意圖。

④適度嵌入性原則。適度嵌入性原則要求社會責任對內部控制系統的適度嵌入。首先，企業要明確國家法律法規所規定的企業必須履行的社會責任，這部分社會責任具有剛性特徵，一定要嵌入內部控制系統；其次，企業要從社會責任戰略的高度識別企業正在承擔和即將承擔的社會責任，這一部分社會責任是企業戰略層面的社會責任，如果未能科學嵌入也將影響企業的可持續發展；最後，某些社會責任是企業的自願性社會責任，企業應量力而行，例如企業積極參加慈善活動等，這一部分社會責任的履行將提升企業的聲譽，能夠發揮社會責任投資效應。企業社會責任對內部控制系統的適度嵌入能夠改善公司治理、提升信譽資本和企業價值、促進企業的健康可持續發展，嵌入不足或過度都將增大企業的社會責任風險，降低控制績效。應該避免過度嵌入大幅增加社會責任成本，那種不顧企業實際、設計出十分龐雜的社會責任內部控制制度的做法不但耗費企業資源，還會導致執行效率低下。這也體現了內部控制建設的成本效益原則，所以適度嵌入性原則也包含了傳統內部控制的成本效益原則。

⑤制衡協同性原則。企業社會責任內部控制強調制衡，以及在制衡基礎上的協同。制衡是協同的前提，協同是制衡的目的。首先，制衡強調各利益相關者之間、企業各部門之間、員工和員工之間等權責明確、相互制衡。現代企業理論認為企業是一組契約的集合，契約簽訂的一個前提是簽約雙方是平等的權利主體（科斯，2003）。社會責任內部控制制衡性更多體現為平等的企業利益相關者的相互牽制。需要指出的是，制衡只是發生在權力平等的場合，或者只有在一個平行層次的不同權力主體之間。如果在一個平行層次的不同權力主體之間不會發生侵害他方利益的行為，那麼制衡也是不需要的（謝志華，2009）[18]。其次，協同注重不同利益相關之間、不同部門之間、不同員工之間相互協作、凝心聚力，及時發現並處理企業社會責任風險，齊心協力履行社會責任，構築健康有效運轉的企業社會責任內部控制。最後，企業社會責任內部控制制度與企業原有制度的有效對接和系統整合，為制衡和協同創造制度條件。利益相關者的目標存在多元化乃至相互背離，企業在建立管理制度時不可避免地會出現不同制度間的脫節乃至衝突，應該從制度設計、機制設計上處理

好效率和公平、制衡和協同的關係，不僅激勵各方「做大蛋糕」，而且監督各方「分好蛋糕」，運用社會責任內部控制制度有效管控企業社會責任風險，充分釋放制度的生產力和控制力，提高企業社會責任內部控制的運行效率和效果。

4 企業社會責任內部控制作用機理

　　探索企業社會責任內部控制的內在作用機理，有助於打開企業社會責任內部控制內部「結構—功能」的黑箱，為企業社會責任內部控制理論研究和實踐發展提供創新思維和客觀依據。目前尚未有公開的企業社會責任內部控制數據，但企業社會責任、內部控制方面的數據能夠取得，可以構建不同理論假設下的模型，應用實證分析方法研究社會責任、內部控制、財務績效、企業可持續發展水準等變量之間的相互影響關係和作用機制。企業社會責任內部控制和企業經營管理相互融合併發生作用，企業社會責任內部控制系統通過一定的媒介或路徑，作用於企業績效。這裡包括短期財務績效和長期的綜合績效，長期綜合績效亦即綜合考慮經濟維度、社會維度和環境維度的長期績效，可以用可持續發展指標來衡量。

　　目前，關於企業社會責任內部控制的作用機理研究主要集中在對經濟環境、股價崩盤風險、盈餘管理的影響等方面，本部分將企業社會責任內部控制分別與財務績效、企業可持續發展水準結合進行實證研究，進一步探討企業社會責任內部控制的作用機理。第一部分以 2009—2013 年 A 股上市公司的經驗數據進行實證檢驗，探討內部控制、財務績效與企業社會責任三者之間的關係。研究表明，財務績效和內部控制對企業社會責任的承擔產生顯著正向影響；內部控制能夠正向調節財務績效和企業社會責任之間的關係。第二部分通過對 2009—2013 年中國 A 股主板上市公司的實證檢驗，發現當期企業社會責任、當期內部控制質量與當期企業可持續發展水準顯著正相關，同時兩者間的良性互動對當期企業可持續發展產生協同效應。

4.1 內部控制、財務績效對企業社會責任影響的實證研究

4.1.1 研究背景

隨著食品安全、汽車「補丁式」召回事件的頻現，近年來，企業社會責

任缺失現象越來越受到社會各界的關注。從20世紀50年代到當下這個「以人為本」的法治社會，企業社會責任已逐步被各界廣泛認同與推崇，有關企業社會責任的研究也從其內涵探索等理論研究擴展到它與企業績效、企業價值等關係的實務領域的研究。2006年1月開始施行的《中華人民共和國公司法》（《公司法》）第5條明確指出企業必須承擔社會責任，這為企業承擔社會責任賦予了法律層面的強制性。同時SA8000、ISO9000、ISO14000等國際化標準和體系的採用更是標誌著中國要求企業承擔社會責任的明確態度。

企業社會責任的缺失不僅是管理層社會責任意識薄弱的表現，還暴露了企業內部控制存在重大缺陷。企業內部控制缺乏系統性與有效性將導致企業社會責任從文化塑造、制度建設到行為落實等方面都缺乏有效的監督和制約。2002年薩班斯法案（SOX法案）頒布後，中國陸續出抬了一系列內部控制相關規定，如2006年發布的《上海證券交易所上市公司內部控制指引》和《深圳證券交易所上市公司內部控制指引》，2010年五部委聯合印發的《企業內部控制應用指引第4號——社會責任》更是從六個方面對企業社會責任的承擔做出了詳細指引，為企業運用內部控制管控社會責任風險、促進社會責任履行提供了制度範本。

踐行企業社會責任不僅需要經濟動力來改變高管的態度與取向，還需要經濟實力來落實社會責任行為。2008年國家電網為汶川地震捐款2.1億元、恒大地產集團出資3,000萬元與中國扶貧基金會啓動助困行動，儘管高額的捐款數額不能全面衡量一個企業的社會責任承擔水準，但卻可以反應出經濟實力在企業社會責任承擔中起到的重要保障作用。本書研究內部控制、財務績效對企業社會責任的影響，旨在打開企業社會責任實現機理的黑匣，促進企業加強內部控制建設，提升財務績效，構建社會責任內部控制體系，進而提高其社會責任承擔水準。

4.1.2 文獻梳理

企業履行社會責任是企業和社會持續發展的共同內在需求。隨著企業社會責任運動的興起，社會責任與企業的結合日益緊密。已有豐富的企業社會責任相關文獻，且多圍繞其與內部控制、企業績效兩者之間的相互關係展開。

（1）內部控制與企業社會責任的相關研究

內部控制與企業社會責任之間的相互作用是企業營運井然有序的必備條件。一方面，內部控制是社會責任在企業戰略制定與生產營運中得到貫徹執行的重要保障手段（花雙蓮，2011；馬麗娜，2010；劉榮，2009）；另一方面，

企業承擔社會責任不僅可以降低經理人的代理行為、改善內部控制環境、贏得高水準的員工滿意度和內部控制質量（Jun Guo, et al, 2012），還能改善審計師對內部控制有效性的看法，增強投資者信任度（Andres Guiral, et al, 2014）。李志斌（2014）基於社會責任視角考察了內部控制的溢出效應，研究表明內部控制對企業社會責任的履行有著顯著的正向作用。傳統的企業內部控制以股東為權利軸心，以員工為責任邊界，漠視利益相關者權益，容易造成企業內部衝突和控制危機（王海兵、伍中信等，2011），因此，企業應通過建立完善的社會責任內部控制制度來規範企業的社會責任決策、執行和處理流程（田超、干勝道，2010），並施行全員參與、全面覆蓋、全程融合的企業社會責任與內部控制互動路徑（王加燦，2012），規避企業社會責任風險、實現企業的「守約」與「增值」（劉芳芳，2012）。

(2) 企業績效與企業社會責任的相關研究

國外關於企業社會責任與企業績效的研究較早，也較為豐富，如 Bannon、Preston（1997），Hillman、Keim（2001）通過實證方法驗證了企業社會績效與經濟績效之間的顯著正向關係。Thomas M. Fischer、Angelika A. Sawczyn 針對德國上市公司的一項實證研究也表明，企業社會績效能夠顯著提升企業商譽和財務績效。中國學者張兆國、靳小翠（2013）認為企業社會責任與企業績效在空間上相互影響，且這種相互影響在時間上具有滯後性。企業承擔社會責任將削弱其短期的獲利能力，但從長期發展的角度看，這種行為不僅不會降低企業價值（李正，2006；溫素彬、方苑，2008），反而能提高企業利潤、競爭力以及成長能力（田虹，2009）。因此，企業應把社會責任納入長期發展的戰略中，將對社會責任和企業目標的戰略管理工作有機結合，從社會責任實踐各個管理環節實現對企業戰略目標的有效保障（許正良、劉娜，2008）。

(3) 內部控制與企業績效的相關研究

內部控制的建立和完善對企業績效、價值的提高有顯著的積極作用（林鐘高，2007；王凡林、楊周南，2012；張利，2013）。內部控制水準越高的企業，其盈餘質量就越好，財務績效水準也就更趨向優秀（Prawitt, et al, 2009；張曾蓮、謝佳衛，2011）；相反，內部控制缺陷的披露，會增大企業股票市價下降的風險，影響企業績效（Whisenant, 2003；Doyle, 2007）。由此看見，內部控制效率的高低是影響企業經營業績的重要因素（陳麗蓉、周曙光，2011）。此外，內部控制信息透明度以及內部控制信息披露質量也與企業績效存在著顯著正向關係（羅雪琴、李連華，2009；黃建新、劉星，2012；張曉嵐，2012），曾潔瓊（2014）更是利用實證方法證實了加強內部控制信息的披

露有助於提高企業財務績效。

綜上所述，內部控制、社會責任、企業績效兩兩之間都存在相關性，內部控制在提高企業社會責任承擔水準與企業績效方面有著積極作用。然而，現有文獻對三者關係的整合研究較少，未能充分揭示三者之間的相互作用機理。田利軍（2012）的研究表明，內部控制水準與企業績效存在顯著的正相關關係，大多數社會責任變量對財務績效具有正向影響作用，但存在時間上的滯後性，社會責任能夠顯著地解釋內部控制的變化，在內部控制和企業績效間起到部分仲介作用，該觀點為本研究提供了思路。本研究擬進一步通過實證方法檢驗內部控制與企業績效對企業社會責任是否產生協同影響，研究企業社會責任內部控制的內在實現機理，旨在促進企業加強內部控制建設、提升財務績效、構建中國企業社會責任內部控制體系，進而提高企業的社會責任承擔水準。

4.1.3 理論分析與研究假設

關於企業社會責任的研究，核心的問題是弄明白「企業為誰承擔責任」。價值導向下的企業社會責任「內生嵌入」突破了公司治理中的傳統代理關係[19]。現有研究成果表明，企業社會責任的承擔與企業利潤、競爭力以及成長性之間都有著顯著的正向關係[20]，能夠促進企業長期價值的創造[21]，戰略性社會責任能夠提升企業的可持續競爭優勢[22]。當企業增值得到了保障，股東利益以及經理人報酬也就相應地有了著落。因而企業社會責任的履行實質上是對所有利益相關者履行其負有的信託責任[23]。企業在生產經營時不能僅單純地重視財務績效的表現，還應對社會績效給予足夠關注。因此，企業應採用人本財務管理，在對經濟價值進行有效管理、促進其持續增長的同時，重視通過財務手段，維護和提高社會價值和生態價值[24]。

（1）財務績效與企業社會責任

企業績效與企業社會責任在時間與空間上都存在著相互作用[25]，閒置資源理論（Slack Resource Theory）為我們理清這種複雜關係提供了思路。閒置資源理論或可利用資金假說（Available Funds Hypothesis）認為，一方面，企業的社會責任表現取決於企業可利用的財務資源。績效越好的企業則擁有更多的閒置資源去支持與投資社會責任活動，也就更有能力去承擔因披露企業社會責任信息而花費的成本和伴隨信息披露產生的潛在風險。大多數企業社會責任變量對當期財務績效的影響為負。長期來看，企業履行社會責任對其財務績效具有正向影響作用[26]，企業社會責任對財務績效呈倒 U 形影響[27]。對於污染型企業，企業社會責任（CSR）對污染型企業當期和近期財務績效無顯著影響，

但會顯著提高數期後的長期財務績效[28]，亦即社會責任對財務績效的作用具有非線性和滯後性特徵。另一方面，當企業財務績效表現良好時，股東就會以更加樂觀的態度來對待社會責任投資，同時經理人也會因良好的財務績效獲得豐厚的薪酬回報，進而更加努力地為更多利益相關者（社會委託人）服務。

企業承擔社會責任的意願可以分為被動意願與主動意願。績效越好的企業往往受到越多的來自企業外部的關注，不論是來自社會的負面輿論還是來自法律規定的賠償、罰款等都將給企業的生存發展帶來巨大的創傷。制度環境中的強制性與規範性壓力能夠驅動管理者參與社會責任行動與決策[29]，因此，績效較好的企業並不願為節約少量資源而將自身陷於巨大的社會責任風險中。企業主動承擔社會責任的原因在於企業社會責任作為企業差異化戰略的組成部分，能在長期內提升企業獲得重要資源的能力[30]，為企業創造競爭優勢。但是，企業成功通過社會責任踐行提升企業績效的前提是確保消費者能認可企業在承擔社會責任方面做出的努力。換言之，當消費者無法獲得有關企業承擔社會責任的消息時，他們便不會從購買意向等方面對社會責任表現良好的企業給予積極的回應[31]，因而不能促進企業績效的提升。真實、可靠、優質的財務報表是企業經營成果的展現，不僅能增強投資者對企業長期經營的信心，還能告訴更多的利益相關者他有能力肩負與踐行更多的社會責任。基於此，本研究提出如下假設：

H_1：財務績效能夠促進企業社會責任的承擔。

（2）內部控制與企業社會責任

內部控制作為一種能夠降低內部交易成本的企業資源[32]，能有效促進企業社會責任的實踐操作和規範管理。監督、控制企業合理履行社會責任情況，維護和平衡利益相關者的合法權益，是現代企業內部控制的重要職能。當企業內部控制關注社會責任以及利益相關者權益時，就能進行有效的社會責任風險管控、降低經營風險和財務風險並推動企業戰略目標的實現。因此，企業有必要通過構建戰略性社會責任內部控制來規範企業的合規經營，利用全體員工對社會責任文化的接納與執行真正實現企業與社會的共同發展。此外，內部控制缺失的企業，其財務績效以及長期發展的能力通常會處於一個較低的水準。企業的閒置資源或留存收益會被首先用於企業內部控制系統的完善以及市場營銷等能給企業帶來短期利益的各個方面而非社會責任投資，因此低質量的內部控制不僅會降低企業績效，還會阻礙其社會責任的承擔。相反，擁有高質量內部控制的企業更能保證其盈餘管理的質量以及財務績效的真實性，更能營造出一個誠信、可靠的投資環境與工作環境來增強企業的股東、員工、顧客的忠誠

度，更能促使企業通過社會各界的積極回應提升企業績效，進而提高對社會責任履行行為的保障。基於此，提出以下假設：

H_2：內部控制能夠促進企業社會責任承擔。

H_3：內部控制越好的上市公司，其財務績效越能促進企業社會責任的承擔。

4.1.4 研究設計

（1）樣本與數據

本研究選擇 2009—2013 年 5 個年度滬深兩市 A 股主板上市公司作為研究對象，並根據以下原則進行數據篩選程序：剔除所有 ST 公司樣本；剔除金融保險類公司樣本，由於金融保險類公司與非金融保險類公司差異較大，將其剔除；剔除財務數據異常及指標值缺失的觀測樣本。最後共得到 5,880 個樣本觀測值。本研究所涉及的公司財務數據來源於國泰安數據庫（CSMAR），內部控制指數來源於迪博內部控制與風險管理數據庫（DIB），在進行交互影響分析前對相關變量進行了標準化處理，並利用 Stata12.0 進行統計分析。

（2）變量定義

①企業社會責任

國外對於企業社會責任的衡量多採用聲譽指數法（Reputation Index）如 Bannon 和 Preston（1997）、KLD 指數（the KLD Index）、TRI 法（the Toxics Release Inventory）和公司慈善法（Corporate Philanthropy）等來衡量企業社會責任的表現，而中國研究者則更多採用內容分析法、問卷調查等來構建社會責任衡量指標如陳玉清（2005）、田利軍（2012）等。由於中國尚沒有 KLD 數據庫以及 TRI 與公司慈善法存在難以全面衡量企業社會責任等缺陷[33]，本研究借鑑沈洪濤（2011）的研究，以上海證券交易所 2008 年發布的《關於加強上市公司社會責任承擔工作的通知》中定義的每股社會貢獻值作為企業社會責任承擔水準的替代變量；數值越大，則企業社會責任承擔水準越高。具體定義公式如下：

每股社會貢獻值＝（淨利潤＋所得稅費用＋營業稅金及附加＋
支付給職工以及為職工支付的現金＋
本期應付職工薪酬－上期應付職工薪酬＋
財務費用＋捐贈－排污費及清理費）／
期初和期末總股數的平均值

②內部控制

國內衡量企業內部控制質量的方法有很多，如問卷調查法、基於內部控制目標評價的指標構建方法。為體現內部控制質量水準的高低並進行分組檢驗，本研究採用「迪博・中國上市公司內部控制指數」來衡量企業內部控制水準。

③財務績效

在衡量企業財務績效時不同的學者會選用不同的指標，本研究選擇能夠反應企業總體獲利能力的 ROA 指標作為財務績效的替代變量。

④控制變量

已有文獻的研究結果表明，企業規模、產權性質、成長性與財務風險等都能夠對企業社會責任的承擔產生影響。規模越大的企業越能掌握更多的影響社會關係的相關資源[34]，且社會關注度也相應較高。因此，此類企業將更加重視社會責任的承擔[35]。同時，大規模的企業承受著更大的政治成本，因而傾向於承擔更多的社會責任並披露相關信息[36]。此外，成長性越好的企業或者國有企業越易受到社會各界的關注，所承受的社會責任風險則越大，因而越願意承擔社會責任。公司治理環境也是影響企業社會責任承擔的一個重要因素，國內外研究中已有文獻表明股權集中度、獨立董事比例以及兩職分離情況會影響企業承擔社會責任。因此，本研究選取以上變量作為控制變量。所有變量定義如表 4-1 所示：

表 4-1　變量定義表

變量類型	變量名稱	變量符號	變量描述
因變量	企業社會責任	CSR	每股社會貢獻值
自變量	財務績效	ROA	總資產收益率
	內部控制	IC	內部控制指數
控制變量	公司規模	SIZE	總資產的自然對數
	企業成長性	GROWTH	主營業務收入增長率
	財務狀況	RISK	財務槓桿
	產權性質	SOE	實際控制人為政府、國有企業為1，否則取0
	股權集中度	CON	第一大股東持股比例
	獨立董事比例	DD	獨立董事在董事會中的比例
	兩職分離	DUAL	董事長兼任總經理時取1，否則取0
	年份	YEAR	年份虛擬變量；屬於某一年取1，否則取0

(3) 模型設計

根據前面的分析，設置以下 3 個基本模型來驗證本研究提出的假設。

模型 1：

$$CSR = \alpha_0 + \alpha_1 ROA + \alpha_2 SIZE + \alpha_3 GROWTH + \alpha_4 RISK + \alpha_5 SOE + \alpha_6 CON + \alpha_7 DD + \alpha_8 DUAL + \sum YEAR + \varepsilon$$

模型 2：

$$CSR = \beta_0 + \beta_1 ROA + \beta_2 IC + \beta_3 SIZE + \beta_4 GROWTH + \beta_5 RISK + \beta_6 SOE + \beta_7 CON + \beta_8 DD + \beta_9 DUAL + \sum YEAR + \varepsilon$$

模型 3：

$$CSR = \gamma_0 + \gamma_1 ROA + \gamma_2 IC + \gamma_3 ROA \times IC + \gamma_4 SIZE + \gamma_5 GROWTH + \gamma_6 RISK + \gamma_7 SOE + \gamma_8 CON + \gamma_9 DD + \gamma_{10} DUAL + \sum YEAR + \varepsilon$$

模型 1 考察的是財務績效對企業社會責任承擔水準的影響，用來檢驗假設 1；模型 2 考察內部控制對企業社會責任承擔水準的影響，並考察加入內部控制變量後，對財務績效與企業社會責任相關關係的影響，用來檢驗假設 2；模型 3 在模型 2 的基礎上加入內部控制與財務績效的交乘項，考察內部控制在財務績效影響企業社會責任過程中起到的調節作用，用來檢驗假設 3。

4.1.5 實證分析

(1) 描述性統計

表 4-2 顯示了全樣本主要變量的統計結果。2009—2013 年，樣本公司 CSR 的均值為 1.230，且最小值為 -3.460、最大值為 25.930，說明中國上市公司企業社會責任承擔情況差距較大，且就總體而言中國企業社會責任的履行還處於一個較低的水準；ROA 的均值為 0.040，標準差為 0.084，說明樣本的總資產收益率不存在較大差異；IC 的均值為 682.470，且最小值為 8.97、最大值為 995.36，說明中國上市公司間的內部控制程度存在著較大差異。

表 4-2　變量描述性統計

變量	樣本數	平均值	標準差	最小值	最大值
CSR	5,880	1.230,04	1.326,392	-3.460,66	25.930,3
ROA	5,880	0.040,613	0.083,835,6	-1.321,01	1.997,06
IC	5,880	682.470,4	98.980,19	8.97	995.36

表4-2(續)

變量	樣本數	平均值	標準差	最小值	最大值
SIZE	5,880	22.184,86	1.399,182	15.577,3	28.482
GROWTH	5,880	0.188,584	0.707,274,6	-1	9.943,68
RISK	5,880	1.436,639	1.224,872	-9.620,92	9.586,45
DUAL	5,880	0.127,210,9	0.333,237,4	0	1
DD	5,880	0.368,658,7	0.056,078,2	0.090,909	0.8
CON	5,880	36.636	16.298,44	2.196,9	89.408,6
SOR	5,880	0.627,210,9	0.483,587,8	0	1

表4-3顯示了獨立樣本T檢驗結果。本研究利用內部控制指數均值將樣本分為低質量內部控制組與高質量內部控制組。從檢驗結果可知，兩組間的主要變量CSR與ROA存在著顯著差異，且高質量內部控制組兩者的系數均明顯大於低質量內部控制組，因此可以初步說明內部控制越好的企業，其財務績效以及企業社會責任承擔水準越高。

表4-3 獨立樣本T檢驗

變量	樣本組	均值	均值差異	T值
CSR	高質量內部控制組	1.597,967	0.818,852,4	24.741,5***
	低質量內部控制組	0.779,114,6		
ROA	高質量內部控制組	0.058,162,1	0.039,057,1	18.265,8***
	低質量內部控制組	0.019,105		

註：* $p < 0.1$，** $p < 0.05$，*** $p < 0.01$（下同）。

(2) 相關性分析

表4-4顯示了各主要變量之間的相關分析結果。從該表可以看出ROA與CSR相關係數為0.381且在1%水準顯著，初步說明財務績效能促進企業承擔社會責任；IC與CSR的相關係數為0.394且在1%水準顯著，初步說明內部控制能促進企業承擔社會責任；值得注意的是SIZE與IC相關係數為0.530且在1%水準顯著，表明兩者在一定程度上存在多重共線性，但是各變量方差膨脹因子的最大值均小於2，且平均數（MEAN VIF）為1.43。因此認為各變量之間不存在嚴重多重共線性問題。

表 4-4　Pearson 相關分析結果

	DUAL	CSR	ROA	IC	SIZE	GROWTH	RISK	SOE	CON	DD
CSR		1								
ROA		0.381,4***	1							
IC		0.394,0***	0.321,9***	1						
SIZE		0.424,4***	0.087,2**	0.530,0***	1					
GROWTH		0.100,2***	0.097,4***	0.099,1***	0.032,7	1				
RISK		-0.044,3**	-0.077,3***	0	0.038,5	-0.010,1	1			
SOE		0.150,7***	-0.020,2	0.137,9***	0.271,5***	0.012,4	0.027,4	1		
CON		0.172,4***	0.076,2***	0.202,0***	0.353,8***	0.024	-0.035,5	0.289,1***	1	
DD		-0.028,7	-0.005	0.039,8*	0.095,9*	-0.008	-0.009,4	-0.004,5	0.048,4***	1
DUAL		-0.040,7	-0.013,2	-0.054,6***	-0.112,9***	-0.012,7	-0.010,2	-0.165,9***	-0.126,9***	0.029,8

(3) 迴歸分析

①模型1的迴歸結果顯示（見表4-5），在控制其他變量的影響後，財務績效與企業社會責任在0.1%水準下顯著正相關，說明績效越好的企業越有更多的資源去支持企業社會責任活動，因而社會責任承擔水準越高，假設1得到驗證。同時，我們可以看出企業規模、成長性以及產權性質都顯著正向影響企業承擔社會責任，這與前面分析一致，即企業規模越大、成長性越好以及國有企業越易受到媒體與消費者的關注，從而更願意承擔社會責任。此外，獨立董事比例與企業社會責任在0.1%水準下顯著正相關，這與李志斌（2014）的研究結論一致。

②模型2的迴歸結果顯示，內部控制與企業社會責任在0.1%水準下顯著正相關，說明內部控制能夠促進企業提高社會責任承擔水準，假設2得到驗證。同時我們可以發現在加入內部控制變量後，財務績效與企業社會責任的顯著性水準並沒有改變，但是係數有所下降，說明內部控制能夠對財務績效與企業社會責任的相關關係產生一定的影響。

③模型3加入了內部控制與財務績效的交乘項（CROSS），為排除交乘項帶來的多重共線性問題，本研究分別對自變量與調節變量進行了標準化處理，然後再計算兩者的交乘項。模型3中的總體樣本迴歸結果顯示，財務績效與內部控制的交乘項與企業社會責任在0.1%水準下顯著正相關。同時相比於模型1，ROA的顯著性水準雖沒有變化但系數卻明顯變大（7.418>5.393），而IC的系數與模型2相比略微下降，因此可以得出結論：內部控制能夠正向調節財務績效對企業社會責任的影響效果。分組檢驗進一步驗證了這一調節作用，從迴歸結果可以發現高質量內部控制組CROSS與ROA的系數都明顯大於低質量內部控制組（0.159>0.127，8.503>6.012），說明內部控制越好的企業其調節

作用越明顯，越能與財務績效一起促進企業提高社會責任承擔水準，假設 3 得到驗證。高質量內部控制組 IC 與 CSR 不顯著，可能說明內部控制對企業社會責任的影響更多是通過財務績效來體現的，與假設 3 並不違背。

表 4-5　多元迴歸結果

變量	模型 1	模型 2	模型 3 總體樣本	模型 3 IC 低質量組	模型 3 IC 高質量組
	係數 (T 值)	係數 (T 值)	係數 (T 值)	係數 (T 值)	係數 (T 值)
ROA	5.393***	4.887***	7.418***	6.012***	8.503***
	(30.97)	(26.75)	(33.54)	(19.08)	(13.86)
IC		0.001,59***	0.001,32***	0.000,858***	0.000,396
		(8.64)	(7.36)	(3.82)	(0.83)
CROSS			0.182***	0.127***	0.159***
			(19.14)	(9.66)	(3.83)
SIZE	0.364***	0.305***	0.311***	0.258***	0.361***
	(31.80)	(22.99)	(24.13)	(16.70)	(16.29)
GROWTH	0.099,5***	0.087,7***	0.078,6***	0.037,9	0.112***
	(4.85)	(4.29)	(3.96)	(1.64)	(3.64)
RISK	-0.037,9**	-0.038,6**	-0.005,03	0.013,4	-0.032,4
	(-3.22)	(-3.29)	(-0.44)	(1.23)	(-1.30)
DUAL	0.072,2	0.066,6	0.029,7	-0.041,7	0.102
	(1.64)	(1.52)	(0.70)	(-0.88)	(1.50)
DD	-1.542***	-1.534***	-1.282***	-0.312	-1.930***
	(-5.98)	(-5.98)	(-5.15)	(-1.00)	(-5.26)
CON	-0.000,315	-0.000,310	-0.000,688	0.001,43	-0.002,52
	(-0.32)	(-0.32)	(-0.73)	(1.23)	(-1.81)
SOE	0.159***	0.159***	0.181***	0.103**	0.254***
	(4.96)	(5.00)	(5.86)	(2.91)	(5.24)
_cons	-6.570***	-6.337***	-6.571***	-5.545***	-6.621***

表4-5(續)

變量	模型1 系數 (T值)	模型2 系數 (T值)	模型3 總體樣本 系數 (T值)	模型3 IC低質量組 系數 (T值)	模型3 IC高質量組 系數 (T值)
	(−25.67)	(−24.78)	(−26.45)	(−15.66)	(−16.28)
YEAR	控制	控制	控制	控制	控制
F值	221.16	212.45	235.72	82.52	99.1
$Adj\text{-}R^2$	0.310,1	0.318,6	0.358,5	0.301,7	0.297,9
N	5,880	5,880	5,880	2,642	3,238

註：括號內為T值，$^*p<0.05$，$^{**}p<0.01$，$^{***}p<0.001$；模型4、5為分組迴歸結果，其中模型4為低內部控制質量組，模型5為高內部控制質量組。

4.1.6 穩健性檢驗

淨資產收益率是衡量企業財務績效的另一重要指標，為檢驗本研究的結論的可靠性，採用 ROE 替代 ROA 作為企業財務績效的衡量指標，並採用內部控制指數中位數作為界限劃分內部控制高、低質量組。根據上述方法進行樣本篩選，最後得到5,876個樣本值。迴歸結果顯示 ROE、IC 以及兩者的交乘項 $CROSS_1$ 與 CSR 之間仍然存在顯著正向關係，其他變量符號、顯著性也基本不變。因此，本書研究結論總體而言是穩健的（表4-6）。

表4-6 穩健性測試的結果

變量	模型1 系數 (T值)	模型2 系數 (T值)	模型3 總體樣本 系數 (T值)	模型3 IC低質量組 系數 (T值)	模型3 IC高質量組 系數 (T值)
ROE	0.702***	0.600***	2.217***	1.181***	4.526***
	(14.89)	(12.86)	(25.28)	(13.77)	(13.59)
IC		0.002,83***	0.001,81***	0.001,18***	0.000,191
		(15.38)	(9.86)	(5.43)	(0.35)
$CROSS_1$			0.305***	0.146***	0.545***

表4-6(續)

變量	模型1 系數 (T值)	模型2 系數 (T值)	模型3 總體樣本 系數 (T值)	模型3 IC低質量組 系數 (T值)	模型3 IC高質量組 系數 (T值)
			(21.46)	(10.75)	(4.64)
SIZE	0.374***	0.267***	0.263***	0.247***	0.289***
	(30.78)	(19.32)	(19.77)	(15.81)	(12.46)
GROWTH	0.135***	0.107***	0.070,5***	0.061,8**	0.029,5
	(6.20)	(5.03)	(3.42)	(2.61)	(0.91)
RISK	-0.061,0***	-0.058,1***	-0.038,3**	-0.000,568	-0.046,0
	(-4.89)	(-4.76)	(-3.25)	(-0.05)	(-1.68)
DUAL	0.063,7	0.054,8	0.049,0	-0.023,2	0.075,8
	(1.37)	(1.20)	(1.11)	(-0.49)	(1.03)
DD	-1.551***	-1.533***	-1.311***	-0.269	-1.793***
	(-5.67)	(-5.72)	(-5.07)	(-0.86)	(-4.60)
CON	0.000,854	0.000,656	-0.000,111	0.002,14	-0.001,94
	(0.83)	(0.65)	(-0.11)	(1.84)	(-1.32)
SOE	0.103**	0.113***	0.150***	0.059,5	0.291***
	(3.06)	(3.42)	(4.69)	(1.68)	(5.59)
_cons	-6.677***	-6.265***	-5.745***	-5.357***	-4.956***
	(-25.15)	(-23.94)	(-22.69)	(-15.56)	(-11.01)
YEAR	控制	控制	控制	控制	控制
F值	144.29	156.75	189.87	60.17	91.91
Adj-R^2	0.226,4	0.256,3	0.310,4	0.220,0	0.302,3
N	5,876	5,876	5,876	2,938	2,938

註：括號內為T值，* $p<0.05$，** $p<0.01$，*** $p<0.001$。

4.1.7 研究結論與啟示

本研究通過對2009—2013年滬深兩市A股主板上市公司內部控制、財務

績效與企業社會責任關係的實證分析，得到以下研究結論：財務績效與內部控制能夠對企業社會責任的承擔產生顯著正向影響；內部控制能夠正向調節財務績效對企業社會責任的影響。進一步的分組檢驗發現，內部控制質量越高的企業，內部控制因素越能正向調節財務績效對企業社會責任的正向影響，同時兩者對企業社會責任承擔形成的協同效應也更為凸顯。其原因在於，內部控制實質是一種以實現企業戰略目標為主的內部控制過程[37]，合理的內部控制目標以及有效的內部控制活動是企業實現階段性經營規劃以及持續發展戰略規劃的重要保障。一方面，內部控制質量越高的企業其績效管理越容易得到落實，從而更易實現企業價值的增值；另一方面，內部控制不僅能通過促進財務績效的增長為企業承擔社會責任提供資金保障，還能對企業社會責任承擔情況進行監督，有利於企業通過承擔社會責任規避社會責任風險、保證合規經營以及樹立企業形象，增強產品市場競爭力並推動企業的可持續發展。

綜上，內部控制在提升企業績效、提高企業社會責任承擔水準中發揮了重要作用。為進一步回應政府號召、保護消費者權益、提高社會責任承擔水準，企業有必要建立一個完善、有效的社會責任內部控制框架，發揮內部控制基本職能，保證企業正常的經營運作；同時嵌入「以人為本」的社會責任文化，引導企業在創造自身經營利潤的同時創造更多的社會價值。此外，企業還應利用社會責任內部控制進行風險管控，保障企業的社會責任投資收益，同時擴大媒體宣傳力度，通過消費者對企業承擔社會責任的積極回應提升企業績效與企業價值。

4.2 企業社會責任、內部控制與企業可持續發展的實證研究

4.2.1 問題提出

當前全球經濟復甦疲軟的狀態將長期存在[38]，同時中國經濟增長速度放緩，經濟結構正在從增量擴能向調整存量、做優增量進行深度調整[39]。與此同時，伴隨著經濟發展方式轉型升級以及經濟結構調整逐漸步入深水區，廣東、浙江等沿海省份出現大量中小企業倒閉，企業可持續成長問題日益凸顯[40]。因此在宏觀經濟步入「新常態」的背景下，如何適應複雜動態的環境變化、實現企業可持續發展成為一項現實而緊迫的課題。進一步而言，企業社會責任早已不再圍繞著「是否」履行，而是圍繞著「如何」履行的問題展

開[41]。近年來國內外一些大型企業因社會責任缺失而失信於眾、轟然垮臺，其內部控制漏洞造成巨大損失乃至破產的教訓也觸目驚心[42]，因此在企業實現可持續發展的過程中企業社會責任和內部控制扮演著至關重要的角色。一方面，企業社會責任意味著企業需要通過各種商業和社會行為，保護和提高社會和組織現在和未來的福利，並保證對各種利益相關者產生公正和可持續的利益[43]。另一方面，內部控制就是為了維護組織內部相關各方的利益關係而存在的，內部控制的目標之一是提高企業競爭優勢，實現企業可持續發展。此外，企業社會責任與內部控制間存在相互作用，企業通過履行社會責任，能夠為內部控制營造良好的內外部環境，而監督、控制企業合理履行社會責任情況、維護和平衡企業各利益相關者的合法權益是企業內部控制的重要職能。因此，探究企業社會責任、內部控制與企業可持續發展的互動機制，並深層次挖掘企業社會責任與內部控制間相互作用對企業可持續發展的交互影響具有重要的現實意義。

然而，企業社會責任能否顯著改善企業績效並促進企業可持續發展仍然存在一定的爭議。馮麗麗（2014）研究發現當期企業社會責任履行與當期內部控制均對企業價值產生負面影響。只有當內部控制達到一定水準，兩者方可發生協同效應[44]。李偉、滕雲（2015）提出企業社會責任與內部控制之間存在良性互動機制，企業履行社會責任促進了內部控制的健康運行，而內部控制的有效性也是企業履行社會責任的保障[45]。與此同時，內部控制具有一定的強制性色彩，內部控制的實際能力與作用範圍尚存爭議。廖志敏等（2009）認為在社會發生嚴重危機時出抬的強制措施特別是「安然」事件後出抬的「薩班斯法案」主要是政府為了緩解其面臨的輿論壓力不得已而為之的行為[46]。內部控制並非「無所不做」「無所不包」「無時不有」，並且中國內部控制體系與西方國家內部控制體系的所有制基礎大相徑庭[47]。而內部控制本身存在一定的固有局限，一旦出現管理層串通舞弊等情形，內部控制將會失效，進而在一定程度上影響了其在企業可持續發展方面所發揮的效用。那麼，當期企業社會責任和當期內部控制能否促進當期企業可持續發展呢？當期企業社會責任與當期內部控制能否在促進當期企業可持續發展過程中發揮協同效應呢？當管理層權力過大、其凌駕於內部控制之上的風險較高時，當期企業社會責任、內部控制與企業可持續發展間的互動作用是否會發生異化呢？

為了回答上述問題，本研究以2009—2013年中國A股主板上市公司為研究樣本，分別就企業社會責任、內部控制以及兩者間相互作用對企業可持續發展產生的交互影響進行理論分析與實證檢驗。此外，考慮到管理層權力對內部

控制與企業社會責任的影響,特別是當管理層凌駕於內部控制之上時內部控制面臨較高的失控風險,因此進一步根據管理層權力的高低對企業社會責任、內部控制與企業可持續發展的相關關係進行分組研究。嘗試更為全面和深刻地刻畫出企業社會責任、內部控制以及兩者間的互動關係對企業可持續發展的影響機制與實現路徑,以期打開企業社會責任、內部控制與企業可持續發展間作用機理的黑箱。

4.2.2 文獻回顧與理論分析

在市場經濟時代,市場和政府這兩只手常常發生「失靈」的情況,此時「以人為本」的倫理道德便成為填補市場與政府空白、促進可持續發展的「第三只手」[48]。國家、社會以及公眾對企業道德層面的要求都在不斷證明社會責任對於公司持續成長的重要作用[49]。而通過構建以人為本的內部控制規範體系能夠有效地緩解利益相關者間的利益衝突與危機,實現企業經營的可持續性。

(1) 企業社會責任與企業可持續發展

企業只有適應社會、經濟環境的發展與變化,擔負起企業促進社會發展的責任才能獲取長期競爭優勢,保證自身的長期生存與發展。在有效信息市場,企業在一定閾值內履行社會責任有利於可持續發展[50]。其一,企業通過履行社會責任能夠為企業可持續發展提供創新途徑。不斷創新是企業在複雜動態環境中保持競爭優勢的根本原因,企業社會責任履行能夠為企業提供一個實現持續創新的新途徑[51]。Carrasco(2013)認為,企業通過將企業社會責任融入文化,能夠在實現文化創新的同時為企業帶來產品和流程的創新,進而增加企業利潤、促進社會可持續發展[52]。朱乃平等(2014)研究發現企業社會責任履行有助於投資者判別企業的無形資產投資效率,企業社會責任履行與企業技術創新能力間存在著「1+1>2」的協同效應[53]。其二,企業通過履行社會責任能夠為企業可持續發展提供資源基礎。現代企業是各利益相關者締結而成的一組動態契約,傳統企業管理理論強調內部利益相關者的經濟責任,而忽視對外部利益相關者的社會責任。Roya Derakhshan 等(2019)將內外部利益相關者均納入組織治理結構,關注外部利益相關者的社會與心理方面特質[54]。企業履行社會責任不僅可以與各利益相關者保持長期合作關係進而獲得資源與支持,還是一種「既利己又利他」的雙贏機制。其三,企業通過社會責任履行能夠為企業可持續發展帶來先行優勢。由於「模仿壁壘」是先行優勢的基礎,因此當競爭對手無法複製企業的獨特資源時,企業便可以保持先行優勢[55]。

企業通過履行社會責任能夠在吸引潛在利益相關者的同時，累積在利益相關者組織與管理方面的經驗，進而獲取獨特的「社會責任資源」，提高「模仿壁壘」，獲取先行優勢。Sirsly (2008) 將企業社會責任視為利益相關者管理、環境評估與議題管理的能力綜合體，並認為基於向心性、專屬性和可見性的戰略性企業社會責任能夠為企業帶來先行優勢[56]。由此可見，企業履行社會責任是一種「雙贏機制」，企業通過履行社會責任能夠為企業可持續發展提供創新途徑、資源基礎與先行優勢。因此，我們提出如下假設：

H_4：當期企業社會責任履行能夠促進當期企業可持續發展水準的提高。

（2）內部控制與企業可持續發展

首先，企業內部控制的終極目標是實現企業可持續發展。一個組織需要設立使命和願景、制定戰略規劃、建立預設目標並制定實現目標的具體計劃，而作為內部控制三大目標之一的營運目標便與企業基本使命和願景的實現有關[57]。《企業內部控制基本規範》明確指出加強和規範企業內部控制的目標是「提高企業經營管理水準和風險防範能力，促進企業可持續發展，維護社會主義市場經濟秩序和社會公眾利益」。此外，企業發展戰略是內部控制的重要內容，內部控制能夠通過對企業發展戰略制定與實施流程及風險的控制降低盲目發展、過度擴張風險，避免發展戰略的頻繁變動，進而提升企業核心競爭力，增其可持續發展能力。其次，內部控制能夠通過規範、優化企業行為、提升資本配置效率促進企業可持續發展。一方面，內部控制貫穿於企業控制活動的全過程，高質量內部控制可以防止公司不當行為的實際發生，特別是高質量內部控制能夠有效抑制會計選擇盈餘管理和真實活動盈餘管理[58]。另一方面，陳漢文、程智榮（2015）研究發現企業內部控制質量越高，股權成本越低，而這一相關關係對處於成長期和成熟期的企業尤為顯著[59]。此外，高質量的內部控制還有助於緩解環境不確定性與資本成本之間的正相關關係[60]。內部控制能夠通過對企業投資流程及其風險的控制並保持與利益相關者間的信息溝通有效抑制上市公司過度投資行為，提升投資效率[61]。因此，內部控制能夠通過提升企業投融資效率、制約管理層自利行為來實現企業可持續發展。綜上所述，我們提出如下假設：

H_5：企業當期內部控制質量越好，其當期可持續發展水準越高。

（3）企業社會責任、內部控制對企業可持續發展的交互影響

企業社會責任是內部控制的重要內容，企業內部控制所面臨的最大風險是來自利益相關者的企業社會責任風險，而社會責任風險失控將會嚴重削弱企業創造可持續發展價值的能力。一方面，企業通過履行社會責任能夠為內部控制

的順利實施提供良好的內外部環境。《企業內部控制基本規範》在內部環境中特別要求在企業文化建設上培育積極向上的價值觀和社會責任感，企業通過履行社會責任可以將社會責任感滲透到利益相關者關係中，進而能夠有效提升利益相關者參與內部控制的積極性。此外，企業通過履行社會責任還能夠與利益相關者建立長期合作關係，進而形成利益相關者參與內部控制治理的長效機制。另一方面，內部控制不僅能夠通過控制企業社會責任風險來促進企業社會責任履行，還能夠通過控制企業社會責任融入戰略管理的過程提升企業社會責任履行的可持續性。監督、控制企業合理履行社會責任情況、維護和平衡企業各利益相關者的合法權益是企業內部控制的重要職能。當企業內部控制關注社會責任以及利益相關者權益時，就能進行有效的社會責任風險管控、降低企業社會責任風險並推動企業戰略目標的實現。劉娜等（2013）認為企業社會責任具有重要的戰略屬性，在將企業社會責任融入戰略管理的過程中內部控制發揮著關鍵作用。通過對企業社會責任融入戰略管理過程進行內部控制評價、考核、分析、識別、預警以及糾防能夠對融入過程及其風險進行及時分析反饋和分析預測，進而能夠不斷調整和完善企業社會責任融入戰略管理的效果，促進企業社會責任長效履行。綜上所述，企業社會責任和內部控制間存在互動關係，企業通過履行社會責任能夠有效地改善內部控制環境、建立利益相關者參與內部控制的長效機制。同時，企業通過規範和完善內部控制制度及其運行有助於防範企業社會責任風險，提升企業社會責任的戰略屬性和可持續性。由此可見，企業社會責任和內部控制在促進企業可持續發展的同時，還能通過兩者間的良性互動促進彼此在推動企業實現可持續發展過程中所發揮的作用，發揮其對企業可持續發展的協同效應。因此，提出如下假設：

H_6：當期企業社會責任與當期內部控制彼此調節，進而對當期企業可持續發展水準發揮協同效應。

4.2.3 研究設計

（1）樣本選擇與數據來源

本研究選取2009—2013年中國A股主板上市公司作為研究樣本。之所以選擇2009年作為研究的初始年份，主要是考慮到中國2008年由財政部等五部委聯合頒布《企業內部控制基本規範》，上市公司按照《企業內部控制基本規範》建設和完善內部控制體系需要一定的時間，因此2009年及之後年份內部控制相關數據的信度和效度更為合理。此外，本研究根據以下原則進行數據篩選程序：①剔除金融保險類上市公司。金融保險類上市公司的財務狀況以及內

部控制與非金融保險類公司差異較大,因而剔除金融保險類行業樣本。②剔除相關數據及指標值缺失的觀測樣本。③剔除相關數據及指標異常的觀測樣本。經過上述步驟之後,最後共得到 5,965 個樣本觀測值。財務數據來源於 WIND 數據庫,公司治理及其他相關數據來源於 CSMAR 數據庫,內部控制指數來源於迪博風險管理數據庫,數據處理及統計軟件為 Stata12.0。

(2) 變量定義

①企業可持續發展

衡量企業可持續發展有多種方法,如利用單一財務指標、因子分析、截面迴歸、業績可持續增長模型。業績可持續增長模型能夠衡量上市公司是否具有長期的盈利能力和持久的競爭優勢[62],並且已成為制定企業平衡增長計劃的有力工具,在惠普等大公司裡獲得了廣泛應用[63]。此外,與希金斯可持續發展模型相比,範霍恩可持續發展模型的假設與企業實際情況更為吻合。本研究借鑑薛洪岩等(2012)、劉斌等(2002)等的研究方法,同時考慮到本研究是基於靜態面板數據,按照範霍恩可持續發展靜態模型構建企業可持續發展指標,並對上市公司可持續發展能力進行衡量。

②企業社會責任

衡量企業社會責任的方法有許多,如污染控制績效評價法、聲譽指數法、內容分析法等,這些方法各有特點和適用範圍。國外對於企業社會責任的衡量多採用聲譽指數法(Reputation Index),如 KLD 指數(the KLD Index)、TRI 法(the Toxics Release Inventory)和公司慈善法(Corporate Philanthropy)等來衡量企業社會責任的表現,而中國研究者則更多採用內容分析法、問卷調查等方法來構建社會責任衡量指標,如張兆國等(2013)、朱乃平等(2014)。考慮到指標選取的普適性和成熟度,本研究借鑑陳麗蓉等(2015)的研究,以上海證券交易所 2008 年發布的《關於加強上市公司社會責任承擔工作的通知》中定義的每股社會貢獻值作為企業社會責任履行水準的替代變量,數值越大,則企業社會責任履行水準越高。

③內部控制

迪博風險管理數據庫中的「內部控制指數」數據是以企業內部控制基本框架體系作為制度基礎,基於內部控制戰略、經營、報告、合規和資產安全五大目標的實現程度進行設計,並將內部控制重大缺陷作為修正指標,對內部控制指數進行補充與修正。同時,該指數主要源於上市公司年報中的財務數據、非財務信息及內部控制自我評價報告等,因此能夠比較準確地反應上市公司內部控制有效性[64]。本研究借鑑張會麗等(2014)的方法,選取迪博風險管理

數據庫中「內部控制指數」作為內部控制質量的替代變量。

④控制變量

A. 企業風險

風險貫穿於企業為利益相關者創造價值的過程，當企業面臨較高的風險時，現有利益相關者將不再願意與企業保持長期合作關係，而潛在利益相關者也不願將掌握的資源與企業進行交換，進而削弱企業可持續發展的資源基礎。因此，本研究將企業風險納入模型控制變量。

B. 公司治理相關變量

Brown 等（2011）認為逆向選擇、道德風險和道德敗壞等問題對企業的利益相關者而言十分重要，公司治理正是利益相關者建立的處理這些風險的一個系統[65]。同時公司治理在保護利益相關者權益方面發揮著重要作用，可以使利益相關者的利益得到協調，透明的環境得到維護，以使各方都有能力承擔其責任並為公司的發展和價值創造做貢獻[66]。因此，本研究選擇董事會規模、監事會規模、第一大股東持股比作為公司治理的相關變量加以控制。

C. 審計意見

大量研究表明，審計意見具有決策有用性，能夠為利益相關者提供具有決策有用性的信息[67]。審計意見良好的上市公司意味著自身運行較為規範，還能夠吸引潛在利益相關者，促進企業可持續發展。因此，本研究將審計意見納入模型控制變量。

相關變量定義如表 4-7 所示。

表 4-7 變量定義

變量名稱		變量符號	變量定義
因變量	企業可持續發展	SGR	基於範霍恩可持續發展靜態模型，企業可持續發展=銷售淨利率×收益留存率×（1＋產權比率）／[1/總資產週轉率－銷售淨利率×收益留存率×（1＋產權比率）]
解釋變量	企業社會責任	CSR	每股社會貢獻值＝（淨利潤+所得稅費用+營業稅金及附加+支付給職工以及為職工支付的現金+本期應付職工薪酬－上期應付職工薪酬+財務費用+捐贈－排污費及清理費）／期初和期末總股數的平均值，值越大，則企業社會責任履行水準越高
	內部控制	IC	迪博內博內部控制指數

表4-7(續)

變量名稱		變量符號	變量定義
控制變量	企業風險	RISK	綜合槓桿＝（淨利潤+所得稅費用+財務費用+固定資產折舊、油氣資產折耗、生產性生物資產折舊+無形資產攤銷+長期待攤費用攤銷）／（淨利潤+所得稅費用），數值越高，則企業風險越高
	董事會規模	DP	董事會董事總人數
	監事會規模	JP	監事會監事總人數
	第一大股東持股比	CON	第一大股東持股在總股本中所占比重
	審計意見	OP	財務報告審計意見是否為標準審計意見，是取1，否取0

(2) 模型設計與選取

①模型設計

$$SGR_{i,t} = \beta_0 + \beta_1 CSR_{i,t} + \sum_{i=1}^{5} control_{i,t} + \varepsilon \qquad (4.1)$$

$$SGR_{i,t} = \alpha_0 + \alpha_1 IC_{i,t} + \sum_{i=1}^{5} control_{i,t} + \varepsilon \qquad (4.2)$$

$$SGR_{i,t} = \gamma_0 + \gamma_1 CSR_{i,t} + \gamma_2 IC_{i,t} + \gamma_3 CSR_{i,t} \times IC_{i,t} + \sum_{i=1}^{5} control_{i,t} + \varepsilon \qquad (4.3)$$

設計模型4.1以檢驗假設4，即檢驗當期企業社會責任對當期企業可持續發展的影響。設計模型4.2以檢驗假設5，即檢驗當期企業內部控制質量對當期企業可持續發展的影響。在模型4.1及模型4.2的基礎上納入當期企業社會責任與當期企業內部控制質量的交乘項構建模型4.3，納入模型前對交乘項經過了標準化處理。模型4.3用以檢驗當期企業社會責任與當期企業內部控制質量是否會產生協同效應，進而對企業可持續發展產生交互影響。

②模型選取

為驗證前文假設，由於模型4.1、模型4.2及模型4.3是基於2009—2013年A股主板上市公司面板數據，本研究借助F值檢驗和Hausman檢驗來確定哪種計量經濟學模型最為有效。其中F值用來比較固定效應模型和混合效應模型在本研究模型設定中的有效性，Hausman檢驗用來比較固定效應模型和隨機效應模型在本研究模型設定中的有效性。提出假設如下。

H_7：模型中不同個體的截距項相同。

H_8：個體效應與迴歸變量無關。

若 H_6 被接受，建立混合效應模型更為有效，反之則需進一步進行 Hausman 檢驗。若假設被拒絕，則固定效應模型更為有效，否則應該選取隨機效應模型。如表4-8所示。

表4-8 模型4.1、模型4.2及模型4.3F值與Hausman檢驗

模型	模型（1）		模型（2）		模型（3）		最佳模型
檢驗	F值檢驗	Hausman檢驗	F值檢驗	Hausman檢驗	F值檢驗	Hausman檢驗	固定效應模型
數值	1.83***	130.43***	1.77***	101.81***	1.81***	131.86***	
結論	拒絕假設	拒絕假設	拒絕假設	拒絕假設	拒絕假設	拒絕假設	

表4-8的檢驗結果說明F值檢驗結果高度拒絕了原假設，面板數據中存在強烈的個體效應，因此應該放棄混合效應模型。進一步Hausman檢驗結果高度拒絕了原假設。因此綜合考慮模型中可能存在遺漏變量所帶來的內生性問題，在F值檢驗、Hausman檢驗結果的基礎上選取固定效應模型。

4.2.4 實證分析

（1）描述性統計

表4-9列出了主要變量的描述性統計特徵，具體包括變量的均值、中位數、標準差、最小值以及最大值。在全部5,965個觀測樣本中，企業可持續發展的均值為0.110,1，中位數為0.077,4，標準差為0.469,0，最小值為-9.213,8，最大值為7.551,0，這說明樣本公司可持續發展水準普遍偏低，存在較大的上升空間。企業社會責任的均值為1.236,2，中位數為0.900,6，標準差為1.332,0，最小值為-3.460,7，最大值為25.930,3，這說明樣本公司企業社會責任履行整體水準不高，同時個體間存在著一定的差異。內部控制均值為682.499,1，中位數為688.7，最小值為8.970,0，最大值為95.360,0，說明樣本公司在《企業內部控制基本規範》實施後內部控制整體質量較好，但是個別上市公司內部控制質量有待進一步提高與完善。控制變量中董事會規模均值為9.179,9，中位數為9，監事會規模均值為3.986,9，中位數為3，這說明樣本公司基本達到中國公司治理準則的基本要求。企業風險均值為1.438,7，中位數為1.131,6，標準差為1.220,0，最小值為-9.620,9，最大值為9.586,5，這說明樣本公司普遍面臨著一定程度的企業風險，同時不同公司面臨企業風險存在一定差異。股權集中度的均值為0.366,1，中位數為0.343,4，審計意見

的均值為0.961,8，中位數為1，說明樣本公司股權結構整體水準較好，基本不存在嚴重的財務舞弊問題。

表4-9 主要變量描述性統計量

變量名稱	樣本數量	均值	中位數	標準差	最小值	最大值
SGR	5,965	0.110,1	0.077,4	0.469,0	-9.213,8	7.551,0
CSR	5,965	1.236,2	0.900,6	1.332,0	-3.460,7	25.930,3
IC	5,965	682.499,1	688.7	99.171,84	8.970,0	995.360,0
RISK	5,965	1.438,7	1.131,6	1.220,0	-9.620,9	9.586,5
DP	5,965	9.179,9	9	1.925,8	4	18
JP	5,965	3.986,9	3	1.310,0	1	13
CON	5,965	0.366,1	0.343,4	0.163,4	0.022,0	0.894,1
OP	5,965	0.961,8	1	0.191,8	0	1

（2）相關性檢驗

表4-10顯示的是主要變量的相關性檢驗結果。各主要變量間的相關係數不超過0.5，說明模型4.1、模型4.2及模型4.3中不存在嚴重的多重共線性問題。同時企業社會責任與企業可持續發展的相關係數為0.213,9，且在1%水準上顯著，內部控制的相關係數為0.230,2，且在1%水準上顯著，這說明企業社會責任、內部控制與企業可持續發展兩兩間存在正相關關係，假設6、假設7很有可能得到驗證。

表4-10 主要變量相關性檢驗

	SGR	*CSR*	*IC*	*RISK*	*DP*	*JP*	*CON*	*OP*
SGR								
CSR	0.213,9***							
IC	0.230,2***	0.392,5***						
RISK	-0.071,1***	-0.045,5***	-0.000,9					
DP	0.023,7	0.164,4***	0.162,0***	0.037,7				
JP	0.003,8	0.132,6***	0.115,5***	0.038,6	0.339,9***			
CON	0.093,7***	0.172,7***	0.205,0***	-0.035,4	0.066,0***	0.093,5***		
OP	0.123,4***	0.134,4***	0.344,5***	0.002,2	0.022,7	0.033,4	0.104,1***	

註：表格中為Pearson相關係數；***、**、*分別表示顯著性水準為1%、5%、10%（下同）。

（3）迴歸分析

迴歸結果如表 4-11 所示。

表 4-11 迴歸結果

變量	模型 4.1	模型 4.2	模型 4.3
CSR	0.105,3***		0.092,1***
	12.40		10.76
IC		0.000,9***	0.000,8***
		10.23	8.35
CSR×IC			0.019,0***
			2.81
RISK	-0.002,8	-0.006,7	-0.005,9
	-0.50	-1.21	-1.06
DP	0.018,7**	0.016,8*	0.017,8*
	2.03	1.81	1.94
JP	-0.025,3	-0.026,0*	-0.024,8
	-1.64	-1.68	-1.62
CON	1.139,6***	1.199,5***	1.055,8***
	8.98	9.42	8.35
OP	0.234,5***	0.179,9***	0.176,1***
	5.34	3.99	3.88
常數項	-0.729,6***	-1.171,1***	-1.137,7***
	-6.70	-9.90	-9.66
R^2	0.068	0.058	0.083
F 值	56.04***	47.52***	52.15***

模型 4.1 的迴歸結果中，企業社會責任相關係數為 0.105,3，且在 1% 水準上顯著相關，說明當期企業社會責任履行與當期企業可持續發展水準間存在顯著的正相關關係，上市公司通過履行當期企業社會責任能夠提升其當期可持續發展水準，假設 4 得到驗證。相關控制變量中，董事會規模與企業可持續發展間存在顯著正相關關係，股權集中度與企業可持續發展間存在顯著正相關

係，審計意見與企業可持續發展間存在顯著正相關關係，說明董事會規模大、股權集中程度高、審計意見好的上市公司的可持續發展前景更為樂觀。

模型 4.2 的迴歸結果中，內部控制相關係數為 0.000,9，且在 1% 水準上顯著相關，說明當期企業內部控制質量與當期企業可持續發展水準間存在顯著的正相關關係，上市公司通過提升當期內部控制質量能夠提升其當期可持續發展水準，假設 5 得到驗證。相關控制變量中，董事會規模、股權集中度及審計意見與企業可持續發展水準間存在顯著正相關關係，企業風險與企業可持續發展間存在負相關關係，但是並不顯著，這與模型 4.1 的迴歸結果基本一致。監事會規模與企業可持續發展水準間存在負相關關係，且在 10% 水準上顯著相關，說明中國上市公司監事會規模大並不意味著監督職能履行得好，過大的監事會規模可能會影響其監督治理效率，進而對企業可持續發展產生負面影響。

模型 4.3 的迴歸結果中，企業社會責任相關係數為 0.092,1 且在 1% 水準上顯著相關，內部控制相關係數為 0.000,8 且在 1% 水準上顯著相關，說明當期企業社會責任與當期內部控制分別與當期企業可持續發展水準呈顯著正相關關係，進一步印證了模型 4.1 與模型 4.2 的迴歸結果。同時，當期企業社會責任與當期內部控制交互項的相關係數為 0.019,0 且在 1% 水準上顯著，說明當期企業社會責任履行與當期內部控制質量間存在協同效應，對當期企業可持續發展水準產生了顯著的正向交互影響，因此假設 6 得到驗證。相關控制變量的迴歸結果基本與模型 4.1、模型 4.2 一致，其中企業風險的相關係數為 -0.005,9，但並不顯著。董事會規模的相關係數為 0.017,8，且在 10% 水準上顯著。股權集中度的相關係數為 0.155,8，審計意見的相關係數為 0.176,1，並分別在 1% 水準上顯著。

(4) 進一步分析

按照委託代理理論，管理層作為受託人需要接受董事的監督。董事長兼任 CEO 的高管，失去了來自股東大會、董事會、監事會等各方面的監督和制約，將企業決策權、執行權和監督權集於一身，走向了絕對權力。一方面，由於內部控制存在固有局限，一旦出現管理層凌駕於監督之上、串通舞弊等情形，內部控制將會失效。陳曉珊、匡賀武（2018）證實了董事長與總經理「兩職合一」的設置並未發揮其真正的治理作用，在顯著提高高管薪酬的同時顯著降低了高管薪酬—業績敏感性[68]。另一方面，「兩職合一」將賦予管理層更大的權力並強化「壕溝效應」[69]。管理層權力過大、職位相對穩固將削弱利益相關者監督制約機制的有效發揮，進而對企業社會責任履行產生負面影響。此外，當管理層權力過大時，管理層凌駕於內部控制之上的風險增大，關於企業社會

責任風險的內部控制得不到有效實施，並限制了利益相關者參與內部控制的路徑。因此管理層權力過大不僅會分別對內部控制質量、企業社會責任履行產生負面影響，還會損害兩者間的協同效應，進而削弱其對企業可持續發展的交互影響。

總經理是管理層的核心，對企業內部控制、企業社會責任戰略制定及其執行發揮著舉足輕重的影響。董事長兼任總經理，往往意味著他有較大權力。因此本研究借鑑王燁等（2012）[70]、干勝道等（2013）等的研究方法，選擇兩職合一作為管理層權力的衡量指標，並按其均值進行分組。高於均值的樣本公司為高管理層權力組，低於均值的樣本公司為低管理層權力組。在對兩組主要變量間差別進行檢驗的基礎上分別代入模型4.3進行迴歸分析，進一步檢驗管理層權力的差異對企業社會責任、內部控制與企業可持續發展三者間關係的影響。

①獨立樣本T檢驗

表4-12顯示的是高管理層權力組與低管理層權力組的獨立樣本T檢驗結果。結果表明，高管理層權力組上市公司的當期內部控制質量、當期企業社會責任履行水準均顯著低於低管理層權力組上市公司，初步印證了上文理論分析。此外，高管理層權力組中的上市公司董事會規模、監事會規模、股權集中度以及審計意見均顯著低於低管理層權力組的上市公司。

表4-12　高管理層權力與低管理層權力上市公司獨立樣本T檢驗

變量	高管理層權力組（N=761）		低管理層權力組（N=5,204）		獨立樣本T檢驗
	均值	標準差	均值	標準差	T值
IC	669.827,2	3.846,7	684.352,2	1.358,3	-3.778,0***
CSR	1.120,1	0.046,2	1.253,1	0.018,5	-2.573,5***
RISK	1.400,6	0.044,1	1.444,3	0.016,9	-0.922,3
DP	8.634,7	0.066,5	9.259,6	0.026,7	-8.410,0***
JP	3.650,5	0.041,2	4.036,1	0.018,3	-7.621,9***
CON	0.310,8	0.005,4	0.374,1	0.002,3	-10.077,9***
OP	0.950,1	0.007,9	0.963,5	0.002,6	-1.804,2*

②迴歸分析

表4-13是全樣本及分組後模型4.3的迴歸結果。

表4-13 迴歸結果

變量	全樣本	高管理層權力組	低管理層權力組
CSR	0.092, 1***	0.043, 0	0.102, 2***
	10.76	1.05	11.33
IC	0.000, 8***	0.000, 6*	0.000, 8***
	8.35	1.93	8.44
$CSR \times IC$	0.019, 0***	−0.023, 9	0.021, 3***
	2.81	−1.00	3.00
$RISK$	−0.005, 9	−0.019, 1	−0.004, 8
	−1.06	−0.96	−0.82
DP	0.017, 8*	0.065, 9*	0.004, 8
	1.94	1.79	0.49
JP	−0.024, 8	−0.085, 2	−0.019, 4
	−1.62	−1.31	−1.17
CON	1.055, 8***	3.362, 2***	0.868, 2***
	8.35	7.29	6.18
OP	0.176, 1***	0.153, 2	0.124, 1**
	3.88	0.98	2.47
常數項	−1.137, 7***	−1.752, 1***	−0.990, 6***
	−9.66	−4.12	−7.57
R^2	0.083	0.177	0.081
F值	52.15***	12.13***	43.56***

在高管理層權力組中，當期企業社會責任履行與當期企業可持續發展間不存在顯著的相關關係，當期內部控制與當期企業可持續發展間的相關係數及顯著性水準降低，兩者的交互項相關係數為−0.023,9，且並不顯著。在低管理層權力組中當期企業社會責任履行、當期內部控制分別與當期企業可持續發展間存在顯著正相關關係，兩者間交互項的相關係數為0.021,3，且在1%水準上

顯著正相關。這說明較高的管理層權力嚴重影響了當期企業社會責任履行與當期內部控制對當期企業可持續發展的促進作用，同時也嚴重削弱了兩者在促進當期企業可持續發展方面所發揮的協同效應。

（5）穩健性檢驗

為了檢驗本研究實證分析的穩健性，首先，本研究借鑑張兆國（2013）的穩健性檢驗方法，將2009—2013年每股社會貢獻值與潤靈企業社會責任評級指數進行相關性檢驗，結果表明兩個指標在1%水準上顯著正相關，相關係數為0.210。其次，將內部控制指數取自然對數，並對原模型中的內部控制指數進行替換，結果顯示迴歸結果與前面基本一致，證明本研究的迴歸結果具有較好的穩健性（表4-14）。

表4-14　迴歸結果

變量	模型4.2	模型4.3
CSR		0.097,9***
		11.46
IC	0.300,6***	0.245,9***
	7.24	5.92
CSR×IC		0.020,6***
		3.03
RISK	−0.003,4	−0.003,1
	−0.61	−0.56
DP	0.016,9*	0.017,9*
	1.81	1.94
JP	−0.026,6*	−0.025,2
	−1.70	−1.64
CON	1.267,7***	1.101,6***
	9.93	8.69
OP	0.217,7***	0.206,4***
	4.82	4.58
常數項	−2.565,5***	−2.281,6***
	−9.21	−8.17

表4-14(續)

變量	模型4.2	模型4.3
R^2	0.048	0.076
F值	38.50***	47.51***

4.2.5 研究結論與啟示

本研究以2009—2013年中國A股主板上市公司為研究樣本，在理論分析的基礎上運用固定效應模型對當期企業社會責任、當期內部控制對當期企業可持續發展水準的影響進行了實證檢驗。研究結果顯示，當期企業社會責任履行與當期企業內部控制質量分別對當期企業可持續發展水準發揮促進作用，同時兩者間的良性互動關係能夠實現對企業當期可持續發展水準的交互影響，進而產生「1+1>2」的協同效應。鑒於管理層權力對企業社會責任和內部控制發揮重要影響，管理層權力高的上市公司內部控制面臨較高的失效風險，同時其帶來的「壕溝效應」也不利於企業社會責任履行。因此，進一步按照管理層權力進行分組檢驗，結果顯示管理層權力高的上市公司中當期企業社會責任與當期企業可持續發展間不存在顯著的相關關係，當期內部控制質量與當期企業可持續發展的相關關係顯著性水準下降，當期企業社會責任與當期內部控制在促進當期企業可持續發展中的協同效應消失。

此外，本研究存在一定的局限性。一方面，本研究選取的是企業社會責任的綜合性指標，上市公司對各個利益相關者的企業社會責任履行程度的差異是否會對企業社會責任、內部控制與企業可持續發展之間的相關關係產生顯著影響？另一方面，本研究是基於靜態面板進行的實證分析，企業社會責任與內部控制以及兩者之間的相互作用對企業可持續發展的影響是否存在跨期現象，滯後一期、二期的企業社會責任與內部控制是否對當期企業可持續發展產生顯著影響？以上這些問題，我們將在未來的研究中進一步加以解決。

5　企業社會責任內部控制實現路徑

理論機制層面，企業社會責任內部控制有助於促進企業履行社會責任，有效控制社會責任風險，提升企業長期財務績效和可持續發展水準。操作應用層面，應如何實施企業社會責任內部控制呢？由於企業內部控制的內容非常廣泛，不同行業的內部控制重點也不同。我們在構建綜合內部控制框架的基礎上，選擇典型和重要的且與社會責任能夠較好融合的控制內容，提出企業社會責任內部控制的實現路徑。該實現路徑主要包括以下內容：構建企業戰略性社會責任內部控制框架、建設企業社會責任內部控制文化、實施企業戰略性社會責任預算控制、實施基於戰略性社會責任的合同內部控制審計、實施企業社會責任稅務內部控制、建立社會責任導向的企業 QHSE 管理信息系統、開展企業社會責任內部控制審計。

5.1　企業戰略性社會責任內部控制框架構建

5.1.1　問題的提出

隨著經濟全球化時代的到來，居民生活水準大幅提高，消費者對於產品的要求已不僅僅限於滿足自身的基本生理需求，更在意產品是否能給自己帶來獨特的價值。從「三鹿毒奶粉」到「地溝油」「瘦肉精」再到「汽車召回」事件，企業社會責任缺失問題已經從食品行業蔓延到製造業，企業重視和履行社會責任成了社會焦點話題。《企業內部控制指引第 2 號——社會責任》對企業在安全生產、產品質量等七個方面應履行的社會責任做出了明確規定，從國家法律、法規層面對企業踐行社會責任做出了強制約束，拓展了企業內部控制的控制範圍，強化了內部控制對企業社會責任風險的控制。同時，《企業內部控制應用指引第 4 號——發展戰略》提出了企業戰略的內部控制，內部控制作為企業戰略的實施工具對企業可持續發展戰略目標的實現起著重要推動作用。發

展戰略和社會責任是企業內部環境的有機構成部分，在企業內部控制的統一框架下，戰略控制和社會責任控制是企業實施內部控制的重要內容。在國家政策、法律法規的約束與支持下，在企業發展戰略的指引下，企業社會責任內部控制已經得到了相應的應用。例如工業行業（如石油、天然氣等高風險行業）推行的健康、安全與環境（Health Safety and Environment）管理體系、汽車製造業在 HSE 管理體系基礎上加入質量管理形成的 QHSE 管理標準等。儘管這些內部控制活動已經將社會責任考慮在內，但由於企業內部控制目標更重視資產安全性、經營合規性、財務真實性的保障，導致企業內部控制對於這些控制目標的關注度遠高過對長期發展戰略的實現以及企業社會責任的承擔的關注度，因而涉及的企業社會責任是不完整的，也是缺乏戰略系統性的[①]。

近年來，國內外對企業履行社會責任影響企業績效的相關研究有著截然相反的兩種結論。Margolis、Walsh（2003）對 109 篇採用企業社會責任作為解釋變量的實證文章統計分析後發現，50.46% 的文獻認為企業社會責任對公司財務績效有消極影響或者影響不顯著。正是由於企業不能從社會責任投資中獲得經營上的短期利益，企業缺乏對踐行社會責任的主動性。實際上，與短期績效相比，企業在踐行社會責任方面做出的努力對公司長期財務績效的積極影響更加顯著。企業應站在戰略層面看待社會責任承擔的行為，因為只有這樣才能拉近社會責任與企業戰略間的距離，形成綜合、系統的社會責任內部控制，進而推動企業進行社會責任管理，提升企業的市場價值（朱乃平，2014）。本研究將社會責任的踐行融入企業經營使命，構建以企業戰略為導向、以企業社會責任風險管控為中心的內部控制系統，旨在提升利益相關者滿意度和企業聲譽，為企業形成差異化競爭優勢、實現資源優化配置與健康可持續發展提供依據和保障。

5.1.2 相關觀點梳理

現有文獻中直接對企業社會責任內部控制進行研究的較少，相關研究主要圍繞以下三方面展開。

[①] 企業慈善捐助不屬於 QHSE 系統的控制範疇，但顯然能夠改善企業聲譽，具有市場經濟後果。企業可以結合自身發展戰略和業務來做慈善（例如房地產施工企業捐建小學，直接參與學校的施工建設，而不是單純地捐款），將慈善投入作為「社會責任投資」來進行管理，並運用內部控制手段使之制度化、流程化。

（1）企業戰略性社會責任的相關研究

Burke 和 Logsdon（1996）明確提出「企業戰略性社會責任」（Strategic Corporate Social Responsibility，SCSR）的概念後，國內外學者先後對其內涵進行了爭論與辨析，比較有代表性的是 Baron（2001）提出企業戰略性社會責任的內涵是企業承載社會責任並以利潤最大化為目的的戰略行為，Porter 和 Kramer（2006）運用競爭優勢理論拓展其內涵為「企業從基於自身戰略來思考社會責任，並在企業內部營運和外部環境中，重點選擇和業務有交叉的社會問題來解決，從而創造企業與社會共享的價值」。雖然現有文獻對 SCSR 的研究角度不同，但都認同將企業社會責任上升至戰略高度能使企業利益和社會利益有機統一，並產生具有競爭優勢的企業社會責任行為（陳爽英、井潤田，2012）。將企業社會責任融入戰略框架能使企業達到經濟績效、環境績效和社會績效的統一（宋雪蓮，2013），有助於促進企業發展與社會進步（朱權，2011），同時還能推進企業創新、贏取長期利益、培育顧客忠誠、弱化政府監管以及構建戰略夥伴關係（吳毅洲，2011）。企業戰略性社會責任相較於傳統的企業社會責任，與企業主營業務、企業戰略的關係更為緊密，因此能帶來更多積極的社會影響（萬琳玥，2013）。正是由於企業戰略性社會責任與企業戰略緊密相連，使得企業能夠利用生命週期理論，在不同發展時期、不同戰略選擇的情況下承擔不同層次的社會責任（李穎，2012），以促進企業的可持續發展（邵興東，2009）。

（2）企業戰略與內部控制的相關研究

內部控制實質上是一種戰略管理（徐虹，2010）。在通過構建社會責任內部控制來加強企業社會責任承擔的過程中，不能忽視內部控制對於企業戰略的依附性。如果企業僅從會計控制角度實施內部控制，忽略組織整體戰略的重要性，將減弱內部控制的實施效果（池國華，2009）。戰略管理下的企業內部控制與企業價值之間存在著相關性（查劍秋，2009），將戰略目標融入內部控制整體框架可以使內部控制的各目標與企業目標形成一個完整的整體（李維安，2013），進而提高戰略的執行績效並最終影響企業的價值。戰略目標控制是企業內部控制的起點，是內部控制的高級形式，內部控制向戰略延伸有利於從整體上提高企業內部控制的水準和效果。內部控制作為實現戰略目標的一種手段，它帶來的收益為企業實施內部控制規範提供動力（劉國強，2013）。企業內部控制實施的效果越好，企業戰略的執行就越到位，企業營利目標則就更有保障。戰略導向型內部控制以戰略為統領，協調整個內部控制體系，解決了內部控制體系之間的隔閡，因此，把內部控制框架體系融入戰略管理相關理念，有利於企業實現其戰略目標（顧

瑞鵬，2012）。池國華（2009）構建了基於戰略導向和系統整合的企業內部控制規範實施機制，楊克智、李睿（2010）則進一步提出將內部控制的重點從糾錯防弊轉到戰略實現上來，構建戰略導向內部控制。

(3) 企業人本內部控制戰略框架研究

企業社會責任與內部控制相互作用。一方面內部控制可以提升企業社會責任水準，另一方面企業社會責任則可以改善企業內部環境，提高內部控制質量（王加燦，2012）。王海兵、伍中信等（2011）將利益相關者合理需求的滿足與企業價值增值聯繫起來，構建了人本內部控制戰略框架，詮釋了企業運用內部控制系統履行社會責任的重要性和可行性，認為「監督、控制企業合理履行社會責任情況，維護和平衡企業各利益相關者的合法權益，是人本經濟時代企業內部控制的重要職能」，企業應通過構建完善的社會責任內部控制並建立基於企業社會責任的績效評價體系來提高企業參與慈善的積極性和持續性（常豔，2013），並借此建立社會責任內部控制制度來規範企業的社會責任決策、執行和處理流程，實現企業的可持續發展（田超，2010）。花雙蓮（2011）對企業社會責任內部控制理論進行了系統研究，將企業社會責任內部控制層面分為戰略層、管理層和作業層，並對戰略控制層面及控制重點進行了初步闡釋。

綜上，現有文獻多為企業戰略、社會責任和內部控制之間兩兩關係的研究，而三者的融合研究不多見。三者兩兩耦合、交互共生，能夠產生「1+1+1＞3」的協同效應，為企業戰略性社會責任內部控制研究提供理論基礎。在全球企業社會責任運動的推動下，企業社會責任日益嵌入戰略體系，企業社會責任戰略成為最受青睞的核心戰略之一。企業社會責任的承擔不僅受內部控制的影響，也受企業戰略的影響，更受兩者相互作用的影響。本研究將企業戰略、企業社會責任有機整合到內部控制系統中，從企業戰略的角度研究社會責任內部控制問題，構建企業戰略性社會責任內部控制框架，完善內部控制系統的結構，擴展內部控制系統的功能，提升企業內部控制系統的戰略性、系統性、動態性、適應性和前瞻性。

5.1.3 企業戰略性社會責任內部控制框架構建

戰略是為了應對環境變化所帶來的威脅（風險）和機會（價值），戰略管理成為現代企業獲取核心競爭力、保持競爭優勢的基本手段。企業發展戰略風險是影響整個企業的發展方向、企業文化、生產能力或企業效益的風險因素，是企業整體發展出現損失的不確定性。企業社會責任內部控制系統關注和防範企業發展戰略風險，對於企業的生存和發展具有極端重要的意義。越來越多的企業意識

到，制定和實施企業社會責任戰略，開展社會責任投資及社會責任信息披露，能夠有效降低企業社會責任風險，提升企業聲譽，為助推企業可持續發展、促進企業戰略目標的實現保駕護航。將企業社會責任納入內部控制框架，運用內部控制手段管理社會責任風險，將成為人本經濟時代企業貫徹落實其社會責任戰略的必然選擇。企業戰略性社會責任內部控制是內部控制窗口寬度上往社會責任擴展、高度上往戰略層次延伸所形成的內部控制體系，能夠體現內部控制的社會責任戰略意圖。企業戰略是企業發展使命與經營目標下的決策結果，作為生產營運活動的行動指南對企業社會責任、內部控制及其兩者間關係有著引導與強化作用。企業社會責任內部控制作為企業戰略部署的一個重要環節，其實施過程與結果的好壞直接影響著企業能否樹立企業形象、形成品牌效應、佔領競爭市場。企業戰略性社會責任內部控制框架（見圖5-1）包括企業戰略和企業社會責任內部控制兩大部分。橫向看，兩者之間存在引領與促進的關係；縱向看，兩者從上而下依次包括決策、執行和監督三個層次。企業戰略與企業社會責任內部控制的雙向互動性及內在分層的對應性，為我們構建企業戰略性社會責任內部控制框架提供依據，是確保企業社會責任內部控制效果、推動戰略實施、促進企業自覺承擔社會責任的關鍵。自此，企業內部控制在對社會責任的承擔和報告方面，以及在促進企業發展戰略實現方面更加具有綜合性和系統性，避免了傳統內部控制在社會責任領域和戰略目標上的嵌入不足問題。

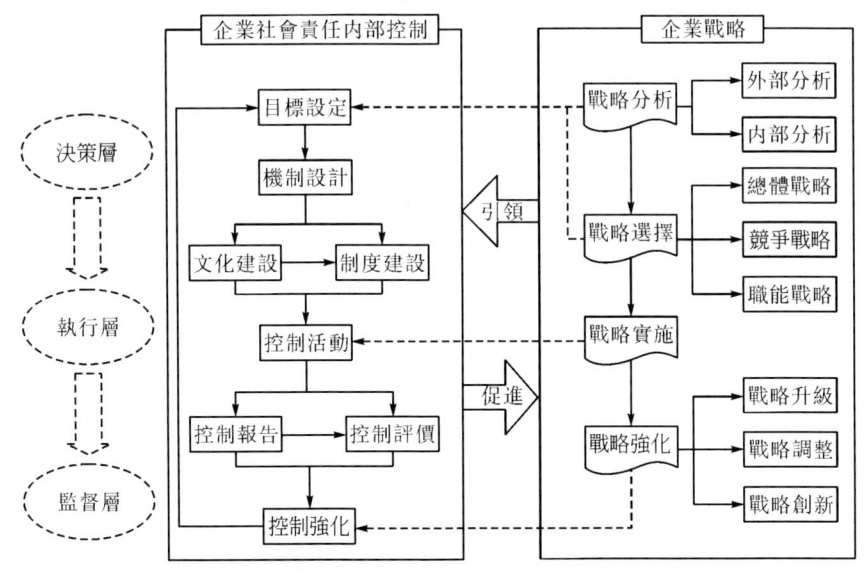

圖5-1　企業戰略性社會責任內部控制框架

（1）企業戰略引領企業社會責任內部控制活動的開展

企業履行社會責任的目的在於降低經營風險、保障企業主要經濟目標的實現。強調社會責任踐行的戰略意義，可以有效避免企業內部控制局限於提高社會責任承擔水準而忽視其促進實現戰略管理目標方面的作用。企業戰略管理包括戰略分析、戰略選擇、戰略實施和戰略優化四大流程。戰略分析為社會責任的融入選擇合適的契機，戰略選擇催生社會責任戰略的形成，戰略實施則激發社會責任內部控制構建目標及運行需求，戰略優化進而通過戰略升級、戰略調整或戰略創新來優化戰略性社會責任內部控制系統，增加內部控制的環境適應性。企業承擔社會責任是一種營利性的投資行為，本身會增加企業的財務風險，因此科學合理的成本控制與資源分配是成功實施社會責任戰略的關鍵。企業在追求經濟效益的同時應兼顧社會效益和環境效益，在通過提供高質量的產品讓消費者獲得滿意度的同時滿足其他企業外部利益相關者的基本共同利益[71]。

《企業內部控制基本規範》指出內部控制的基本目標是合理保證企業經營管理合法合規、資產安全、財務報告及相關信息真實完整，高級目標是提高經營效率和效果，促進企業實現發展戰略。因此企業構建戰略性社會責任內部控制的最終目標並不是提高企業承擔社會責任的水準，而是滿足各利益相關者需求並作為一種戰略實施的工具推動戰略目標的實現。在合理確定內部控制目標之前，需要對企業內外部環境進行分析，確定風險偏好並評估風險，因為只有在戰略分析的前提下設定的內部控制目標才能發揮企業社會責任內部控制降低組織的環境壓力與社會責任風險、提升企業形象、提供企業可持續發展動力的功效。制度與文化建設、風險評估、質量監督、信息追蹤等內部控制成本的投入，是企業遠期成本節約的戰略準備，是為降低產品召回、賠償、信譽損失等外部損失成本做出的努力。企業的經營哲學與宗旨體現了領導者對社會責任的態度和取向[72]，涉及外部利益相關者的利益能否得到保障，也影響企業的長遠目標能否實現，更涉及一個社會的均衡發展問題，企業必須正確對待社會責任融入戰略的問題，明確戰略性社會責任內部控制構建的目的，以戰略目標統領內部控制活動的開展，在此基礎上推動企業自覺承擔社會責任的步伐。

（2）企業社會責任內部控制促進企業戰略的實施

企業戰略性社會責任內部控制系統是企業戰略（尤其是社會責任戰略）得以科學制定、有效實施的基礎。戰略目標的加入使得企業風險管理整體框架彌補了內部控制——綜合框架（COSO內部控制框架）邏輯斷層的缺陷，但仍然沒能解決後者落腳於控制風險而非落實企業目標的邏輯錯位問題，使得其缺

乏可操作性[73]。因此，企業社會責任內部控制作為一種戰略實施的工具，應幫助社會責任理念順利融入企業戰略，提升社會責任承擔水準，塑造鮮明的企業社會責任形象並促進企業發展戰略的實現。同時，企業應利用社會責任內部控制對社會責任戰略的實施效果進行階段性考評，在發現問題、總結經驗、調整優化的過程中指導和建議後續的實踐活動。

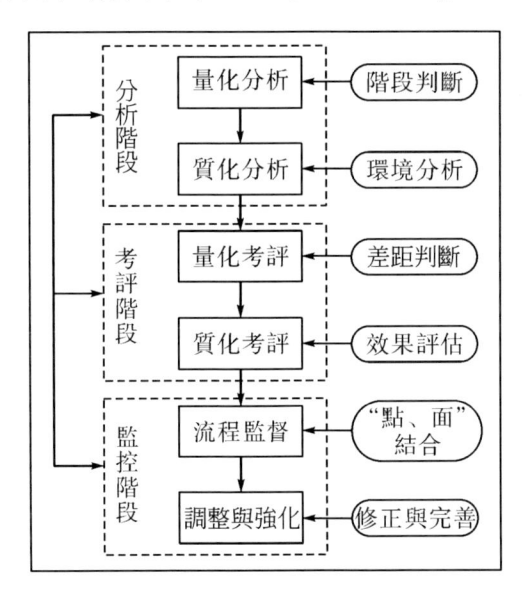

（3）企業社會責任內部控制戰略融入流程

企業社會責任內部控制始於目標設定，止於控制優化，並另含機制設計、制度建設、文化建設、控制活動、控制評價、控制報告①，這八大要素結合戰略融入過程分為內部控制析識、考評和監控三個階段（圖5-2）。

圖5-2 企業社會責任內部控制戰略融入流程

①企業社會責任內部控制戰略融入的析識階段

企業戰略性社會責任內部控制的構建首先需要對企業的內環境進行嚴格的評估和分析，發現企業所處的環境、擁有的優勢和存在的問題。企業社會責任內部控制析識階段包括兩個環節：量化分析與質化分析。量化分析即利用統

---

① 王海兵，伍中信等（2011）構建的人本內部控制戰略框架由內部控制目標、內部控制文化、內部控制制度、內部控制機制、內部控制活動、內部控制關係、內部控制報告和內部控制評價八個要素組成，始於內部控制目標，止於內部控制評價，並將評價結論予以反饋，起到對控制目標的校驗和矯正作用。文章題為《企業內部控制的人本解讀與框架重構》，載於《會計研究》2011年第7期。

計分析軟件等對往期的績效評價數據進行內部環境分析和預測，明晰企業戰略的實施情況和所處的環境，制定出適宜現階段的內部控制目標；質化分析即是對社會責任戰略實施效果在經營過程中體現度的分析與預測，瞭解企業社會責任理念的融入對組織結構、企業文化以及風險偏好等的影響並進行預測，根據分析結果設計內部控制機制、修正內部控制制度、調整內部控制文化。企業通常利用往期的財務績效指標來判斷社會責任的承擔對企業經營的影響，此外，我們還應通過顧客、內部流程、創新與學習多個角度的非財務績效考核量表來分析戰略實施所處的階段，以及同總體目標的差距。企業承擔社會責任的行為是一個系統的過程，也是一個質變的過程，整個過程體現了企業從怎麼想到怎麼說再到怎麼做的思想行為變化過程[74]。在從認知層面、釋義層面和行為層面對企業履行社會責任的理解、動機與行為方式的考評中要注意評價方式的多樣性。同時，還要注意一些阻礙內部控制開展的隱性因素，如組織結構和企業文化。這些因素能夠影響內部控制能否達到合理水準、能否處理好員工的「被動行為」與「主動行為」間的關係、能否實現「強制性規範」與「引導性規範」的有機結合[75]。傳統的社會責任測量側重結果導向而忽視目標和管理行為的測量（Lee，2008）。當企業社會責任被視為改善企業業績底線的戰略性資源時（Porter，Krammer，2002；M. Williams，Siegel，2001；M. Williams，2006），企業內部建設條件的不成熟會給社會責任理念的融入、內部控制活動的開展、企業戰略的實施增加障礙。為此我們應在企業戰略引導下設計出合理的內部控制目標，將戰略目標作為實施內部控制的目標標準，作為「判斷企業生產經營和管理活動是否適當、是否發生偏離的標杆」[76]，為企業機制、制度與文化的改進提供依據。

②企業社會責任內部控制戰略融入的考評階段

該階段分為量化考評與質化考評兩部分，主要針對階段性社會責任戰略的實施情況進行分析與預測。量化考評主要是對當前的經營管理業績、員工績效的考評。與量化分析不同，量化考評重點在於找出企業業績結果參數與現階段戰略目標的差距，是一種適時考量，而非判斷企業所處戰略階段的追溯分析。與質化分析不同，質化考評通過問卷調查、心理測試、職業測評等方式評估企業社會責任戰略被組織、員工的接納程度，並對質化分析中機制、制度、文化的修整效果進行評估。內部控制需要保證企業的組織結構、機制、制度、文化與戰略總體思想保持一致，因此，通過質化考評我們可以發現戰略管理過程中企業社會責任內部控制在資源配置、機制、文化建設等方面存在的問題，進而確定控制風險、匯總考評結果、形成社會責任內部控制戰略融入評估報告。

③企業社會責任內部控制戰略融入的監控階段

對於社會責任內部控制中企業戰略思想的融入過程，我們應當採取「點、面」結合的監督手段。「點」即始點，每一個決策的做出都是一系列活動的開始，從源頭給予監督控制能夠有效保證內部控制活動為戰略實施所需；「面」即過程，對企業社會責任內部控制的實施從目標設定到機制、文化建設再到評價與報告的形成，整個流程都保持相對全面的監督，這種輻射狀的跟蹤監控手段有利於企業獲取戰略融入社會責任內部控制後對經營活動持續影響的截面數據，為企業判斷戰略實施的階段性成果而進行的量化分析提供數據支持。社會責任內部控制的監督職能還體現在推動戰略實施的優化與調整上。企業通過在監督過程中發現的問題對戰略實施階段性方案進行思路性的預防調整與內容性的糾偏調整，並根據問題的危害程度、風險的重要性以及戰略實施的需求對企業資源進行重新分配。

5.1.4 企業戰略性社會責任內部控制建設的保障措施

企業戰略融入社會責任內部控制要經歷析識、考評和監控三大階段，在此過程中要將企業社會責任的承擔行為貫穿於企業生產經營管理的每一個環節，還需要通過企業戰略性社會責任文化建設、社會責任風險管理、社會責任投資以及社會責任營銷等來實現企業對利益相關者的社會責任踐行承諾。

(1) 企業戰略性社會責任文化建設

文化是內部控制環境的重要構成，同時，文化也是一種特殊的控制機制。企業文化具有導向、約束、凝聚和激勵的作用，是戰略實施的有效保障。要建設和發展與戰略相匹配的企業戰略性社會責任文化，運用文化這一「軟資源」來提升社會責任內部控制系統的運行效率，促進企業踐行社會責任。改變高層管理人員對企業社會責任承擔行為的態度和取向，是企業將社會責任納入戰略決策的關鍵。因此，企業管理人員應積極主動接受教育和培訓，學習國家政策方針、瞭解時事形態、知悉利益相關者保護權益等相關法律法規，從正面的角度重新認識企業社會責任。同時，自上而下的員工參與型社會責任文化建設是企業履行承諾的基石，促進了學習型組織文化、創新型組織文化、人本組織文化的形成。企業內應多開設學習交流平臺，員工有效的信息反饋及情感交流有利於企業全體人員共同營造一個道德、健康的工作環境。

(2) 企業戰略性社會責任風險管理

企業強化安全生產、產品質量、環境保護、資源節約、員工權益保護、慈善捐助等方面的戰略性社會責任風險的管理與控制，滿足利益相關者的合理訴

求,提升社會滿意度和支持度,有助於落實企業發展戰略。企業創造價值與履行社會責任(價值分配是重要方面)是統一的有機整體。企業履行社會責任是提升發展質量的重要標誌,也是實現可持續長遠發展的根本。企業社會責任風險是指企業不承擔或不合理承擔社會責任,對企業的可持續發展造成損失的不確定性[77]。我們認為,企業過度承擔不適宜的社會責任也是一種風險。企業履行社會責任要結合自身戰略和資源水準,在國家社會責任規制框架下進行。不同於企業的傳統風險,社會責任風險重點關注企業內部行為給社會帶來的風險及風險可能性轉為現實後給自身和社會帶來的損失[78]。而戰略性社會責任風險失控,將會導致企業社會形象急遽惡化、商譽崩塌。現代企業的競爭已由企業間品牌競爭轉為供應鏈之間的競爭。在可持續供應鏈管理中企業承擔社會責任,是提高企業競爭優勢、順應社會責任指南標準化趨勢的必然要求[79]。企業社會責任風險主要來源於核心企業社會責任風險,以及供應鏈上的非核心企業帶來的社會責任風險。因此,企業應明晰自身的戰略定位,核心企業積極發揮所擁有的戰略性社會責任主導作用來實現供應鏈社會責任治理,並鼓勵供應鏈上的所有企業遵守社會責任並實現其遵守行為的系統化[80][81]。實施企業戰略性社會責任風險管理,需要結合企業文化建設、預算管理、資金管理、資產管理、人力資源管理、合同管理、採購業務、銷售業務、研發業務、招投標管理、財務報告等經營管理活動進行。

(3) 企業戰略性社會責任投資

企業應根據環境變化和自身需求,積極開展戰略性社會責任投融資活動,這是應對社會責任風險的重要舉措。所謂「企業戰略性社會責任投資」,是將企業履行社會責任視為一種投資行為,而履行戰略性社會責任則是一種戰略投資行為,對企業的長期財務績效有著積極影響。因此,企業應擯棄對社會責任承擔的偏見,正確處理投資與收益的關係,分離部分利潤用於社會責任投資及其風險儲備,在通過戰略性社會責任投資提升企業商譽進而實現收益的同時保證企業應對風險的能力。廣義的企業戰略性社會責任投資包括建立和完善社會責任體制和運行機制的投入、企業社會責任危機處理機制的投入,以及戰略性社會責任活動投資等。

(4) 企業戰略性社會責任營銷

可以考慮在企業內部和外部進行適當的企業戰略性社會責任營銷,有助於達成內部文化共識,並取得外部各利益相關者的支持。由內而外,可以將企業戰略性社會責任文化資源轉化為企業聲譽和社會資本。企業履行社會責任不單是出於道德的考慮,更重要的是希望通過承擔社會責任來提升企業的信譽以及

盈利能力。因此企業應開展合理的公關活動，通過媒體對其行為進行監督與報導，使公眾看到企業所做的努力，並通過對企業的支持來激勵企業更好、更全面地承擔社會責任。企業開展戰略性社會責任營銷主要通過企業社會責任報告、產品或服務、員工、企業形象等載體進行，並通過會計師事務所審計、政府評級、媒體報導和社會網絡評價等途徑得以強化。企業開展戰略性社會責任營銷，有助於企業戰略性社會責任理念深入人心，增強員工、消費者、政府、供應商、社區等各利益相關者對本企業戰略的認可度和支持度。

（5）企業戰略性社會責任審計

對企業戰略性社會責任內部控制的建立與執行情況進行評價，優化社會責任內部控制，管控企業戰略性社會責任風險，需要審計的介入。無論是自願性社會責任，還是強制性社會責任，都有審計需求。自願性社會責任需要審計對其社會責任活動及信息加以鑒證和評價，能夠增強其社會責任營銷效應。強制性社會責任需要審計對其社會責任活動及信息加以監督，能夠為企業利益相關方提供決策有用信息，並保護各利益相關者的合法權益，降低企業的社會責任風險。企業履行社會責任及其信息披露的真實性、完整性、效率性和效果性需要引入行政監管和市場化的審計監督機制，包括國家制定實施企業社會責任法律規制，並對企業執法情況進行審計，以及企業社會責任內部審計和第三方外部審計。此外，媒體報導和社會網絡評價等也是近年來作用日益凸顯的重要審計監督機制，它們屢建奇功，可以適當採用。

5.1.5 小結

不論是企業履行社會責任的行為，還是企業內部控制體系的構建，都不能獨立於企業戰略而存在。脫離企業戰略、企業使命與目標，一切經營活動行為都如無本之木、無源之水。將企業戰略和社會責任內部控制加以整合，構建企業戰略性社會責任內部控制框架克服了傳統內部控制忽視倫理道德建設、偏離總體戰略目標的缺陷，從控制內部固化風險轉向控制戰略性社會責任風險，為企業提升公眾形象、培育核心競爭力、促進企業發展戰略實現提供條件。戰略導向內部控制以戰略為軸心，通過戰略風險地圖將組織內部的風險因素連結起來形成一個邏輯嚴密的風險網絡，突出控制體系之間的戰略協調與邏輯性[82]。只有在戰略框架下設計科學的內部控制體系並嚴格執行，才能保證企業面臨的風險在可承受的範圍內，才能為企業的可持續發展提供保障。戰略性社會責任內部控制結構的合理性與戰略性社會責任控制活動的有效性能夠為企業戰略及經營管理決策提供有價值的反饋信息。企業戰略性社會責任內部控制將傳統企

業內部控制窗口往社會責任領域擴寬、往戰略層次提升，是內部控制研究的創新和發展。本研究對企業戰略和企業社會責任內部控制進行了整合分析，提出了以戰略為導向、以社會責任風險管控為中心的企業戰略性社會責任內部控制框架及其實施路徑，能夠為企業內部控制建設、政府部門完善內部控制規範體系提供理論依據和決策參考。

未來的研究需要從更細緻的層面對企業戰略性社會責任內部控制的實現機理與路徑進行探索，明晰戰略性社會責任承擔在實現企業可持續發展戰略目標中的地位與意義，加強企業戰略性社會責任內部控制文化建設，轉變企業員工對社會責任管理的認識，特別是高層管理人員對企業社會責任的態度和取向，從長期可持續發展的戰略角度建立戰略性社會責任觀；要加強企業社會責任內部控制制度建設，為企業踐行社會責任提供行為規範；要加強企業社會責任內部控制與企業戰略的整體融合性，有效管控戰略性社會責任風險，提高企業核心競爭力，促進企業發展戰略的實現。

5.2　企業社會責任內部控制文化建設

5.2.1　問題的提出

企業文化是內部控制的環境因素，也是一種特殊的內部控制機制。相較於國有企業，民營企業文化建設更加滯後。在經濟全球化和環境複雜化的營商環境下，打好社會責任、企業文化和內部控制三張組合牌，是企業提升文化「軟實力」、獲取核心競爭優勢的重要途徑。中國企業普遍缺乏文化整合能力，企業文化中的社會責任底蘊淡薄，內部控制建設水準也亟待增強。在國際上正在形成的新一輪聲勢浩大的企業社會責任運動浪潮中，企業文化受到了前所未有的衝擊，企業的價值觀、共信度、凝聚力和生命力正接受著企業社會責任的考驗[83]。社會責任為企業文化注入生命力、凝聚力和創造力，兩者借助內部控制制度建設和內部控制制度規範抓手發力，三者的融合能夠實現「1+1+1＞3」的效應，從而提升企業的競爭力和影響力。企業的發展早已不是追求利益最大化，而是構建一種與環境相適應的、面向客戶終端的、可持續的商業協同發展模式。這種發展模式的構建，以國家政策制度為背景，將資源投放到自己所擅長的少部分的價值鏈條上，通過這部分價值活動來滿足市場需求，創造社會價值，促進自身發展。社會責任、內部控制、企業文化是新形勢下企業發展所面臨的三塊短板。許多企業曇花一現，難以持續經營，都和這三個要素存在

缺陷有關。王海兵、黎明（2014）以汽車行業為例，提出由於科學的社會責任控制理念、控制文化和控制方法尚未建立，以及缺乏系統規範的社會責任報告和社會責任監管平臺，社會責任內部控制實踐難以有效展開和持續推進。基於此，我們提出面向企業的一種全新資源整合計劃——構建企業社會責任內部控制文化，使之成為企業最重要的「軟資源」集合，並在此基礎上增強競爭能力和競爭優勢。企業社會責任內部控制文化是影響企業發展的重要因素，能夠沉澱並凝聚成企業的組織結構資本和社會聲譽，而這些無疑將是投資回報率相當高的新型投資模式。以下對企業社會責任內部控制文化的產生動因、內容構成、構建路徑等進行分析，以期加快推進中國企業的內部控制建設，促進經濟健康可持續發展。

5.2.2　企業社會責任內部控制文化的產生動因

改革開放以來，中國企業經濟取得了蓬勃發展，為國民經濟的發展和社會就業做出了重大貢獻。但一些企業在片面追求利潤的同時，忽視應盡的企業社會責任，而企業文化空洞、商業倫理缺失降低了經濟發展的可持續性。政府加強了對企業社會責任活動及信息披露的監管力度，要在中國特色社會主義企業社會責任構建體系和落實方面實現「道路自信、理論自信、制度自信和文化自信[84]」。學術界結合企業文化，開展企業社會責任治理和風險控制問題的研究。企業文化是對企業生命過程的解釋系統，是企業努力超越生存困境進而使自身獲得提升的本質力量[85]。企業社會責任、企業文化與內部控制三者的有機耦合，將極大地提升內部控制系統的靈活性，充分發揮社會責任高位、前瞻的戰略助推作用，引導企業奠定紮實的基礎，以參與更高層次、更大規模的競爭。文化是一種核心軟資源和控制環境構成要素的基礎性控制力量。企業社會責任內部控制文化由此應運而生，其動因主要包括經濟動因（基於古典經濟學）、制度動因（基於制度經濟學）和倫理動因（基於人本經濟學）。

（1）經濟動因

經濟價值創造、利益相關者關係管理、社會責任承擔是依次遞進的三個企業道德發展階段，從只重視股東利益，到重視利益相關者利益，再到重視社會利益，範圍是擴大的。企業社會責任內部控制文化受到經濟動因的強刺激，經濟可持續發展日益成為建設企業社會責任內部控制文化的內在訴求。由於資本的逐利性，加之企業受到諸多法制約束和政策管控，企業社會責任內部控制文化承載的經濟維度的權重較大，獲利成為顯性的經營目標。古典經濟學重視經濟利益的獲得，並認為通過追求自身經濟利益，會自動實現社會福利增加。但

是完全市場化並不能克服企業自身面臨的社會責任問題,而這些問題正日益阻礙經濟整體的可持續發展。傳統的物質資本已經不再是最重要的資源,人力資源及相關的「軟實力」逐步成為企業的核心資源,企業社會責任內部控制文化由此應運而生。正如前面提及的,如今生態環境被破壞,社會發展不平衡,中國企業走可持續發展之路受到嚴重阻礙,不得不重視企業社會責任內部控制文化的培育,通過運用內部控制手段積極承擔社會責任,來營造健康和諧的營商環境。普遍認為,企業社會責任要保障員工福利、待遇和尊嚴,而提高人力資本,同時會提高人力成本,降低企業的當期營利性。但實際情況是,社會責任投資(Social Responsibility Investment,簡稱 SRI)能夠提升企業商譽,通過提高人力資本來增加企業的未來經營績效,企業更應該以此戰略思維來推動自身的可持續發展,通過建立社會責任內部控制文化來獲取更為長遠的、可持續的經濟利益。從企業外部分析,企業必須在社會環境中發揮良好作用,服務社會,為社會創造財富,提供優質的物質產品或服務,改善員工生產生活水準,滿足社會經濟需求等。這些外部效應理應建立在企業社會責任內部控制文化基礎之上,使其在全球化經濟的今天保持競爭優勢,使其地位更加穩固。

(2) 制度動因

制度經濟學的一個重要貢獻就是為實現古典經濟學經濟發展目標提供了制度工具。現代企業內部控制制度的設立為企業實現經濟利益最大化提供了制度框架。隨著社會經濟的發展,企業受到的外部環境約束增強,企業發展目標必須由單一經濟增長轉向經濟可持續發展。內部控制作為一種制度安排,植入社會責任文化的基因,是現代企業內部控制建設的重要內容。企業內部控制基本規範體系的頒布實施是中國企業內部控制體系建設的重要事件,其中,《企業內部控制應用指引第 4 號——社會責任》《企業內部控制應用指引第 5 號——企業文化》為企業構建社會責任控制和企業文化控制提供了制度範本,也為企業建立社會責任內部控制文化奠定了基礎。「社會責任」和「企業文化」都是內部控制基本規範中的重要章節和關鍵內容,社會責任風險構成內部控制的對象,企業文化構成內部控制的內部環境之一。因此,社會責任、企業文化和內部控制三者之間具有融合的基礎。在內部控制中,管理制度的制定是複雜的,是企業可持續發展的關鍵外部因素。當前,中國企業制度體系不健全、企業制度構建缺乏文化支持的現象廣泛存在,內部控制制度的約束性、激勵性和可操作性不能全面發揮作用。制度設計缺陷嚴重影響制度目標的實現,所以,內部控制制度的制定必須與社會責任和企業文化建設相結合,提升制度的凝聚力和生命力,否則制度容易在執行過程中跑偏,淪為形式,或成為利益操縱的工具。

(3) 倫理動因

企業由人組成，人的思想、動機、心靈都會在一定程度上反應經營思想。建立企業社會責任內部控制，實質是建立人本內部控制。人本內部控制不同於物本內部控制，它有思想基礎、理論基礎和現實條件。優秀的企業人本內部控制文化可以塑造企業良好的形象，使其具有很強的感染力和凝聚力，樹立信譽和擴大影響。企業社會責任人本內部控制文化直接與企業的興衰與發展有關，它是企業的一項無形資產。企業社會責任內部控制文化，必須產生於人，依靠於人，作用於人，服務於人，是人作為控制手段和控制目的的統一。倫理思想在推動企業社會責任內部控制文化構建過程中發揮重要作用，任何商業模式，如果忽視倫理因素的嵌入，必然難以長久，制度終將崩塌，甚至遭受道德的拷問和法律的嚴懲。從當前世界企業文化發展來看，它們面臨的巨大挑戰是信息技術不斷更新、企業環境瞬息萬變、內部控制管理制度不健全等，這些問題嚴重影響了企業建立完善的社會責任內部控制文化，難以適應全球的經濟市場。但萬變不離其宗，文化的倫理特質始終存在並有加強的訴求。正如 Kathy S. Fogel 等在 *Corporate Governance：An International Review* 中講到的，如果公司在治理中忽視企業文化，即使經濟效益很大也會對市場造成巨大破壞[86]。所以植入基於商業倫理和社會道德的人本內部控制文化是構建內部控制長效機制的前提和基礎。

5.2.3 企業社會責任內部控制文化的內容構成

戰略導向是未來企業發展的一條重要途徑，而企業進行戰略變革會受到多種因素直接或間接的影響，企業自身的文化就是其中一個重要影響因素[87]。而構建企業社會責任內部控制文化，是提升企業戰略管理水準和內部控制能力的重要條件。企業社會責任內部控制文化分為內部控制精神文化、內部控制制度文化、內部控制行為文化和內部控制物質文化。

(1) 企業社會責任內部控制精神文化

企業社會責任內部控制精神文化包括內部控制誠信文化、廉潔文化、風險文化、創新文化、責任文化、奉獻文化和人本文化等，文化境界依次提升，具體結構和層次如圖5-3所示。①誠信文化是內部控制精神文化的根基，誠信經營、依法納稅、不做假帳、不生產假冒偽劣商品等都是內部控制誠信文化的體現。相應地，企業必須建立會計控制、稅務控制、質量控制等。②廉潔文化要求企業構建防腐反腐的內部控制機制和反舞弊機制，建立健全內部審計，對貪污、腐敗、商業賄賂、權力尋租等不良行為進行控制。③風險文化要求企業充

分認識到所處風險環境的長期性和複雜性，構建以風險為導向的內部控制系統，將戰略風險、法律風險、政策風險、社會責任風險、人力資源風險、科技風險、災害風險等納入內部控制框架。④創新文化要求企業不因循守舊，不故步自封，在技術研發、管理制度、市場開拓等諸多方面勇於創新，內部控制系統應與時俱進做出調整，以適應環境的變化。此外，內部控制設計思路上還應有助於激勵創新，讓企業在控制之下仍然保持生機和活力。⑤責任文化是企業積極承擔企業社會責任的題中應有之義，要求企業承擔經濟責任、社會責任和環境責任。企業可以借鑑 QHSE 管理系統的經驗，建立社會責任內部控制系統。⑥奉獻文化不僅要求企業盡責，而且要求企業具有奉獻精神，在力所能及的範圍內，運用自身資源去主動承擔法律要求之外的各種責任，例如社會捐助、員工培訓等。⑦人本文化是企業社會責任內部控制精神文化的最高境界，能夠全面體現企業社會責任的思想內涵。人本文化要求企業實施人本內部控制，即內部控制依靠人、為了人，平衡和維護各利益相關者的合法權益。人本內部控制機制是內部控制建設的基礎，建立人本內部控制有助於企業履行社會責任[88]。

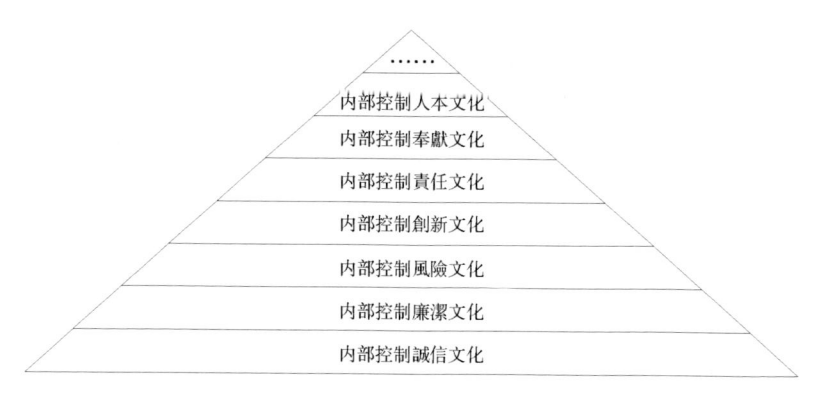

圖 5-3　企業社會責任內部控制精神文化構成

企業內部控制精神文化可以激發員工工作動機和約束職工行為，對企業內部控制精神文化的發揮具有強大功效，主導內部控制制度的制定和控制模式的形成。企業社會責任內部控制精神文化，強調在精神文化領域建立內部控制，實質是建立人本內部控制，將控制窗口從物質控制、行為控制、制度控制前移到精神控制。監督的最高境界是自我監督，因此，企業培育社會責任內部控制精神文化，是實現內部控制「自控」功能的前提，能夠極大提升企業應對各種風險的「免疫力」。人本內部控制不同於物本內部控制，它有思想基礎、理論基礎、現實條件。比如，三鹿奶粉造假，內部控制缺陷暴露，缺乏精神文

化，忽視社會責任，對社會造成嚴重的負外部性。對於現代企業來說，和諧的人際關係和社會關係是有效管理的先決條件。企業發展內部控制精神文化，適應了信息化企業生產方式的轉變，也滿足了企業經營方式的轉變。企業管理方式隨著所處環境、生產方式、組織結構發生變化而變化，各種風險層出不窮，但社會責任內部控制精神文化能夠相對穩定地指導企業的制度建設和員工行為。企業可以培育與知識經濟環境相適應的人本內部控制精神文化，提高組織的柔性和活性，激發企業管理層和員工的凝聚力與創造力，提高社會對企業的認可度和支持度。社會責任內部控制精神文化的缺失，將會對中國企業參與國際競爭帶來掣肘。

（2）企業社會責任內部控制制度文化

企業社會責任內部控制制度文化包括企業的領導機制文化、組織機構文化和管理制度文化。這些文化形式，分佈於國家相關法律法規、行業規章以及企業制度文本中，對企業的公司治理、部門及崗位設置、管理制度、商業模式、經營流程等產生深刻的影響。內部控制制度文化是內部控制管理的基礎，是落實和強化內部控制精神文化的根本保證。企業社會責任內部控制制度文化將人與人、物、企業營運管理有機結合，是人的意識形態與觀念形態的反應，是通過權利與義務來約束企業和員工行為的規範性文化。企業內部控制制度文化是精神和物質的仲介，起著信息傳遞和行為塑造的功能，先進的企業社會責任內部控制制度文化是組織的結構資本。在內部控制制度層方面，通過優化股權結構、完善內部控制制度建設的「行為約束」方式抑制內部控制缺陷的發生，或者在發生內部控制缺陷時能夠發現、披露和及時補救；同時在內部控制執行方面，以制定高管激勵計劃、增強內部控制制度動機的「意識誘導」方式來激發內部控制目標的有效實現[89]。

（3）企業社會責任內部控制行為文化

企業社會責任內部控制行為文化包括領導行為文化、集體（團隊）行為文化和模範人物行為文化。企業內部控制行為文化是一種自發性、自覺性的行為文化，是企業經營作風、精神風貌、人際關係的動態體現。社會責任內部控制制度的有效運行關係到企業的經營活動的成效和未來的發展方向，而內部控制制度是否有效運行的標尺就在於員工是否遵循了既定的社會責任內部控制標準。企業家思想文化意識的覺醒，直接影響並決定企業文化的形成[90]。辛杰（2014）的實證研究進一步表明，領導風格與高管團隊行為整合，能夠作為企業文化影響企業社會責任的調節變量和仲介變量[91]。企業活動是企業員工行為的集合，企業家、高管團隊和模範員工的行為具有廣泛的示範效應，是企

價值觀的「人格化」顯現，對員工產生感召力。「榜樣的力量是無窮的」，企業需挖掘各個崗位的模範人物並加以宣傳和褒獎，使企業的核心價值觀得以外顯。培養積極健康的內部控制行為文化氛圍，激勵員工的思想，規範他們的行為方式，能夠使員工完成從「心的一致」到「行的一致」轉變。但是，在建設社會責任內部控制行為文化中須注意，個人違反，內部控制的牽制功能可能發揮作用；但若領導帶頭違反，或者集體違反，則內部控制整體失效。因此，企業社會責任內部控制行為文化建設，應統籌去抓，並且從領導開始抓，自上而下，順次推進。

（4）企業社會責任內部控制物質文化

企業社會責任內部控制物質文化是企業文化的物質層，是以物質形態為載體，以看得見、摸得著、體會得到的物質形態來反應出企業的精神面貌。「器物」是物質文化最簡單的形態，各種有機器物組成了原來沒有存在的物質，由物質、時間、空間組成一個動態立體組合，可以通過人的視覺、觸覺、味覺等來傳遞特定信息，這就是物質文化的本質。例如，通過對一些出土的古代器物和簡牘的考證，我們可以推測當時的內部控制設置情況。與內部控制行為文化的動態性特徵相比，內部控制物質文化是一種靜態文化，能夠持續作用於人的心理。比如企業員工在正式場合的統一著裝，能夠帶來莊重、嚴肅和職業感。在危險作業環境下要求員工佩戴安全帽和攜帶防護設施，能夠體現企業社會責任內部控制物質文化。企業的建築、工作環境、生活設施、員工著裝等都能夠折射出社會責任內部控制物質文化，它是企業內部控制核心價值觀的外在體現，是有效控制社會責任風險、實現企業發展目標的物質基礎。

綜上所述，企業社會責任內部控制精神文化處於最內層，具有無形、穩定的特性，對其他內部控制文化的形成和有效性起著重要影響；內部控制物質文化處於最表層，是其他形式內部控制文化的物質載體；內部控制精神文化指導內部控制制度文化建設，並影響內部控制制度文化的執行效率，內部控制制度文化直接指導內部控制行為文化，內部控制行為文化衍生出內部控制物質文化。制度對行為予以規範，在制度缺失或不被遵守時，內部控制精神文化直接指導個體和組織的行為，形成我們常說的「潛規則」。因此，四種社會責任內部控制文化之中，內部控制精神文化處於核心位置，最穩定、持久，但也最不可觀測到；內部控制物質文化最活躍、易變，最容易被觀測到。四種內部控制文化密切聯繫，相互作用，形成一個有機體。它們之間的關係是：內部控制精神文化（靈魂，內在動力之源）→內部控制制度文化（骨架，支撐作用）→內部控制行為文化（肉和軟組織）→內部控制物質文化（皮膚，可視化的表層）。

5.2.4 企業社會責任內部控制文化構建路徑

在經濟全球化的時代，不少企業在擴展業務時為了追求股東財富最大化，容易忽視社會責任，從而導致職工工作環境惡化、福利變差、產品質量低劣、環境破壞、資源枯竭等問題，這些都跟企業內部控制制度管理缺乏有關。政府也在21世紀初頒布了一系列關於社會責任的規範性文件，但社會責任和企業文化落實到內部控制的微觀基礎薄弱，企業內部控制在設置和運行方面存在缺陷，用於指導實踐的理論研究也非常欠缺。企業社會責任、內部控制和企業文化之間的交互作用和動態演化是非常複雜的，本研究提出三者的交互作用靜態模型（圖5-4），用於刻畫三者的關係，為構建企業社會責任內部控制文化提供理論指導。分別用A、B、C三圈表示「社會責任」「內部控制」和「企業文化」，A∩B代表「社會責任內部控制」，A∩C代表「企業社會責任文化」，B∩C代表「內部控制文化」，A∩B∩C即三圈重疊部分為「社會責任內部控制文化」。相交的部分面積越大，三者的融合度就越高，就越有助於推進企業的社會責任內部控制文化建設。

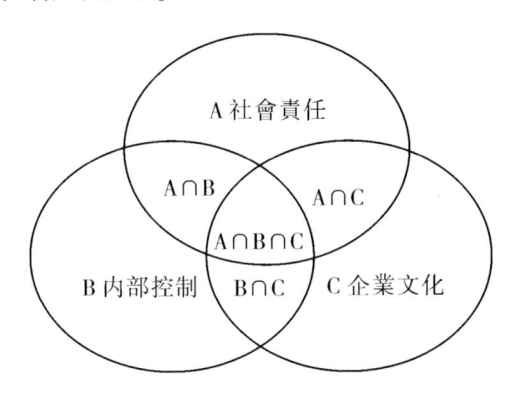

圖5-4 社會責任、內部控制和企業文化的交互作用靜態模型

（1）打造企業社會責任文化，將社會責任文化嵌入企業內部控制系統

構建企業社會責任內部控制文化的第一條路徑，是將企業社會責任和企業文化相結合，構建企業社會責任文化，提升文化的生命力和張力，並將社會責任文化嵌入企業內部控制系統（圖5-5）。企業文化是企業核心競爭力的活力之根，企業文化中應當包含社會責任內容，李連華（2012）探討了企業文化對內部控制設計、執行和控制效率的影響，專制型文化與民主型文化對企業內部控制的設計路徑、執行方式均有顯著影響；而在效率差異上，專制型文化具有內部控制設計健全性上的效率優勢，民主型文化則更加有助於內部控制制度

的貫徹執行[92]。潘小梅（2013）論證了內部控制與企業文化之間的耦合關係，認為「企業文化影響內部控制的有效性」和「內部控制有利於企業文化的優化」[93]。以上研究為社會責任文化嵌入企業內部控制系統奠定了理論基礎。

企業社會責任文化的發展關係到社會主義文化建設的目標實現，是企業的「軟實力」和戰略資源。企業社會責任文化包涵兩個層次特徵，一是法律和制度要求，二是道德和價值觀念要求。前者是企業生存發展的前提。建立企業社會責任文化的利益可能與企業直接追求利益最大化的目標相差很大，但是一個理智的決策者必然能認識到企業社會責任文化的後續效應，尤其是企業社會責任文化與內部控制系統結合之後，就會將社會責任文化的效能充分釋放和外化，進而提高各利益相關者的滿意度。企業要想在競爭激烈的市場裡處於領先地位，就要評估企業社會責任內部控制文化的形成時機是否成熟，顯然公司的領導者、決策者和監督者們會加速縮短企業社會責任文化與企業內部控制系統的距離，促進企業社會責任文化與內部控制的全面、深度融合。

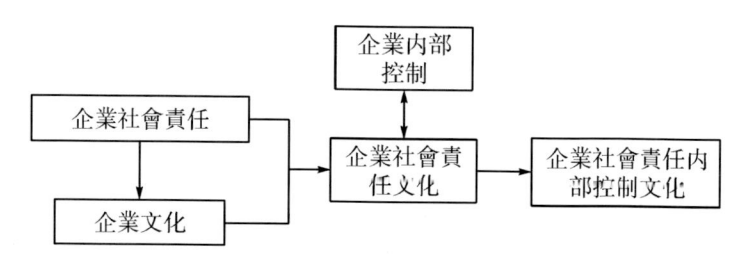

圖 5-5　企業社會責任內部控制文化構建路徑圖

（2）構建企業社會責任內部控制，強化文化在內部控制系統中的基礎環境性作用

內部控制應該為企業二元目標提供合理保證（企業的二元目標是企業價值目標和企業社會責任目標），但大部分內部控制基本是偏向企業價值目標，而忽視了企業社會責任內部控制目標[94]。所以企業須建立要素、層面、主體和目標的四位一體的社會責任內部控制。歐美等發達國家的企業一般都構建了較完備的社會責任內部控制系統。在德國，用於健康、環境和安全等方面的社會責任支出，甚至高達企業總投資的一半以上。中國石油石化行業的 HSE 管理系統、汽車行業的 QHSE 管理系統、全面質量管理系統、客戶關係管理系統等，都是企業社會責任內部控制的典範，但缺乏整合，都不能全面反應企業社會責任的全貌。大部分企業在這方面的表現與跨國公司相比，尚有較大差距。而且，內部控制建設和企業文化建設脫節，社會責任內部控制系統缺乏文化的支持，進一步降低了社會責任控制效率。企業應努力建立、健全社會責任內部

控制系統，並強化文化在內部控制系統中的基礎環境性作用，用企業文化建設推進社會責任內部控制建設，最終促進企業的可持續發展。許多企業從小到大、從國內市場到國際市場的發展歷程，無不說明踐行企業社會責任的重要性。有了健康且富有活力的社會責任內部控制文化做支撐，企業才能飛得更高、更遠。例如中國海爾從一家資不抵債、瀕臨倒閉的集體小廠發展成為全球家電第一品牌，其管理模式的實質是文化管理，「兼收並蓄、創新發展、自成一家」，其「真誠到永遠」的企業文化可謂家喻戶曉。近年來，海爾定期發布企業社會責任報告和內部控制評價報告，企業社會責任內部控制系統日臻完善，是將社會責任內部控制和企業文化進行融合的典範，值得其他企業學習借鑑。

（3）實施企業文化控制，並將其與企業社會責任戰略相結合

20世紀80年代，文化管理成為企業實施人本管理模式的主要手段。從文化管理到文化控制，是文化資源在企業深度開發和利用的表現。王竹泉、隋敏（2010）將企業文化和控制結構作為內部控制要素的新二元論，為建立新型內部控制提供支持。該內部控制具有經濟控制和文化控制並重、制度主義和人本主義並舉、剛性控制和柔性控制兼備、激勵機制和約束機制並用、公司治理和企業管理兼容等特徵[94]。王海兵、伍中信等（2011）進一步提出人本內部控制文化應成為一個獨立的內部控制要素，或者說成為一種重要的控制方式。內部控制文化一方面影響內部控制制度的設計及執行，另一方面與內部控制制度並列存在，共同對企業內部控制體系產生影響。因此，企業文化控制，不僅是一種內部控制理論創新，更將對企業的內部控制實踐產生重要影響。企業實施社會責任戰略，積極履行戰略性社會責任，是未來企業獲得競爭優勢的源泉之一。企業文化控制和社會責任戰略結合，不僅運用文化控制手段助推其社會責任戰略的實施，而且對「促進企業實現發展戰略」這一內部控制目標具有重要作用。

綜上所述，構建企業構建社會責任內部控制有三條路徑可以選擇。無論採取何種路徑，都必須注意以下三點：一是充分認識建設企業社會責任內部控制企業文化的重要性，將其作為企業的「一把手」工程來抓；二是明確企業社會責任內部控制文化的發展思路，根據自身資源條件和外部環境來選擇合適的構建路徑；三是企業社會責任內部控制文化不能和企業內部控制管理部門脫節，一定要相互結合、促進和發展。應充分認識企業社會責任面臨的困境和險境，吸收國外先進文化和中國傳統文化的精髓，相信建立企業社會責任內部控制文化一定會改善當代中國企業的發展面貌，推動其走可持續發展之路。

5.2.5 小結

企業文化既不是各種文化要素的總和，也不是單純的群體心理，而是企業成員的群體心理和群體行為的統一[95]。正如約翰·科特等在《企業文化與經營績效》中的大膽預言：企業文化在下一個十年內將可能成為決定企業興衰的關鍵因素。在經濟、制度和倫理三大動因推動下，企業社會責任內部控制文化走進人們的視野，並對企業的內部控制系統產生巨大作用。因此，中國企業必須構建一套與自身條件及外部環境相適應的社會責任內部控制文化體系，感悟社會責任內部控制精神文化，遵循社會責任內部控制制度文化，體驗社會責任內部控制行為文化，創造社會責任內部控制物質文化。

企業社會責任的內部控制文化是企業文化多層次的分支，對於豐富和拓展企業文化研究、推進企業文化建設具有重要的理論參考價值和實踐指導意義。企業社會責任內部控制文化需要傳播、交流、強化和發展，並通過企業社會責任內部控制系統發揮風險控制和價值創造的作用。未來進一步的研究方向是，基於企業戰略的框架，研究企業社會責任、企業文化和內部控制之間的交互作用機制和動態演化路徑，將企業戰略與其社會責任內部控制文化加以整合，形成企業戰略性社會責任內部控制文化。

5.3 企業戰略性社會責任預算控制

5.3.1 問題的提出

近年來，從國內不斷出現「毒膠囊」「地溝油」「瘦肉精」等系列事件，到全國平均霧霾天數 2013 年創 52 年之最，達到 29.9 天，再到企業不負責任直接往江裡面倒化學物品，導致癌症死亡率較 30 年前增加了 80%。同時，這些數據反應出企業社會責任沒有有效地得到貫徹執行。如何讓企業重視並站在戰略高度履行戰略性社會責任成為社會各界關注的話題。《企業內部控制應用指引第 4 號——社會責任》指出企業應當重視履行社會責任，切實做到經濟利益與社會效益、短期利益和長期利益、自身發展和社會發展相互協調，實現企業和員工、企業與社會、企業與環境的健康和諧發展；並強調企業應從安全生產、產品質量、環境保護、資源節約、促進就業、員工權益保護等方面落實企業社會責任。《企業內部控制應用指引第 2 號——發展戰略》提出企業應當根據發展戰略，制定年度工作計劃，編製全面預算，將年度目標分解、落實；同

時，要求企業戰略委員會加強對發展戰略實施情況的監控，定期收集和分析相關信息，對明顯偏離發展戰略的情況，及時報告。《企業內部控制應用指引第15號——全面預算》指出為了促進企業實現發展戰略，企業應當根據發展戰略和年度生產經營計劃，綜合考慮預算期內經濟政策、市場環境等因素編製預算。隨著企業日益競爭的需要以及法律法規的約束，企業預算得到廣泛的運用，並逐漸與企業發展戰略結合，成為落實企業戰略的工具。社會各界對社會責任的關注，要求企業站在戰略的高度來實施社會責任即戰略性社會責任的觀念已經得到認可。但目前戰略性社會責任的執行效果不盡如人意。預算控制作為內部控制的重要控制方法，能將企業履行社會責任的資本支出納入預算編製控制、預算執行控制和預算考評控制，能預見性地表述企業社會責任承擔情況並通過持續控制達成最初效應。本研究將戰略性社會責任融入企業預算，構建以企業戰略性社會責任為導向、以社會責任預算風險管控為中心的內部控制系統，旨在提升企業聲譽，為企業形成差異化競爭優勢、實現資源優化配置與健康可持續發展提供依據和保障。

5.3.2　相關觀點梳理

現有文獻直接對企業戰略性社會責任預算控制的研究較少，本研究擬從預算控制和戰略預算、戰略性社會責任與預算控制等方面進行回顧。

（1）預算控制和戰略預算研究

預算是內部控制的重要工具，必須將企業全面預算與內部控制相結合。實際工作中，企業全面預算與內部控制之間存在種種不協調的現象，造成企業的資源浪費，嚴重損壞了企業的經濟效益（侯麗紅，2012）。目前對於預算控制的研究主要集中在預算控制的模式、預算控制作用以及預算控制存在的問題等方面。李國忠（2005）指出企業集團預算模式主要有集權預算模式、分權預算模式和折中預算模式，中國企業集團的預算控制模式的基本取向為折中預算模式[96]。預算控制的作用體現在對資源配置的控制（事前控制）、對具體經營活動的控制（事中控制）和對業績評價的控制（事後控制），以及延伸方面的計劃、協調和激勵作用。陳豔利等（2018）的實證研究表明，國有資本經營預算制度的實施有助於央企實現企業價值創造[97]。李蕊愛（2010）在針對目前中國預算控制中存在的問題的論述中提到了預算控制不注重作為預算動因的非財務指標，此外，企業發展戰略目標在很多企業預算中沒有體現[98]。基於傳統預算控制中存在的問題，理論界提出了戰略預算。張先治、翟月雷（2010）認為，企業預算控制系統與控制環境緊密相關，隨著企業的控制環境

變化而變化。他們以權變觀、系統觀和整合觀為原則構建了基於環境的預算控制系統，對預算控制系統中的預算鬆弛、預算控制變量選擇、預算控制緊度選擇及預算評價和激勵等關鍵環節進行改進，從而提高預算控制系統與控制環境的適應性[99]。戰略就是應對環境變化所帶來的威脅（風險）或機會（價值），環境和預算之間的互動關係，為我們將戰略問題納入預算控制框架提供了新思路。

關於戰略預算的研究主要集中在戰略預算的概念和特徵、戰略預算體系的研究和運用、戰略預算模式的探析以及存在的問題上。薛緋等（2013）指出，戰略預算管理編製優化可以實現動態博弈下的戰略均衡，戰略預算編製起點必須與企業戰略相結合[100]。牛蕾（2008）認為戰略預算管理體系是戰略目標確定、預算執行、戰略執行、戰略預算考評等模塊的有機結合[101]。呂鵬（2007）構建了基於平衡計分卡的戰略預算體系，把預算作為戰略執行系統，從平衡計分卡的四個維度形成戰略預算的主體內容，並認為它與營運預算共同構成企業新型的全面預算體系[102]。在此基礎上馬建威、肖平（2011）以平衡計分卡理論為基礎，以可持續發展目標為導向，融合與企業戰略相關的社會、環境因素的企業戰略預算的編製方法和步驟，針對企業戰略預算的實施提出了注重管理過程的預算實施控制方法[103]。關於預算模式，唐風帆、王加禮（2007）分析了不同時期企業的發展戰略對應的預算模式經歷了以銷售為核心的預算管理模式、以現金流量平衡為核心的預算管理模式和以利潤為核心的預算編製模式，以及這些模式的優點和缺陷[104]。在戰略預算的問題方面，李文君、王海兵（2014）認為，傳統預算和企業戰略的結合度不夠，並提出了基於平衡計分卡的企業預算管理整合框架[105]。王海兵等（2017）認為預算控制窗口往社會責任領域擴寬、向戰略層次提升，對提高預算管理綜合績效、促進企業可持續發展至關重要[106]。汪家常、韓偉偉（2002）針對戰略預算實施中存在的問題，提出將非財務指標如產品質量與服務、職工滿意度等社會責任指標放入戰略預算體系框架[107]。

（2）戰略性社會責任與預算控制的結合研究

對於戰略性社會責任的研究主要集中在戰略性社會責任的概念、價值創造以及如何落實等方面。國外學者對於戰略性社會責任的界定主要基於行為動機、責任性質、行為模式、戰略目標以及與傳統社會責任區別的視角。Baron（2001）認為企業戰略性社會責任是指企業承載社會責任並以利潤最大化為目的的戰略性為。Porter 和 Kramer（2006）把戰略性社會責任分為價值鏈創新和競爭環境投資兩種類型。其中，前者是指企業為解決社會問題而進行的企業價

值鏈創新，後者是指通過投資於競爭環境中某些能夠促進企業競爭力提升的社會項目來創造共享價值，並建立起企業與社會的共生關係。兩種社會責任如同時履行，效果更加顯著。Jamali（2007）指出戰略性社會責任是兼顧企業利益和社會責任貢獻的戰略性自願責任，Fathilatul Zakimi Abdul Hamid 等（2014）的研究表明，企業社會責任已經從過去單純的利他行為轉化為當前企業所不可或缺的核心競爭能力，具備戰略性特徵[108]。許正亮等（2008）認為戰略性社會責任是集聚收益調節性、風險調節性和參與強勢性的獨特金融投資工具。王水嫩等（2011）認為戰略性社會責任的本質是一種把社會問題納入企業核心價值的內在、主動的戰略，它把承擔社會責任看作企業創造與社會共享的價值、取得可持續競爭優勢和發揮積極社會影響的戰略機會[109]。李智彩、範英杰（2014）認為戰略性社會責任是社會責任與企業戰略的耦合，是企業為實現其共生圈內各經濟主體的存續，將社會責任理念作為企業的基本價值觀融入企業使命和企業文化，在滿足企業基礎需求的同時，立足提高財務資本投資回報，推動人力資本價值增值、促進市場資本協同發展、改善公共資本存在狀況，在服務社會的同時構建企業核心競爭力[110]。目前研究提出關於戰略性社會責任的價值創造途徑主要包括創造新的商業機會、降低企業風險、降低融資成本三方面。王水嫩等（2011）指出企業履行戰略性社會責任的關鍵是選擇並解決與自身能力相匹配的社會問題，企業在履行戰略性社會責任中與利益相關者進行溝通可以更好地把握商機。陳爽英等（2012）等認為企業戰略性社會責任過程分為融合理念、識別維度、履行活動、共享收益四個階段，戰略性社會責任均應與企業核心價值緊密聯繫，探析了企業戰略性社會責任的實踐路徑[111]。王海兵、劉莎（2015）將戰略性社會責任引入內部控制領域，構建了企業戰略性社會責任內部控制框架，為企業戰略、社會責任、內部控制三者的整合研究提供了一個完整的理論框架和實務指引[112]。

　　從預算控制角度推進實施社會責任的研究，包括社會責任預算的內容以及整合研究等方面。陳弘（2011）認為社會責任會計預算大致分為員工責任預算、環境責任預算、產品責任預算和社區責任預算，應通過建立企業社會責任管理機構和社會責任管理制度體系促進社會責任預算管理[113]。周佳晴、趙慧（2011）指出預算管理與社會責任會計的結合為實現公司社會責任目標打下基礎，提出明確企業社會責任會計目標，以方便企業實施社會責任預算管理的措施[114]。楊弋等（2013）提出將社會責任融入企業全面預算全過程，在預算的分析過程中能更加準確地表達企業社會責任承擔的情況和達成的效應，明晰企業在經營過程中創造的經濟價值和社會價值[115]。

综上所述，現有文獻主要為預算控制、戰略預算、戰略性社會責任之間關係的研究，社會責任、戰略、預算的兩兩融合的研究都比較常見，但三者的融合研究不多。企業戰略、社會責任和預算控制兩兩耦合，交互共生，能夠產生「1+1+1>3」的協同效應。企業戰略性社會責任預算控制是預算控制窗口往社會責任領域擴寬、向戰略層次提升所形成的內部控制體系。構建企業戰略性社會責任預算控制體系可以擴展預算控制功能，提升預算系統的完整性、戰略性、高度性。

5.3.3　構建企業戰略性社會責任預算控制框架

合理保證企業發展戰略順利實施是內部控制的最高目標，發展戰略是影響內部控制設計和運行的重要環節因素[116]（吳秋生，2012）。內部控制是為了實現戰略而進行的一系列控制活動，是一種戰略管理[117]（徐虹、林鐘高，等，2010）。池國華（2009）、劉國強（2013）將企業戰略嵌入內部控制，構建基於戰略導向和系統整合的企業內部控制規範實施機制和戰略內部控制[118]。企業戰略性社會責任通過整合企業價值活動，實現企業與社會的和諧發展，形成難以模仿的核心競爭力並獲得可持續競爭優勢。有效的內部控制有利於持續推進戰略性社會責任履行。預算控制作為企業內部控制的核心和主要手段，通過將企業的戰略社會責任目標轉化為各部門、各崗位以至個人的具體行為目標，促進戰略性社會責任從理念層面落實到行動層面。反之，戰略性社會責任履行有利於提高內部控制的有效性、豐富內部控制的維度，將二者結合有利於將社會責任融入企業的全面預算管理，不僅增強了企業履行企業社會責任的力度，而且提高了企業全面預算的管理水準，有利於企業的持續發展，達到提升企業價值的目的。因此，將預算納入企業戰略性社會責任內部控制框架，構建以社會責任戰略為導向、以社會責任預算風險管控為中心的企業戰略性社會責任預算控制體系（圖5-6），可以推進中國企業進行預算內部控制建設，積極履行社會責任，提高預算管理水準。

（1）企業預算控制和戰略性社會責任內部控制的關係

預算控制是戰略性社會責任內部控制的常規手段和重要組成部分，企業戰略性社會責任內部控制和預算控制是整體和部分、引領和促進的關係。戰略性社會責任內部控制涵蓋了發展戰略模塊、社會責任模塊和內部控制模塊。企業要在較長的一段時間內保持競爭優勢，必須與社會環境、生態環境協調一致，承擔相應的社會責任。改革開放後，很多企業以利潤最大化為企業經營理念和財務管理目標，忽視了眾多的利益相關者，由此引發了系列社會責任缺失導致

的安全事故。隨著構建和諧社會的提出以及 2014 新版企業社會責任標準 SA8000 的發布，企業社會責任成為企業可持續發展戰略的現實要求。《財富》雜誌評選的 500 強企業告訴我們企業承擔社會責任可以給企業帶來忠實的顧客群和可觀的銷售量，從而提升財務業績並最終實現可持續發展戰略的目標。由此可見，社會責任對企業發展戰略的實現具有極為重要的意義，嵌入了社會責任的發展戰略才是可持續的。

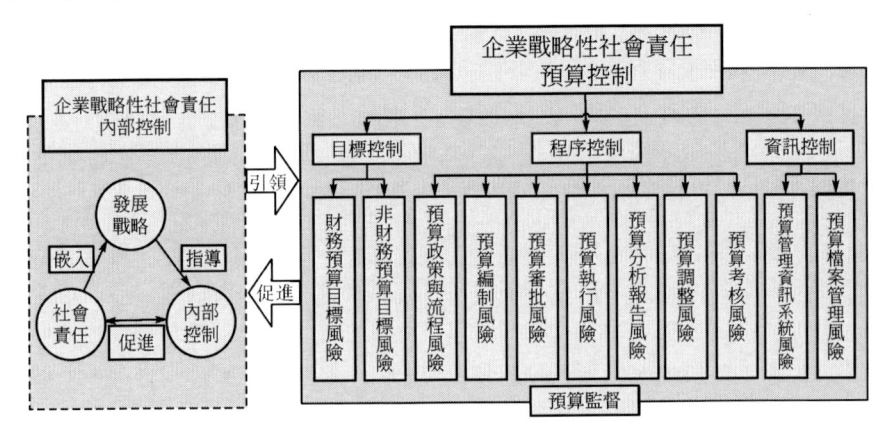

圖 5-6　企業戰略性社會責任預算控制框架

發展戰略影響內部控制的環境、風險評估、內部控制活動、信息與溝通、監督五要素，是內部控制實施的方向和目標。良好的內部控制可以支持或者保障企業發展戰略的科學制定、穩步實施和有效動態調整。以風險為導向的內部控制本質是一個控制機制，即對即將遇到或可能遇到的風險進行掃描、預警、評估、應對和控制。企業根據嵌入了社會責任的發展戰略制定相應的內部控制制度並貫徹到日常工作中，可以提高企業的聲譽度和美譽度，為企業形成一個良好的控制環境，促進內部控制的建設，有效降低社會責任風險。因此，有效的內部控制可以通過促進企業履行社會責任，降低企業的經營風險，幫助企業實現組織目標。預算控制是企業內部控制一項重要的內容。和發達國家著名跨國公司相比，中國企業預算管理普遍存在戰略關聯度低，系統性、科學性和人本性亟待加強的問題。要從根源上解決這些問題，需要我們的預算控制建立在戰略性社會責任內部控制的框架基礎之上，用嵌入了社會責任的發展戰略來指導內部控制和預算控制，以社會責任的戰略層作為引領預算控制的依據和方向指引。預算控制通過落實內部控制的措施，推動、確保企業戰略性社會責任目標的實施，促進內部控制目標的實現，促進企業戰略目標的實現和社會責任的履行。

（2）企業戰略性社會責任預算控制的內容

企業戰略性社會責任預算控制是以企業社會責任戰略目標為導向、以社會責任預算風險管控為中心的內部控制體系，其具體內容包括目標控制、程序控制和信息控制。目標控制是指預算管理以社會利益為企業核心價值確認預算目標，然後通過對財務和非財務指標的分解來明確預算單位的責任目標，進行財務預算目標風險控制和非財務目標風險控制。程序控制包括預算編製風險控制、預算執行風險控制、預算調整風險控制、預算考評風險控制四個模塊。信息控制主要包括預算管理信息系統風險控制和預算檔案管理風險控制等。通過目標保駕、程序保障、信息保全三方面來實現對企業社會預算控制的整個過程，該過程包括事前控制（預算目標的制定、預算的編製）、事中控制（預算的實施和調整）和事後控制（預算的反饋和考核評價）。

①企業戰略性社會責任預算目標控制。企業戰略性社會責任預算控制的目標控制是指在實施預算工作後評價企業社會責任預算內部控制運行機制是否有效以及運行制度是否合理，包括對財務預算目標風險的控制和非財務預算目標風險的控制。傳統的企業預算控制目標主要集中在財務預算控制目標上，對戰略性社會責任關注度低，導致企業急功近利，過度追求經濟利益。這些已經給企業帶來不同程度的負面影響，如「三鹿」奶粉，出現了破產這一社會責任風險的最嚴重的後果。相反「王老吉」事件告訴我們，企業積極主動履行社會責任，不僅能夠提高企業的社會認可度、知名度、美譽度，還有助於實現企業的主要經濟目標，實現經營效率和經濟利益，同時也能夠兼顧外部公平和社會價值。維護安全、穩定、和諧的商業生態，對於企業的健康可持續發展至關重要。企業在制定預算目標時，除了考慮股東和員工的利益外，還應將政府部門、債權人、消費者、社會、生態環境、供應商等核心利益相關者納入考慮。受能力和資源限制，企業應先識別出能夠影響戰略目標實現的重要利益相關者，然後根據利益相關者的訴求確定有社會經濟價值的項目方案，並預評估各個項目方案的戰略性利益及其風險，最終選擇符合企業價值最大化項目方案，據此制定企業經營目標和社會責任履行目標，並將系列目標分解為各個層級的子目標，作為企業預算控制的方向。業績評估方面，企業預算目標的實現很大程度上依賴於企業的業績評估，在業績考核方面非財務預算目標也要納入績效評價體系，並給予其較高的權重。

②企業戰略性社會責任預算程序控制。企業戰略性社會責任預算程序控制是為了實現既定目標，減少預算編製、執行、調整和考評過程中的風險，對企業社會責任預算實施的全流程監控。預算的編製需要根據企業每個階段的目標

来進行，而非財務預算目標的細化需要結合企業的實際情況。比如汽車製造行業，可以考慮將產品質量缺陷、安全事故、環境影響等納入企業預算框架。一個良好的預算需要有力的執行作為支撐，否則預算也只是一紙空文。預算執行過程中應該根據預算制度和目標進行事前、事中和事後控制。這個控制過程應結合企業可能出現的風險點設置關鍵控制點，構築戰略性社會責任預算程序的風險預警系統、風險控制系統和風險分析系統，主要採用預防性控制、檢查性控制和糾正性控制等常規控制方法，以使企業及時發現並解決問題。當企業的環境出現重大變化或者國家政策有重要調整時，企業戰略可能需要進行調整。如確有需要對預算做出調整的，企業可以根據預算管理制度規定，按照內部控制的審批流程和議事規則做出預算調整。最後，企業預算考評方面應從財務維度和非財務維度分別進行，最後匯總。考評通常是由企業內部審計監督進行。

③企業戰略性社會責任預算信息控制。企業戰略性社會責任預算信息控制是為了實現既定目標，嚴格限制預算信息的接觸和使用，保障預算過程信息和結果信息的真實性和安全性，主要涉及預算管理信息系統風險和預算檔案管理風險。預算管理信息系統風險控制應考慮預算管理信息系統的應用環境、內部控制架構、預算方法、控制技術、預算信息來源、預算信息傳輸以及安全性要求。預算檔案管理風險涉及對預算過程中形成的文件和相關資料的分類備案和保管以便日後查詢或者使用，以及具體預算檔案的標準化處理、分類、調閱、日常保管等。通過對預算管理信息系統風險和預算檔案管理風險的控制，可以真實完整地記錄和反應預算全過程，通過授權審批、信息接觸限制、不相容職務分離等來控制不同人員對預算信息流的接觸，明確規定信息採集、加密、轉換、傳輸、共享、利用、存檔等的權限和責任，保證戰略性社會責任預算管理信息系統的安全運行和有效利用。

綜上所述，在經濟全球化的浪潮中，企業、環境、社會之間存在密切的互動關係。新常態下，傳統的圍繞短期經濟利益目標的預算管理思路亟待轉換，應運用戰略性社會責任預算來提升企業與社會環境的良性互動，運用預算手段來有效控制社會責任風險，為企業的健康可持續發展提供支持。為此，本研究構建了以社會責任戰略為導向、以社會責任預算風險管控為中心的企業戰略性社會責任預算控制框架，為推進中國企業預算內部控制建設、提高預算管理水準提供理論依據和決策參考。企業構建戰略性社會責任預算控制，能夠克服傳統預算帶來的重視效率、忽視公平，重視財務目標、忽視非財務目標的弊端，全面提高預算管理水準。嵌入了社會責任的企業發展戰略能與社會、環境協調發展，使企業獲得可持續發展的動力並取得綜合價值最大化。企業戰略性社會

責任預算控制在管控社會責任風險、促進該企業發展戰略的實現方面能夠發揮獨特的作用。未來進一步的研究方向包括但不限於以下方面：探討戰略性社會責任預算控制和其他管理工具的綜合運用，包括平衡計分卡（BSC）、波特五力模型（Porter's Five Forces Model）、戴明環（PDCA）等，充分發揮戰略性社會責任預算控制的潛能。這方面已有學者進行了探索性研究，提出作為戰略管理工具的平衡計分卡和作為目標管理的控制工具的企業預算管理的有機結合可以產生協同效應。另外，國家宏觀層面的法律法規，尤其是內部控制規範體系和預算管理法律法規，需要與時俱進予以完善。微觀層面，積極研發戰略性社會責任預算控制的方法模型或技術工具，也非常有必要，它們可以提高企業戰略性社會責任預算控制系統的可操作性和控制效率。

5.4　基於企業戰略性社會責任的合同內部控制審計

5.4.1　問題的提出

社會責任缺失問題反應了企業對社會責任缺乏應有的關注。在道德失範的情況下，合同約束和法律懲戒成為社會責任風險控制的最後保障。如何將戰略性社會責任融入合同管理，使二者產生正向互動從而促進企業的健康可持續發展成為重要課題。2010年《企業內部控制應用指引第4號——社會責任》明確規定了企業在產品質量、安全生產等七個方面應履行的社會責任，為企業履行社會責任提供了制度保障。《企業內部控制應用指引第2號——發展戰略》提出企業應當根據發展目標制定戰略規劃，戰略規劃應當明確發展的階段和發展水準，確定各發展階段的具體目標、任務和實施路徑。履行戰略性社會責任，是基於企業與社會的共生關係視角，在企業價值創造與社會利益交叉點進行的正和博弈，能為企業的中長期發展創造先行優勢。財政部依據《合同法》等有關法律法規和《企業內部控制應用指引第16號——合同管理》指出，企業在合同決策階段應充分考慮企業戰略目標，在擬定、審批、執行、考核等環節，加強合同管理，採取相應控制措施，促進合同有效履行，切實維護企業的合法權益。面對競爭風險的加劇和法律監管的加強，合同內部控制作為動態連續的控制過程貫穿企業經濟活動，在企業中的重要性凸顯，對控制企業經濟合同風險、降低社會責任風險、促進戰略落地具有重要作用。企業為減少成本投入導致的社會責任履行缺失的短視行為將引發社會責任風險，降低企業發展的可持續性。實證研究表明，企業社會責任與內部控制質量對企業可持續發展水

準分別具有顯著促進作用[119]。隨著各界對戰略性社會責任關注度的提高和合同內部控制體系的健全，不少企業已經具備建立戰略性社會責任合同內部控制的環境基礎和內在需求。

以企業戰略性社會責任為導向的合同內部控制審計是企業戰略性社會責任管理體系的重要組成部分。對企業戰略性社會責任的履行程度、合同內部控制的控制流程，以及對兩者融合嵌套控制系統運行成效的綜合性全流程審計，可以保障企業發展的戰略高度和社會責任溫度，促進企業的健康可持續發展。合同內部控制審計已逐漸與企業發展戰略結合，成為一項自上而下的制度創新，在企業發展戰略落地過程中發揮重要作用。本研究基於戰略性社會責任與合同內部控制審計的耦合與互動關係，構建以企業戰略性社會責任為導向、合同內部控制為基礎、合同管理審計為中心的分析與應用框架，並從合同內部控制的風險控制、執行控制與監督控制三個控制點出發，通過內部流程與審計重點劃分，依次嵌套審計的決策層、執行層和監督層，從而擴大企業審計範圍，夯實審計職能，推動合同內部控制審計實現規範化、系統化和流程化，有效控制合同風險（社會、法律與經濟風險），為社會穩定和經濟可持續發展提供支撐。

5.4.2 相關觀點梳理

現有文獻對企業戰略性社會責任的研究較成熟，但對合同內部控制審計的研究較少，而對兩者耦合的相關研究就更加匱乏。面對愈發激烈的國內外競爭形勢，企業社會責任履行正在轉化成一種獨特的競爭力，由傳統的被動的「義務觀」轉向現代的主動的「戰略觀」。Burke 和 Logsdon（1996）首次提出「企業戰略性社會責任」（Strategic Corporate Responsibility，SCSR）的概念。開闢了 SCSR 研究的新領域後，國內外學者對其內涵進行了長時間的理論探討與辨析，並取得了豐碩的成果。其中最具代表性的是 Baron（2001），他界定了企業戰略性社會責任的內涵是企業同時考慮利潤最大化和承擔社會責任。Porter 和 Kramer（2006）從行為模式視角出發，將戰略性社會責任的內涵拓展，指出企業應根據內部營運與外部環境制定發展戰略，同時考慮承擔與自己的核心業務有交叉的社會責任，有助於提高企業的市場競爭力[120]。雖然學術界對於企業戰略性社會責任概念的研究角度與側重點存在差異，但是在結論上基本達成一致，即認為企業履行戰略性社會責任能將企業效益與社會效益二者結合，使企業形成獨特的競爭力，反過來促進企業的可持續發展。

王水嫩等（2011）還指出在 SCSR 實踐中，企業通過瞭解利益相關者能更好地基於社會現實把握社會發展的新需求和方向[121]。彭雪榮、劉洋（2015）

將 SCSR 界定為具有二元性（向心性與應變性）的 SCSR，並對「南都電源」進行了五年的跟蹤研究，提出 SCSR 獲取的資源不僅稀缺有價值，而且還不可模仿和替代，因此 SCSR 是持續競爭優勢的重要來源[122]。戰略性社會責任與企業的經濟業務聯繫更加緊密，是企業經營發展戰略與社會責任的交集，這是區別於傳統社會責任最明顯的地方[123]。邵興東等（2015）利用企業資源基礎論對形成企業持續競爭優勢的資源進行辨析[124]，發現正是由於企業發展戰略與戰略性社會責任的密切關係，企業通過戰略性社會責任的履行形成品牌效應而具備難以模仿的競爭資源，反過來促進企業發展戰略目標的實現。鑒於戰略性社會責任在企業實際運作中嵌入度缺乏的問題，王海兵、劉莎（2015）將企業戰略、社會責任和內部控制進行整合，構建了企業戰略性社會責任內部控制框架，為企業實務提供完整框架指引。在此基礎上，王海兵、李文君（2017）構建了戰略性社會責任預算控制框架，指出嵌入社會責任的企業發展戰略能夠與社會和環境相協調，獲得可持續發展的動力並取得企業綜合價值最大化[125]。

對於合同內部控制審計的研究主要集中在企業合同內部控制和合同管理審計。隨著市場環境的多元化、法制化，企業管理的標準化、流程化，開展合同內部控制審計是企業規避經濟活動風險、加強企業管理效率與效果、形成持續發展競爭力的重要手段。王豔麗（2010）的實證研究表明合同管理不當會影響企業正常的業務過程和最終結果，通過加強合同內部控制能夠保證企業的資源配置和內部控制的運行成效[126]。在合同內部控制方面，馬穎（2011）認為面對內部管理需求與外部監管要求雙軌運行的局面，在企業內構建起合同內部控制系統是企業有效管控合同風險的手段[127]。王春暉、曹越（2016）認為合同管理是全流程、動態化的管理，審計應該對應合同職責履行的相關部門，從合同管理流程入手全方位進行合同控制監督與評價[128]。此外，對於合同管理審計部分，郝玉貴等（2015）基於社會契約論，探索構建了貫穿政府、市場和社會契約鏈關係的合同管理審計理論框架，以加強公共服務類合同管理審計職能實施[129]。穆伯祥（2014）從審計實踐出發，以利益關注點和易違約環節為突破口，針對 BOT 項目 12 種合同文件的風險類型，總結出違約審計的實操風險識別控制審計法[130]。李福才（2012）指出合同管理審計內容包括經濟合同的管理制度、合同簽約制度、合同條款及內容、合同履約執行情況和合同檔案管理等，並全面評價合同管理全過程情況，進一步為防範法律風險提出可行性建議[131]。實務中合同相關各部門之間職責存在斷層、分界不清的問題，合同管理風險易發於內部，所以公司合同內部控制審計制度亟待建立健全，以公

司內部審計部門為引導，貫穿合同管理全流程，實現公司業務部、財務部、法律諮詢部緊密合作，優勢互補，切實防控風險，維護企業合法權益[132]。

綜上所述，企業戰略性社會責任和合同內部控制、合同管理審計融合能夠產生「1+1+1>3」的協同效應，能夠提升企業內部控制規範應用指引中的發展戰略控制—社會責任控制—合同管理控制的互耦性、系統性和可操作性。本研究基於前人研究成果，構建基於企業戰略性社會責任的合同內部控制審計框架，圍繞合同內部控制各階段探索審計實施路徑，旨在豐富合同內部控制審計的系統結構，促進公司審控協同建設，降低經濟合同相關風險；同時強調企業戰略性社會責任與企業實務相結合，提升企業社會責任履行水準與可操作性。

5.4.3　構建基於企業戰略性社會責任的合同內部控制審計框架

企業戰略性社會責任與合同內部控制審計耦合，將合同內部控制審計提升到戰略的高度，延展到社會責任的寬度，根據企業戰略性社會責任管理的四個階段分別對應合同內部控制與合同管理審計的三個層次，形成基於企業戰略性社會責任的合同內部控制審計框架，具有促進企業戰略實施、管理社會責任履行和降低合同管理風險的功能。尹珏林、楊俊（2009）提出戰略性社會責任整合性框架，詳細分析了戰略性社會責任的層次與內涵發展，為將戰略性社會責任融入內部控制框架提供了理論準備[133]。把戰略性社會責任納入合同內部控制審計系統，對於完善內部控制與內部審計功能、彌補企業戰略與業務之間操作斷層、促進企業建立合同管理層面的審控協同運作機制具有指導作用。基於企業戰略性社會責任的合同內部控制審計框架如圖5-7所示。

該框架由戰略性社會責任管理和合同內部控制審計兩大部分組成，兩者的橫向邏輯為引領與促進；縱向邏輯分為左右兩部分，企業戰略性社會責任管理按流程先後劃分為判斷、履行、考評和完善四個階段。合同內部控制包括合同風險控制、合同執行控制和合同監督控制。相應地，合同內部控制審計包括對合同內部控制決策層、執行層和監督層三個層次的審計。在深刻認識並把握企業戰略性社會責任與合同內部控制審計之間存在的互動性與分層對應性的前提下，用戰略思維引領企業承擔社會責任與開展合同內部控制審計，以審計為抓手促進企業強化發展戰略與社會責任管理，能顯著降低合同運行過程中的社會、法律與經濟風險，優化企業經營管理，提升可持續發展競爭力。基於企業戰略性社會責任的合同內部控制審計框架，使企業合同內部控制審計在促進企業加強戰略社會責任管理上更具綜合性、系統性和可操作性，是人本經濟時代企業貫徹落實合同內部控制審計的必然選擇。

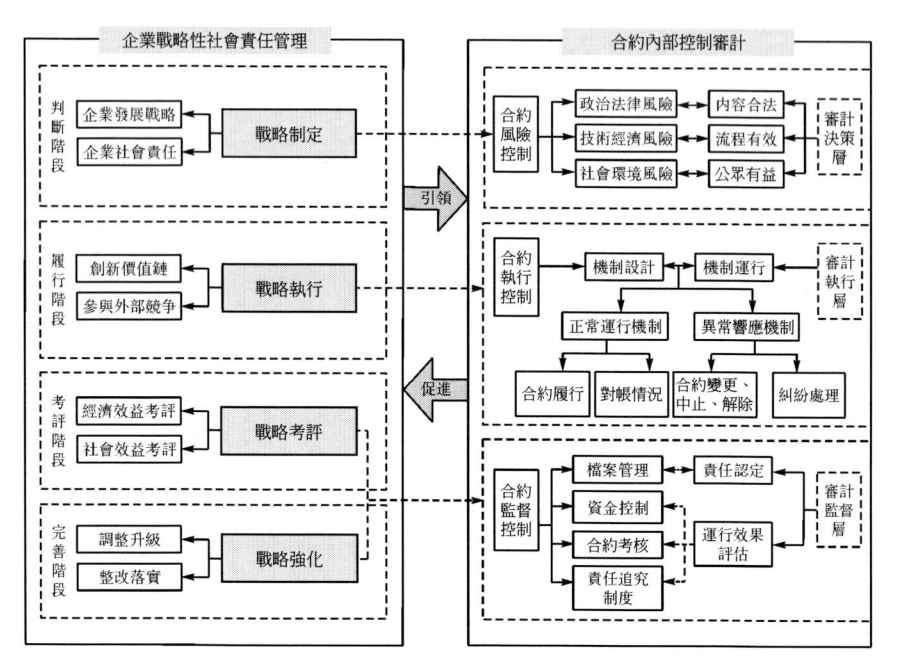

图 5-7　基於企業戰略性社會責任的合同內部控制審計框架

(1) 企業戰略性社會責任與合同內部控制審計的關係

企業戰略性社會責任與合同內部控制審計耦合嵌套，協同共生。合同是風險和價值的載體，企業戰略性社會責任是合同內部控制審計的目標靶向，在企業戰略性社會責任管理的四個階段引領企業合同內部控制審計工作的開展，企業合同內部控制審計隨合同內部控制的流程先後在決策、執行和監督三個層面與戰略性社會責任協調統一，提高戰略性社會責任各個節點的環境適應性。企業戰略性社會責任管理包括四大階段——判斷階段、履行階段、考評階段和完善階段，依次對應四大流程——戰略制定、戰略執行、戰略考評和戰略優化。戰略制定依據企業發展階段以及戰略規劃匹配履行社會責任；戰略執行催生公司「內外聯動」，對內以創新價值鏈，對外積極參與外部競爭；戰略考評在企業經濟效益和社會效益兩方面進行；戰略優化發生在合同履行結束階段，以點面結合的方式，通過對合同內部控制整個流程相關的職能部門與關鍵控制點的執行結果反饋，進行調整升級並積極整改落實，結合戰略考評，帶動合同內部控制戰略層面的整體優化。合同內部控制審計以戰略性社會責任為導向、以合同風險管控為中心，從合同內部控制的三個流程節點以點帶面對整個合同內部控制機制及運行進行審計，是企業戰略性社會責任實施的制度保障與常規手

段。合同內部控制包括合同風險控制、合同執行控制和合同監督控制三個板塊，分別對應企業戰略性社會責任管理的四個階段，嵌套合同內部控制的風險控制與審計、執行控制與審計、監督控制與審計三個流程，形成系統有機的審計實施體系。戰略性社會責任管理的各階段以合同內部控制的各板塊為連接點，與合同內部控制審計的各流程緊密耦合，並且三者協調統一，產生關聯性、互動性和協同性。由於社會責任的外部性特徵明顯，在促進企業實現發展目標的同時，也有助於和諧社會發展目標的達成[134]。對合同內部控制管理相關的各部門、崗位以及人員作為審計對象執行審計程序，有助於將戰略性社會責任的實施從理念層面落實到實踐層面；同時，戰略性社會責任管理的引導性，豐富了合同內部控制審計的層次和維度，有助於強化企業管理水準，促進企業價值管理增值。

(2) 基於企業戰略性社會責任的合同內部控制審計的內容

戰略性社會責任管理與合同內部控制審計系統協同建立，前者在彌補合同內部控制審計高度缺失問題的同時，也解決了後者落腳於控制風險而非促進企業戰略實施的邏輯錯位問題。兩個系統協調實施，對合同管理風險進行有效控制，打破傳統合同內部控制審計的局限性，增強戰略性社會責任的指導性，增加戰略層次企業發展與社會責任履行在合同內部控制審計實施過程中的可操作性。在企業戰略性社會責任管理框架中，判斷、履行、考評和完善四個階段依次對應戰略制定、戰略執行、戰略考評和戰略優化。戰略制定連接合同風險控制，實施合同內部控制決策層審計；戰略執行連接合同執行控制，實施合同內部控制執行層審計；戰略考評與戰略優化二者整合連接合同監督控制，實施合同內部控制監督層審計。在科學的企業戰略引領下，融入社會責任管理，連接合同內部控制機制，並對整體流程實施審計，能促進公司發展戰略落地，加強社會責任履行，形成持續競爭力，促進企業價值增值。

①基於企業戰略性社會責任的合同內部控制決策審計

合同決策管理是合同內部控制的起點，從企業發展戰略和社會責任兩個層面出發，對合同決策的風險控制情況進行審計，是保障企業經濟活動良好運行的前提。在企業內構建戰略性社會責任導向的合同內部控制系統，並採取審計手段，在決策層根據企業各階段制定的戰略決策和社會責任履行目標，對合同內容與企業戰略性社會責任管理的契合度以及合同全流程運行對組織發展戰略的支持度進行審計，能促使企業積極承擔社會責任、贏得市場和聲譽實現長遠健康的發展。

在企業戰略結合風險導向審計的基礎下，具體從三個方面開展決策層審

計。審計內容包括：①合同內容條款的合理和有效性，經濟實質合乎相應法律法規情況，避免政治法律風險。依據相關法律法規審計合同主體、內容以及具體條款的合法合規性，並充分考慮本企業的財務和資源狀況與合同的戰略契合程度；②合同決策審批流程合乎公司章程規範，避免技術經濟風險。業務部門在承接合同決策時，往往存在為了實現企業經濟收益而「先斬後奏」的情況，這是嚴重違反合同內部控制合規性的情況。合同審計決策層重點關注合同審批的流程規範，包括送審、部門審核、法務審核、管理層審核和簽章備案等規範控制。③合同預計產生的結果應對公眾有益，避免社會環境風險。審計以量化結合質化的綜合審計手段，對企業合同的社會環境風險進行評估，判斷是否符合綠色發展戰略，並依據識別的風險和問題向上級主管部門提交反饋調整報告。傳統企業合同在決策階段主要關注財務風險控制，急功近利，給企業帶來不同程度的負面影響。例如，鹽城市標新化工有限公司的相關被告人因投放危險物質罪獲刑 11 年；在紫金山金銅礦污染案件中，違法企業被罰款 3,000 萬元。2014 年新版企業社會責任標準 SA8000 的發布，表明企業承擔社會責任是企業可持續發展戰略實施的現實要求。如果企業積極主動履行社會責任，不僅能夠提高企業的社會認可度、美譽度，還有助於實現企業的長期發展戰略目標[135]。因此，合同決策階段需融合戰略性社會責任履行，協調包括生態環境、社會公眾、利益相關者以及公司效益等多方關係，創建互利共生、合作共贏的綠色經營環境，否則可能在合同履行過程中出現重大挫折，使企業遭受經濟、聲譽等方面的損失。

②基於企業戰略性社會責任的合同內部控制執行審計

合理的合同執行控制機制設計是合同內部控制系統順利運行的保證，能夠推動企業戰略資源的有效配置和運用，促進戰略任務的執行，幫助實現戰略發展目標。在合同執行過程中，根據企業發展戰略，結合合同執行風險控制措施，利用綜合審計監督手段，從企業戰略執行情況，到合同執行管控效率效果以及社會責任融入情況實施鏈式審計控制。企業戰略執行管理通過合同執行控制對內連接企業合同歸口管理部門與各業務部門之間的內部價值鏈，對外連接上下游企業、政府、社會公眾等利益相關者之間的外部價值鏈，在積極參與外部競爭創造價值增值與創新的同時，兼顧平衡各方利益。

開展企業合同執行控制審計時，將社會責任控制自我評估（CSA）、內部審計（CIA）和外部審計（CPA）相結合，形成 C—SIP—A 綜合監督評價系統，建立層次化的合同內部控制審計全流程監控防線。首先以 CSA 作為合同內部控制審計工作的基礎，設計嵌入戰略性社會責任指標的合同執行控制目

標，結合自身所處的利益相關者組成的價值鏈，對企業的戰略性社會責任履行情況進行控制自我評估，防控社會責任風險。其次利用 CIA 的工作構築戰略性社會責任合同內部控制審計程序的風險預警系統、風險控制系統和風險分析系統，主要採用預防性控制、檢查性控制和糾正性控制等控制方法結合實施，對合同歸口部門以及相關法務、預算、採購、投資等業務部門的主要風險點進行全流程有效控制。審計執行時，對於正常合同，審查是否按正常執行機制程序執行。審計時與財務部門緊密合作，以合同履行過程中的資金控制為主線，對建立的合同履行執行情況臺帳，以及針對重大複雜事項，為進一步確定債權債務關係而進行的合同定期對帳情況進行對帳審計；對於異常合同，即在合同執行過程中由於未預見的突發情況而產生的合同變更、中止及解除等情況，以及執行過程中產生意外或困難導致合同糾紛情況，審計時審查合同歸口部門預設的異常合同回應機制是否能起作用，是否在與財務部門合作的情況下，尋求公司法務部門的支持，共同應對違約責任、經濟糾紛等情況。戰略性社會責任合同內部控制審計的執行，強調各部門之間工作的協調配合，以及信息的交流與溝通，要求企業利用大數據、「互聯網+」等技術手段建立以企業戰略性社會責任為導向、合同內部控制為中心的信息管理系統，促進合同內部控制相關各部門即時掌控合同進程情況，及時為合同執行過程提供信息支持；同時，審計利用該系統對合同內部控制執行與企業戰略性社會責任實施進行即時審計，能夠顯著提高審計的效率效果。最後對於一些專業要求較高的合同條款審計項目，比如工程造價的確定、工程進度的判斷等特定項目，可以合理利用 CPA 的專長，提高企業內合同內部控制審計的效率與效果。審計部門應根據合同履行進程安排事前、事中和事後審計，並結合合同執行中可能出現的風險點，實施合同關鍵控制點審計。

③基於企業戰略性社會責任的合同內部控制監督審計

在戰略考評階段，審計部門依靠集質量、健康、安全和環境四位一體的 QHSE 管理系統，開展 QHSE 審計。對企業社會責任履行情況以及安全和環境等方面進行不定期追蹤考評，從經濟效益和社會效益兩方面進行質量綜合考評，形成審計報告並向包括社會公眾在內的利益相關者披露，實施全面合同控制監督，防控公司運行風險和社會責任風險。審計監督層的第一類控制點是合同檔案管理職責，是戰略考評與優化的起點。良好的合同檔案管理為審計監督層與戰略考評優化提供支撐，企業應在內部控制層面充分重視合同及相關檔案的管理工作。2016 年 3 月，中國內審協會根據《中華人民共和國檔案法》和《內部審計基本準則》，頒發實施《第 2308 號內部審計具體準則——審計檔案

工作》。該準則對合同履行完畢並且完成歸檔後的實務工作進行規範性指導，旨在提高審計檔案質量，發揮審計檔案作用。對於合同內部控制審計在審計監督層面第二類控制點中的資金流向控制，重點審計業務部門、財務部門付款流程的合規性。對於審計監督層面第二類控制點中的合同考核，通過對合同績效考核和合同履行考核兩個維度進行量化和質化考評。企業戰略性社會責任合同內部控制審計的各類交易和事項目標中，對企業戰略性社會責任履行程度的考評必須與績效掛鉤。以戰略考評為出發點借助平衡計分卡建立起合同績效考核體系，將合同履行各階段任務轉化為多樣化並相互聯繫的考察目標，對合同履行質量進行考核。具體可以在四個關鍵方面進行考核，包括財務目標、顧客與社會責任目標、內部管理目標以及學習與創新目標。考核同時將非財務信息納入評價體系，並給予較高的權重。

在戰略優化階段，審計監督層在考評的基礎上，依靠責任追究制度加強監督與懲罰整改力度，針對合同履行效果，總結經驗教訓，達到不斷優化的目的。對於審計監督層面第二類控制點中的責任追究制度，國務院辦公廳於2016年8月發布了《關於建立國有企業違規經營投資責任追究制度的意見》，規範了購銷管理、工程承包建設等十個方面的責任追究範圍。企業責任追究制度規範化-流程化建設是大勢所趨，企業經營管理人員應主動瞭解學習該制度，並積極在本單位建立健全責任追究制度，規避經營管理風險，提高企業管理水準。同樣，審計人員在責任追究制度基礎上通過檢查、調查和分析等工作獲取充分適當的審計證據，並在此基礎上評價合同履行過程是否實行合同管理第一責任人制度，是否有合同歸口管理部門統一管理合同，是否執行簽訂合同授權委託制度等，並將合同履行完畢後社會責任的履行和企業各層次戰略實施情況等納入考評系統，進行綜合考評並形成報告歸檔，這有助於企業戰略優化與合同內部管理的完善。同時，依靠形成的審計報告建立起信息反饋機制，調整和優化合同內部控制以及企業戰略性社會責任管理，通過公開披露的報告加強監督力度，在發現問題與缺陷的同時，有利於搜集採納外部機構和部門對企業戰略性社會責任合同內部控制系統設計與實施的意見與建議，幫助決策層不斷優化企業機制、制度與文化環境以及促進企業戰略性社會責任合同內部控制的有效實施。

5.4.4 小結

企業戰略性社會責任管理的本質是企業綜合價值管理。合同內部控制審計框架針對企業合同風險進行管控，兩者密切互動、協同共生。合同內部控制審

計回應多方面風險管控（政治法律、技術經濟、社會環境），重點關注合同管理各關鍵節點的機制設計與運行等方面。企業戰略性社會責任圍繞社會責任管理來引導企業戰略決策，將合同內部控制審計納入企業戰略性社會責任管理框架，拔高了審計的高度，擴寬了審計的職能，運用審計手段，借助績效管理評價體系，評價、控制與監督企業戰略性社會責任履行情況，有效管控合同管理風險，實現企業價值的管理增值。這是人本經濟時代促進企業可持續健康發展目標的必經之路[136]。本研究基於企業戰略管理的判斷、履行、考評和完善四個階段，通過戰略制定、執行、考評和優化四個層次的內在邏輯，分別嵌套對應合同內部控制決策層、執行層和監督層的風險點控制，將審計三個核心層次對應合同風險控制、執行控制和監督控制。為應對多元化、激烈化的新型競爭形勢，為企業建立基於新型戰略性社會責任管理的合同內部控制審計體系提供理論依據和路徑選擇參考。國家相關法律與政策的發布為促進企業建立規範的合同內部控制審計機構、強化合同內部審計功能提供了制度保障，能夠促進企業內部審計機構職能全面規範化建設、降低社會責任風險和保證企業戰略實施效力。同時，為加強合同內部審計人員的職業化建設，必須培養和引進具備合同管理、法務、內控與審計多方面專業素養的綜合性管理人才，保障合同內部審計工作的效力。

在合同內部控制審計中過度強調社會責任嵌入企業發展戰略，勢必侵蝕企業利潤，影響企業經營效果和目標的實現。因此，明確合同內部控制審計框架中所嵌入的戰略性社會責任的廣度和深度，可以使企業在實際經營的各階段履行社會責任時更具針對性和實用性。未來研究可以結合企業生命週期理論深入探討戰略性社會責任在合同內部控制審計中嵌入度的邊界問題，進一步增強戰略性社會責任的落地性和實操性。後續研究還可以將互聯網、大數據、人工智能的技術思維和方法融入合同內部控制審計框架，建立合同內部控制各關鍵流程的「聯網」控制，實現即時分析更新，保證合同內部控制審計各控制節點的效率與效果，從而精準高效控制合同流程風險，以企業戰略為導向、與社會責任履行結合加強其落地成效，促進企業價值增值管理，為企業健康永續發展保駕護航。

5.5　企業社會責任稅務內部控制構建

自 2016 年 5 月 1 日起，房地產業、建築施工業、金融保險業、生活服務業在全國範圍內進行全面營業稅改徵增值稅的試點，營業稅完成歷史使命。在

國內，「營改增」屬於熱點話題，學者們研究「營改增」的主要關注點在於「營改增」後企業增值稅稅負是否下降，但是對於「營改增」後企業面臨的稅務內部控制問題與對策的研究則相對較少。繆桂英和黃林華認為「營改增」使企業稅務內部控制產生了重要的管控變化[137]。「營改增」給企業的內部控制帶來了新的契機與挑戰，原來營業稅時代下的內部控制已經不能適應「營改增」後企業內部控制的變化。因此，本研究在「營改增」後稅務內部控制的基礎上，轉換研究視角，把企業社會責任與稅務內部控制相結合進行研究。「營改增」屬於近幾年研究的熱點，而「營改增」後企業面臨的稅務內部控制則更加重要。本研究基於社會責任視角進行研究，更具戰略的高度性、理論的創新性，並基於 COSO 內部控制五要素（控制環境、風險評估、控制活動、信息與溝通、監督活動）提出解決稅務內部控制方面存在的問題。

5.5.1 企業社會責任與稅務內部控制的關係

企業社會責任與稅收密切相關。稅收屬於公共產品，企業繳納稅款維護了社會公共利益，分擔了政府職能。企業依法納稅需要健全的稅務內部控制，社會責任與稅務內部控制又密切相關，因此，社會責任、稅收、稅務內部控制這三者的關係緊密相連。朱錦程（2005）認為，政府、企業和社會這三方對企業社會責任的負擔顯得格外重要[138]。Carroll 認為，公眾對企業社會責任藍圖的描繪是由社會對組織所寄托的經濟、法律、倫理和自由決定的[139]。在此基礎上，黃董良、方婧（2008）認為，企業依法繳納的各種稅款在經濟責任和法律責任方面都有顯著的體現[140]。稅收屬於公共產品，提供公共產品屬於政府的經濟職能之一，具有受益主體的不確定性。公共產品的實現最終要以稅款為財力保障，企業依法納稅分擔著政府的部分經濟職能。因此，社會責任的拓展涉及企業、社會、政府三方的力量，企業依法納稅是社會責任上升到經濟、法律、道德層面的宏觀體現。

對於企業社會責任和稅務內部控制的整合研究比較匱乏。目前涉及稅務與社會責任的研究主要有兩個角度：一是社會責任與企業所得稅視角。國家從稅法層面給予優惠政策，鼓勵企業積極承擔社會責任，體現了稅法對社會責任的調節作用。二是社會責任與企業避稅行為視角。從該角度進行研究具有一定的局限性。因此在借鑑前人社會責任與內部控制的研究基礎上，把企業社會責任與稅務內部控制相結合，發揮兩者之間的協調作用，研究視角獨闢蹊徑，具有較高的研究價值。社會責任與稅務內部控制的協同關係一脈相承。王海兵等認為承擔恰當的社會責任是企業降低法律風險、提高聲譽、促進自身可持續發展

的重要手段：①社會責任同樣被嵌入稅務內部控制的過程，依法納稅充分體現了企業在積極履行社會責任。②企業稅務內部控制的完善在一定程度上會降低企業社會責任風險發生的概率，熟悉掌握相關法律法規、避免偷稅漏稅行為、加強稅務內部控制、依法履行納稅義務有助於企業樹立良好的社會形象。根據國家稅務總局公告 2016 年第 63 號[141]的規定，國家稅務總局會不定期公示違規開具機動車銷售統一發票的機動車企業名單。該公告說明企業違反稅法的社會道德風險在加強。③有效的稅務內部控制有助於保障企業、個人和國家相關者的權益。首先，企業的管理者如果未能充分掌握和運用稅法政策，會給企業帶來多繳納稅款的涉稅風險，如果企業存在偷稅漏稅行為，則會給國家帶來財政收入損失。其次，繳納個人所得稅是企業員工、管理層、股東應盡的義務。最後，企業與供應商、客戶上下游企業之間進行交易時在價格方面會對增值稅稅款的承擔進行相互博弈。

5.5.2 「營改增」後中國企業稅務內部控制存在的問題分析

稅務內部控制屬於內部控制的重要組成部分，同樣適用於 COSO 內部控制五要素的應用。「營改增」後，企業面臨更多的挑戰，在稅務內部控制方面會存在著一定的問題。基於 COSO 內部控制要素，本研究從以下五大方面探討「營改增」後企業面臨的稅務內部控制的關鍵問題：在進項稅額發票抵扣方面存在著可抵扣的範圍認識不清的問題；在財務成本管理方面面臨著降低企業相關成本的問題；在業務流程層面要解決正確區分混合銷售與兼營業務的問題；在合同簽訂方面存在確定涉稅條款的問題；在財務人員納稅遵從度方面存在著納稅遵從度不高的問題。

（1）對增值稅專用發票進項稅額抵扣範圍認識不清

增值稅專用發票的可抵扣範圍存在認識不清。確定增值稅專用發票的抵扣範圍非常關鍵，尤其要注意進項稅額不得抵扣的情況。2016 年全面「營改增」後，相比全面「營改增」之前增加了部分進項稅額不得抵扣的情形：①相比全面「營改增」之前增值稅進項稅額不得抵扣的情形，主要的變化是取消了非增值稅應稅項目，而上述項目都已經全面完成了「營改增」，因此不存在非增值稅應稅項目。應稅服務改為服務，增加了無形資產和不動產。②增加了非正常損失的不動產。如果把貨物和服務用於不動產、在建工程，則貨物和服務的增值稅進項稅額不得抵扣。③部分現代服務業全面完成「營改增」，其中旅客運輸、貸款、餐飲、居民日常和娛樂服務是全面「營改增」後納入的服務。這 5 項服務增值稅的進項稅額不得抵扣。如果財務人員對該政策不充分學習、

區分和運用,則不利於財會工作的順利開展。

(2) 成本控制管理水準有待提高

企業成本控制會相應受到「營改增」的影響。成本控制是企業一項重要的控制活動。在營業稅時代,產品的銷售價格為價內稅;但是在增值稅時代,產品的銷售價格為價外稅,在確認企業銷售收入的金額時,需要把含稅的銷售價格換算成不含稅的銷售價格,這樣企業的收入有所降低。此外,如果企業抵扣的增值稅進項稅額較少或者無法取得增值稅專用發票,則無法抵扣的增值稅進項稅額要計入成本。在價格不變的情況下,企業的整體利潤降低。以房地產企業為例。在營業稅時代下,假設銷售額為100萬元,但在增值稅時代銷售額需要換算成不含稅的銷售額。一般納稅人稅率為11%,銷售額為99.09萬元,銷售收入肯定是下降的。一方面,能否取得可抵扣的增值稅專用發票成為企業降低成本、提高利潤的關鍵。如果無法取得增值稅專用發票,則這部分成本對應的增值稅進項稅額就要計入開發成本。成本上升,在銷售價格保持不變的情況下企業利潤就會下降。另一方面,如果無法取得增值稅專用發票對進項稅額進行認證抵扣,那麼企業管理者加強對成本的管理和控制變得尤為重要。

(3) 混合銷售與兼營業務相互混淆

混合銷售與兼營業務相互混淆是風險評估工作不到位、未意識到稅務風險導致的。「營改增」後全部繳納增值稅,不存在繳納稅種分歧的問題。「營改增」會使企業的經營業務產生相應的變化和調整,因此對企業經營業務進行分析是企業進行風險評估的重要環節。混合銷售是很多企業在經營過程當中會遇到的業務,在一項銷售行為中,貨物和服務同時存在為混合銷售[142]。例如,商場賣空調的同時又親自負責安裝,這屬於典型的混合銷售。銷售空調與安裝空調這兩項行為之間具有從屬性,銷售空調是商場的主業,那麼安裝空調這項業務的收入按照混合銷售的要求並入主業繳納增值稅,這樣商場的稅負會上升。而兼營業務是指銷售行為不是同一項,銷售行為包括銷售貨物、加工修理修配勞務、銷售服務。關鍵在於這些行為之間沒有從屬性,應當分別適用不同稅率或者徵收率進行核算。未分別核算的,從高適用稅率。例如汽車4S店在銷售汽車的同時提供汽車保養服務,銷售汽車與提供汽車保養服務之間沒有從屬性,因此銷售汽車按照17%的稅率繳納增值稅,提供汽車保養服務按照6%的稅率繳納增值稅。如果未分別核算,則全部按照17%的稅率繳納增值稅。

(4) 合同簽訂沒有明確涉稅條款

「營改增」會對企業合同的簽訂產生重大的影響,而企業簽訂合同時對關鍵點的有效控制會對企業的風險管理產生積極的作用。這也是企業與第三方加

強信息與溝通的過程,同時也是一項重要的合同涉稅風險控制活動。合同簽訂時應注意關注涉稅條款的以下問題:①簽訂合同時應明確對方的納稅資格。增值稅一般納稅人購進貨物、服務、無形資產、不動產的進項稅額符合規定可以憑票抵扣;小規模納稅人計稅採用徵收率核算,不存在增值稅進項稅額抵扣的問題,即使是取得了增值稅專用發票也不得抵扣。因此,如果對方是增值稅一般納稅人,銷售方銷售貨物就可以給對方開具增值稅專用發票;如果對方是小規模納稅人,則不應該開具專用發票,因為購貨方拿到增值稅專用發票不進行抵扣會產生滯留發票的風險,這樣也會給購貨方小規模納稅人處理滯留發票帶來麻煩,更嚴重的則會產生偷漏稅的嫌疑。②簽訂合同時,要盡量避免產生納稅義務的涉稅條款。例如,根據國稅發〔2004〕136號文件規定,若違約金的金額計算與銷售有聯繫的,則增值稅進項稅額必須轉出。如果簽訂合同時出現了違約金跟銷售額掛勾的條款,會產生相應的涉稅風險,產生了繳納增值稅的義務。③部分兩項業務很類似,但兩項業務所對應的增值稅稅率卻存在差異,比如倉儲和出租不動產業務看似相似,但是倉儲業務一般納稅人的稅率為6%,而出租不動產業務的稅率卻為11%。

(5) 財務人員稅務業務素質有待提高

內部控制的五要素之一是控制環境,控制環境是企業實施內部控制的基調,而財務人員業務素質直接影響其稅務控制意識。財務人員的稅收遵從度有待提高,稅收遵從度是指納稅人受主觀心理態度的支配所表現出來的稅收遵從程度,虛開發票、偷稅漏稅屬於違反稅法的行為,是法律不予支持的,企業進行偷稅漏稅降低了對稅法的遵從度,也是企業缺乏稅務意識的體現。金稅三期是中國稅收管理信息系統工程的總稱,主要的功能是統一全國國稅、地稅的徵管系統。金稅三期擁有強大的大數據評估與雲計算能力,等於給企業安上了「監控」,企業做任何事項均會留下記錄。金稅三期實現數據統一共享,所有數據類別必須輸入,勾稽關係自動比對,開票的收入、成本、費用數據一目了然,可以說一個環節出錯,整個鏈條都會被查。

5.5.3 「營改增」後完善企業社會責任稅務內部控制的對策

為了積極應對全面「營改增」帶來的企業稅務內部控制問題,本研究提出了以下五大改進對策:加強進項稅額發票抵扣管理,明確不得抵扣的範圍;重新梳理企業的業務流程,準確判斷兼營與混合銷售業務;減少不能抵扣的進項稅額進成本,提高企業利潤;加強合同稅務控制,降低合同涉稅條款風險;重視人力資源內部控制,提高財務人員業務素質。

（1）加強進項稅額抵扣管理，明確不得抵扣的範圍

對進項稅額進行管理是企業正確計算增值稅應納稅額的重要步驟，同時也是企業加強稅務控制的關鍵環節。實行「營改增」以後，由於實行的是憑增值稅專用發票抵扣進項稅的制度，不能取得或取得虛假的抵扣憑證將直接導致企業稅款損失，因此，這項試點可以倒逼相關企業強化內部管控，規範供應環節，嚴格審核管理，規範定價機制，重新選定供應商[143]。因此，本研究建議從以下兩個方面加強進行稅額發票抵扣的措施：①明確增值稅進項稅額抵扣的範圍，掌握增值稅進項稅額不得抵扣的範圍。增值稅的進項稅額只要是真實合法取得的專用發票並且用於可以抵扣的範圍都可以憑票抵扣。2016年5月1日以後進項稅額不得抵扣的範圍增多，納入增值稅進項稅額可以抵扣的範圍也隨之增多。這裡需要財務人員的職業判斷，因此要強化財稅人員對稅法的理解和學習，加強對增值稅專用發票認證抵扣的管理，要對符合認證抵扣條件的進項稅額發票及時進行認證抵扣。如果已經認證抵扣後發現不符合抵扣的條件，則要及時做進項稅額轉出，避免出現涉稅風險。②選擇供應商時，要盡量選擇具備一般納稅人資格的供應商，從一般納稅人那裡可以取得增值稅專用發票，企業取得一般納稅人開具的專票可以進行抵扣。

（2）重新梳理企業的業務流程，準確判斷兼營與混合銷售業務

積極主動進行風險識別，主動適應政策的變化。針對上述商場混合銷售問題，商場一般把安裝空調的業務分包給安裝公司。在「營改增」之前，商場開票只開具銷售空調的發票，而安裝屬於營業稅的納稅範圍。「營改增」後，商場仍然需要把安裝空調的業務分包給安裝公司，因為雖然「營改增」後安裝業務的稅率為11%，但是銷售空調的稅率仍然是17%；如果按照混合銷售徵稅，商場需要多繳納6%的稅點，商場的稅負仍然會提高，就需要把混合銷售行為轉化成兼營行為。轉化成兼營行為後，商場銷售空調和安裝空調業務分開核算，適用不同的稅率，這樣商場銷售空調的稅負不會很高。對於小規模納稅人來說，全面「營改增」前徵收率為3%，但是全面「營改增」後有了5%的徵收率，因此，涉及3%的徵收率與5%的徵收率的業務要分開簽訂合同，避免從高計稅。

（3）減少不能抵扣的進項稅額進成本，提高企業利潤

企業的利潤總額主要取決於收入、成本、稅金。「營改增」後營業收入有所下降，法人企業是以營利為目的的組織，企業為了獲得產品的競爭優勢又不能通過提價的方式提高利潤，產品的價格受市場的競爭影響非常大，而企業籌劃稅金的空間範圍有限，在收入和稅金都無法發生較大變化的情況下，法人企

業為了獲取利潤，有以下兩個方面的措施：一是增加成本費用中可以抵扣的進項稅額，二是對成本進行控制。以房地產企業為例：①房地產企業要取得增值稅專用發票，梳理成本費用採購業務，確定可抵扣範圍。可抵扣進項稅額範圍需要財務人員和業務人員共同協作確定，盡量從一般納稅人取得增值稅專用發票，否則進項稅額無法抵扣的部分要計入成本，最終導致企業的利潤下降。②對於進行稅額不能抵扣的部分，只有通過降低相關產業的生產成本來提高企業的利潤，房地產開發企業就要合理降低開發成本、開發費用等。

(4) 加強合同稅務控制，降低合同涉稅條款風險

加強與第三方的信息溝通。簽訂合同時的涉稅條款至關重要。①企業負責人與對方當事人簽訂合同時，要仔細問清楚對方納稅資格是一般納稅人還是小規模納稅人。如果對方是一般納稅人，則可以憑取得增值稅專用發票抵扣。要詢問清楚對方購買貨物的真實意圖，比如對方購買的貨物是作為福利發放給員工，即使購貨方取得了專用發票進行了認證抵扣，也應當作進項稅額轉出。稅法規定上述進項稅額不得抵扣，因此，銷售方在給購貨方開具發票時應該開具增值稅普通發票，這樣一方面對方取得普通發票後難以形成滯留發票，另一方面防止購貨方拿到增值稅專用發票後不認證抵扣，不確認該進項稅額涉及的銷項稅額，最終導致的偷稅漏稅現象。②對於合同當中違約金條款的簽訂，為了節約稅金，不能出現違約金跟銷售額掛鉤的條款。例如，A 公司向 B 公司採購貨物，B 公司違約無法交貨，假設 B 公司應按此次銷售額的一定比例向 A 公司支付違約金。這樣按照國稅發〔2004〕136 號文件規定，銷售額與違約金掛鉤，屬於平銷返利，A 公司應衝減當期增值稅進項稅額，記入「應交稅費——應交增值稅（進項稅額轉出）」科目。若雙方簽訂合同時雙方約定銷售方 B 支付的違約金與商品銷售無關，則 A 公司增值稅不用做進項稅額轉出。因此，採購方在簽訂採購合同時，應約定違約金跟銷售額不掛鉤，這樣可以節省部分增值稅稅款。③簽訂合同時，針對兩項相似的業務，要找出兩者業務的關鍵區別，準確判斷業務的類型，簽訂適用的增值稅稅率，防止企業多繳納增值稅。比如上述倉儲和出租不動產業務，關鍵是看對方是否負有保管責任，而分別適用6%和11%的增值稅稅率。

(5) 優化人力資源內部控制，提高財務人員業務素質

優化內部控制環境，提高財務人員的納稅遵從度，屬於企業加強稅務內部控制的重要環節，有利於降低企業的稅務風險。首先企業的高級管理人員要具備納稅意識，為企業加強稅務內部控制奠定一個良好的基礎，並加強有效的監督。稅務方面存在的重大風險通常來源於薄弱的控制環境，因此高級管理人員

要重視控制環境的健全。其次財務人員要把納稅義務執行到位。通過偷稅漏稅等違反稅收法律的行為來降低企業的稅負是低級的、存在重大風險的行為。在金稅三期的大環境下，企業更加要注意涉稅風險，定期進行財務指標的檢查，避免異常指標的出現。部分納稅人不再被動地接受傳統「納稅義務人」的身分定位，而是積極行使納稅籌劃權，主動瞭解稅法條文，優化生產經營管理，合理尋求稅負最低化[144]。因此，企業財務人員要充分利用相關稅收政策，進行切實可行的稅收籌劃，運用高級的籌劃方案為企業降低稅負。

5.5.4 小結

本研究基於社會責任視角提出：企業要加強進項稅額抵扣管理，明確不得抵扣的範圍，重新梳理企業的業務流程，準確判斷兼營與混合銷售業務，減少不能抵扣的進項稅額進成本，提高企業利潤，加強合同稅務控制，降低合同涉稅條款風險，優化人力資源內部控制，提高財務人員業務素質。加強企業稅務內部控制是企業積極應對「營改增」政策的體現，符合「營改增」時代的要求，有利於完善企業業務的稅務內部控制，促進企業健康發展。本研究所論述的五大方面無法面面俱到，存在相應的局限性。本研究以企業社會責任為切入點進行規範研究，沒有採用實證研究方法展開研究企業社會責任與稅務內部控制的關係，因此今後的研究方向是採用實證研究方法研究企業社會責任與稅務內部控制的關係。

5.6 社會責任導向的企業 QHSE 管理信息系統

5.6.1 建立社會責任導向的企業 QHSE 管理信息系統的意義

互聯網的快速發展，引領我們進入了信息爆炸時代。企業為了適應市場、促進自身發展，必須加強信息化建設。為此，企業通過構建管理信息系統加快業務流程重組、優化組織內部結構、提高企業管理效率，鞏固和改善在社會中的競爭地位。然而，近年來企業在質量、安全、環境、職業健康等方面事故頻發，其中不乏一些信息化建設能力較強的大企業。為何搭了信息技術的便車某些企業反而更快地進入衰亡期呢？究其原因，是企業發展戰略的不適應和管理體系的不健全。信息化技術只能加快企業發展進程，並不能從本質上改變企業的存亡。因此，企業需要擁有正確的發展戰略和健全的管理體系，從本質上扭轉企業發展困局，並依託信息技術，讓正確的發展理念和科學的經營管理方法

扎根企業內部，讓管理體系更好地在企業中得到實施和運用，才能最終引領企業健康可持續發展。

事故的發生會降低人們對企業的信任度，阻礙企業的健康穩定發展。此類事件的發生不僅是因為相關部門和制度的缺位，最根本的原因是企業奉行以利為本的原則[145]。以破壞生態環境、員工權益、消費者權益等為代價進行物本利益最大化，會導致企業投資者、管理層及其他利益相關者之間關係緊張，最終會拖垮企業。企業是以盈利為目的的，但僅僅將物本利益最大化作為戰略目標是不能保證企業健康持續發展的。習近平總書記在網絡安全和信息化工作座談會上強調「只有積極承擔社會責任的企業才是最有競爭力和生命力的企業」。國務院扶貧辦巡視員曲天軍在「2016 中國社會責任公益盛典暨第九屆企業社會責任峰會」上也表示「社會責任是企業發展的基石，是企業安身立命的根本」。因此，為了更好地融入社會和保證企業可持續發展，企業應將社會責任植入發展戰略目標，把社會責任的思想、理念、方法和技術融入企業生產經營的各個環節，加快形成企業與社會的共生共榮關係，提升企業的可持續發展能力。

企業管理體系是企業組織制度和企業管理制度的總稱，企業日常營運通過管理體系進行調控。QHSE 管理體系屬於企業管理體系的子系統，是指在質量、健康、安全和環境方面指揮和控制組織的管理體系。它的理念是以人為本，注重企業社會責任，強調企業可持續發展，重視企業風險[146]。但 QHSE 管理體系內容龐雜，存在「一事（情）多標（準）」等問題，導致職能劃分不清；加之實施過程繁瑣，傳統的信息溝通方式會造成體系融合不到位、知識培訓跟不上等問題[147]。因此，有必要將社會責任嵌入企業發展戰略，對 QHSE 管理體系文件進行整合更新，使質量、健康、安全和環境（4 個方面）的管理手冊、程序文件和作業文件（3 個層次）整齊劃一，並應用管理信息系統自上而下結構，將其延伸至企業各個管理部門和崗位，促使企業全員貫徹社會責任戰略目標。讓企業既有社會責任的溫度、戰略管理的高度，更有信息技術的速度，增強信息在企業的內部、企業與外部的有效溝通，促進企業健康可持續發展。

5.6.2 發展現狀與文獻回顧

企業社會責任理論研究最早源於美國 20 世紀 30 年代的經濟危機。被譽為企業社會責任之父的 Howard R. Bowen 在 1953 年發表了《商人的社會責任》，開啟了企業社會責任的現代研究[148]。中國對社會責任的系統研究始於改革開

放，形式主要分為實證研究和規範研究，早期著重研究企業社會責任相關概念，旨在探索企業履行社會責任的動機，界定企業的社會責任範圍。李炳毅等否定一元的企業社會責任論，認為企業應主動承擔多元社會責任[150]；雍蘭利與劉誠分別從企業角色定位和利益相關者進行企業社會責任界定[151][152]。但早期學者普遍認為社會責任履行的最終目的是實現企業利益最大化，因此關於動機與影響的研究面較為狹窄。其後，學者們將研究視角進行擴展，分別將企業社會責任作為自變量和因變量進行實證檢驗。王海兵、韓彬的研究表明，企業社會責任、內部控制質量與企業可持續發展水準顯著正相關，同時企業社會責任和內部控制質量的良性互動對企業可持續發展產生協同效應；部分學者認為政策和制度的頒布可以促進企業對社會責任的履行[153-155]；有的學者則認為企業治理結構和內部控制也會影響履行企業社會責任[156]。多角度的研究豐富了企業社會責任理論，並推進了實務發展，促使相關制度和法規完善。《企業內部控制應用指引第4號——社會責任》明確指出企業在經營過程中要履行的社會責任和義務包括安全生產、產品質量、環境保護等。《中華人民共和國食品安全法》於第十二屆全國人民代表大會常務委員會第十四次會議修訂，自2015年10月1日實施。此法被譽為「史上最嚴」的食品安全法。黨的十八屆五中全會首次提出「創新、協調、綠色、開放、共享」五大發展理念，將企業社會責任提升到國家發展的戰略高度。但是，企業履行社會責任的激勵和約束機制尚不健全，社會責任問題仍然層出不窮，社會責任不能落地致使其無法全面融入企業管理和業務流程。

在中國QHSE管理體系最早運用於石油行業，是一個針對消費者、員工、企業、環境等多方面的綜合管理體系。隨著行業標準的推行，QHSE管理體系逐漸被其他行業認識並應用，成為提高企業管理水準的一種有效手段。QHSE管理體系源於ISO實施的全球管理標準，早期多用於工程項目領域，其「一體化」管理體系對工程項目整個過程具有重要意義[157]。隨著信息技術的發展，Etkind J等提出將數據存儲在Web服務器，進行網絡化QHSE管理[158]，並將信息化的QHSE用於具體某個項目領域。Dos Santos J將QHSE引入工程管理以實現建築物的回收利用[159]。QHSE引入中國時間較短，近幾年的相關研究主要包括交叉理論研究和具體實施研究。交叉理論研究主要指QHSE結合其他理論進行研究，如內部審計理論[160]等；具體實施研究將QHSE運用到某個企業或行業，如食品行業[161]。但縱觀歷年研究成果，中國從企業社會責任角度對QHSE管理體系進行研究不多見，且關於信息化的研究更少。雖然通過整合體系內容建立一體化QHSE管理體系，在很大程度上能夠解決體系在運行中出現

的不協調、「兩張皮」現象以及資源配置不合理等問題[162][163]，但體系整合思路只是單一的「1+1」模式，缺乏理論基準，致使 QHSE 難以做到真正的一體化。此外，還缺少關於管理體系與人員融合具體方法的研究。QHSE 管理體系在企業中的落地應用依然任重道遠。

綜上所述，履行社會責任是企業獲得可持續發展的主要動力，社會責任管理體系是落實這一目標的重要保障。內部控制和社會責任具有協同效應，將社會責任嵌入企業內部控制架構，對於促進企業履行社會責任、優化內部控制建設具有重要意義。現階段，企業社會責任方面的法律法規、政策制度和長效機制尚不健全，QHSE 管理體系整合的理論基準及與人員融合路徑還比較缺乏，使 QHSE 管理體系難以被石油石化行業之外的其他行業廣泛應用。要以社會責任為導向，以信息化為平臺，按照共性兼容、個性互補的原則對 QHSE 管理體系的 4 個方面、3 個層次的文件進行整合，通過「合、訂、補」，對相似內容進行綜合，保持口徑、風格一致；對不同體系條款相同但執行標準尺度不一致之處進行嚴格修訂；可以通過借鑑個性化要素，對體系進行修補完善。文件整合過程中一定要以企業社會責任為基準，對一些內容的取捨選擇要踐行人本發展理念，做到社會責任在前物本利益靠後，讓社會責任全面高效地融入企業日常營運，達到控制社會責任風險的目的。同時，通過構建和實施 QHSE 管理信息系統，將信息流、價值流、物流、人力流、權力流、責任流等進行整合、集成、分析和利用，促使一體化和自動化的管理體系與人員融合，促進 QHSE 管理體系真正在企業中運行。

5.6.3 構建社會責任導向的企業 QHSE 管理信息系統的必要性

QHSE 管理體系和 QHSE 管理信息系統（Quality Health Safety and Environment Management Information System，QHSE-MIS）是整體和部分的關係，前者側重於制度管控，後者側重於信息管控。QHSE 管理信息系統是管理信息系統（Management Information System，MIS）與 QHSE 管理體系的結合。在內部控制框架下，信息與溝通是中樞環節，因此，QHSE 管理信息系統對於實現 QHSE 管理體系的功能至關重要。構建社會責任導向的企業 QHSE 管理信息系統具有以下優點。

（1）促進文件與人員融合，提高全員執行力

傳統的 QHSE 管理體系是以紙質文件為依據，作業人員據此進行操作，審核人員根據操作結果進行考核分析再反饋給管理層，管理層根據反饋結果進行修訂。由於管理體系內容複雜、業務流程繁多、涉及人員數量較大，人工信息

傳遞過於緩慢，導致各個進程實施遲緩進而降低了管理效率。建立QHSE管理信息系統能夠提升信息傳遞效率，優化業務流程，實現信息共享和信息的有效利用，提高企業經濟效益和市場競爭力。實施QHSE管理體系的一項重要原則是全員參與。文件整合規範了基礎資料，使體系實施有了基本依據。而文件與人員融合才是關鍵，因為人員是實施體系的決定性因素。管理體系的實施是以文件為載體進行下發和執行，利用信息系統自上而下的特點進行傳遞可以減少人工形式下信息傳遞失真的可能性，從而提高管理體系在企業中的運行效率。因此，QHSE管理信息系統能夠提升信息傳遞速度、降低信息失真和文件執行難的風險。高質量的文件信息經過高速度的傳輸渠道傳遞至各個層次，並以信息系統為平臺，增強橫向、縱向、內部、外部的信息溝通，內通外聯，從而提升人員執行力，減少人為因素導致的執行偏差。

（2）實現全面控制和精細化管理，降低企業風險

QHSE管理體系以控制企業社會責任風險為目標，以工藝流程技術為核心，形成事前計劃、事中控制、事後檢查糾正的「螺旋上升」式的全面精細化管理。在傳統管理體系中，信息傳遞慢、資源配置不合理、經營運作不透明，實現全面控制和精細化管理是「紙上談兵」，而信息系統的建立是解決此類問題的有效措施，可以從信息維度和溝通維度來提升管理績效。數據是信息系統的核心，也是橋樑，是企業寶貴的智慧資產。業務發生和處理過程可通過信息化平臺轉換為數據，例如錄入質量指標以及記錄檢驗結果。通過數據管控可以達到對企業業務和過程的管控。此外，將相關指標載入信息系統，可以規範企業業務，為企業社會責任大數據的採集和分析奠定基礎。QHSE管理信息系統能夠對特定社會責任業務或事項進行持續追蹤和監控，實現企業社會責任的全面控制和精細化管理，從而為社會責任績效考評和社會責任流程優化提供決策依據。同時，根據反饋結果實施的QHSE管理信息系統修正和升級能夠提高後續類似社會責任事務的處理效率，有效控制社會責任風險，並降低信息傳遞不對稱帶來的風險。

（3）實施數據挖掘，促進企業價值增長

信息系統的建立可以增加企業價值。價值主要包含直接價值和潛在價值。直接價值是指通過建立信息系統提高業務流程處理效率，降低企業成本，促進企業價值增長，是企業引入信息化技術的重要參考指標。例如，信息系統可以進行無紙化數據傳遞，減少辦公耗材投入；通過信息平臺進行信息交互，降低會議成本；信息系統自動化運轉，無須耗費過多人力，從而降低人工成本。信息系統的潛在價值是指除了直接價值外的其他價值，主要從大數據提供的決策

支持中獲得。隨著社會發展，信息技術突飛猛進、大數據時代來臨，如何處理海量數據以及在眾多數據中挖掘出有價值的信息成了企業發展的掣肘。企業越來越關注信息化技術帶來的潛在價值，因為潛在價值為企業帶來的利益遠遠大於直接價值。於是，數據挖掘（Data Mining，DM）也稱為數據開採，受到眾多企業的青睞。決策者通過數據挖掘算法，尋找數據間潛在的關聯，發現被忽略的因素，而這些因素往往對預測趨勢和進行決策至關重要。QHSE 管理信息系統數據層加入數據挖掘算法模塊，決策者可通過挖掘 QHSE 管理信息系統中的數據，分析具有價值的信息，並據此做出投資決策，進而實現企業價值增值。

5.6.4　社會責任導向的企業 QHSE 管理信息系統構建

QHSE 管理信息系統是以體系內容為基礎、以營運過程為對象、以現代通信技術設備為工具，為管理決策者提供信息服務的人機系統。構建管理信息系統的關鍵步驟是系統分析和設計。系統分析是系統設計的前提，而系統設計又是系統實施的基礎。

（1）社會責任導向的企業 QHSE 管理信息系統需求分析

從功能需求以及性能需求兩方面來分析系統的總體需求。需求分析是系統開發的重要基礎，是開發高質量系統的前提條件。在需求分析階段可以明確系統具體能做什麼以及如何實現，因此需求分析的結果嚴重影響系統開發工作的好壞。在需求分析階段如果發生錯誤或者定位不準確，會給後續的開發工作帶來很多麻煩，而且難以更正。因此，有必要落實好需求分析階段的內容。

系統必須設定所要實現的功能。實施 QHSE 管理信息系統主要目的是控制社會責任風險，預防 QHSE 事故的發生，一旦發生事故要及時處理，觸發危機管理應急預案。該系統的功能主要包括：權限管理和維護、帳戶的登錄和退出、體系文件管理、計劃和指標管理、原料/產品質量管理、人員健康管理、安全管理、環境管理、事故追蹤和處理、監督和審核管理、人員培訓、檔案管理等。

系統的性能也非常重要。QHSE 管理信息系統作為服務型的信息管理平臺，能夠為管理層、內部員工及利益相關者及時提供社會責任信息。因此，系統運行的穩定性和信息傳遞的及時性是系統首先要具備的。其次，要保證信息的安全性，尤其是涉及國家機密、商業秘密和個人隱私的信息，例如涉及國家安全行業的 QHSE 管理信息系統信息、企業社會責任投資戰略、個人的健康信息、用戶帳號密碼等。系統要完善權限機制，明確責任和分工，保證用戶安心

地進行信息傳遞。此外，界面的友好性和易用性也是必不可少的，要盡量做到佈局合理、界面清晰美觀，在操作設計上遵循人體工程學並盡量考慮貼近用戶的個人風格與習慣。

（2）社會責任導向的企業 QHSE 管理信息系統總體設計

管理信息系統要實現對信息的收集、錄入、儲存、傳遞等基本功能。結合上述的需求分析，QHSE 管理信息系統開發採用 C/S 結構、B/S 結構相結合的模式，充分發揮兩種體系結構模式的優點，建立以數據庫為中心的開放式體系架構。其中，邏輯層採用模塊化設計，每個模塊可以單獨編程、調試和修改。這樣可以有效地防止某個模塊出現錯誤在系統中擴散的問題，從而保持系統的穩定性和一致性。此外，由於企業具有自身的特殊性，需要增減一些功能時只要對相應模塊進行調整，對整個系統的其他功能和結構不會產生太大影響，充分滿足了擴展性和特殊性的要求。信息系統的建立目的是提高管理水準，要對系統進行定期維護以保證系統的正常運行，對系統內各模塊進行分區運行和維護，可以簡化運維內容，降低運維成本，滿足有效性和成本效益性的要求（圖 5-8）。

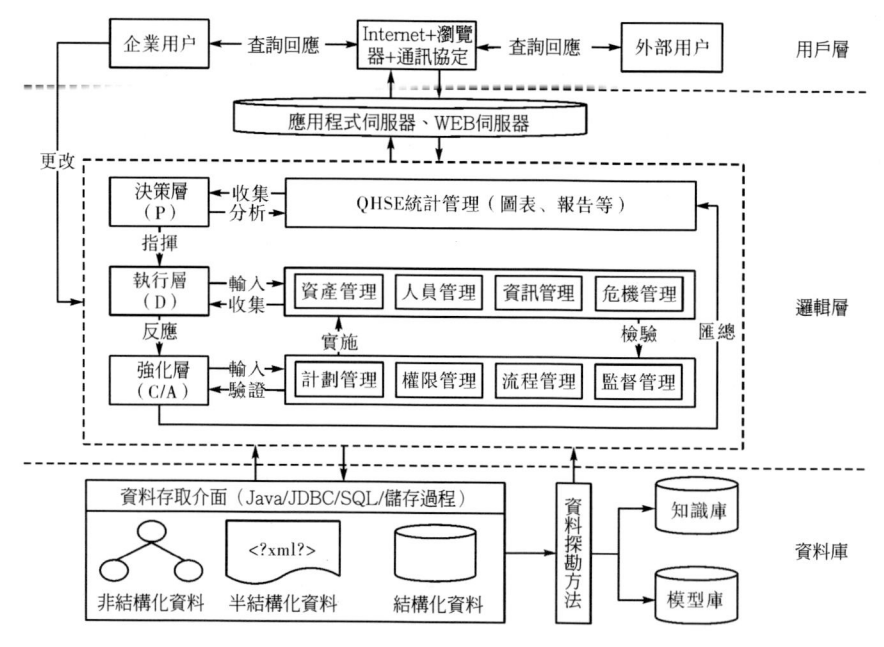

圖 5-8　社會責任導向的企業 QHSE 管理信息系統架構

①用戶層

系統用戶主要包括企業用戶和外部用戶。外部用戶包括政府、採購商、供應商、消費者等。外部用戶常用功能包括信息查詢、信息瀏覽和信息反饋。這些功能的特點是操作頻繁、用戶分佈廣，基於此特點可採用 B/S 模式。企業用戶主要指企業內部人員，企業用戶常用功能包括系統維護、數據管理、創建日誌、信息查詢等，基於功能的特點可採用 B/S 和 C/S 雙模式。涉及受權限控制的功能時可採用 C/S 模式，如在系統中更新計劃、錄入人員數據等。C/S 模式的主要特點是安全性高、數據處理能力強。當員工需要查詢信息時，如查詢 QHSE 報告、事故處理結果等，可以與外部用戶一樣通過瀏覽器進行查閱。

②邏輯層

邏輯層是系統的主體，該層包含所有的功能模塊，由決策層（P）、執行層（D）、優化層（C/A）構成，主要包括 QHSE 統計管理、資產管理、人員管理、信息管理、危機管理、計劃管理、權限管理、流程管理和監督管理。邏輯層的設計符合 QHSE 管理體系的運行模式，即 PDCA 循環模式。QHSE 統計管理功能管理關於 QHSE 4 個方面的圖表、報告等有關企業運行信息；資產管理是對企業資產的管理，如現金管理、設備管理、器材管理、危化品管理、原材料管理、半成品管理、產成品管理等；人員管理是有關企業「人」的管理，包括人員崗位管理、人員體檢管理、人員教育培訓管理等；危機管理是有關企業「事」的管理，包括風險管理、事故追蹤管理等；信息管理主要是對相關合同、財務會計信息、經營管理信息的管理，以利於部門之間的信息溝通；計劃管理包括對體系文件、計劃指標、總體方針和預算等方面的管理；系統權限管理的功能是管理用戶的權限，根據用戶工作內容進行權限設定，其中系統員具有最高權限；流程管理主要指流程優化管理，例如引入作業成本法，對非增值進行削減；監督管理包括衛生監測管理、環境監測管理、質量監督管理、安全督導管理等。

決策層（P）根據統計管理提供的相關信息進行收集和分析，而外部用戶會根據分析結果進行信息反饋，決策層根據自我分析以及外部用戶的反饋發出應對指令，指揮執行層（D）。執行層根據接受的指令對相應模塊進行處理，並將處理的過程和結果傳遞給優化層（C/A）。優化層負責監督以及糾正，然後將優化後的實施指令循環至決策層，更新決策，修正執行，再次監督優化，依次循環，實現效率最大化；週期結束後，會將整個監督結果、運行過程等信息生成相應的報告或圖表，匯總至統計管理。例如，決策層根據數據統計決定某個產品合格率或某個事故處理的進度。該指令發出後，執行層根據該標準進

行作業。當作業完畢後會進入優化層進行核實，檢驗發現未完成指標時會進行計劃調整或流程優化以達到指定指標，然後再讓執行層具體實施。實施完畢後會將信息反饋到決策層，決策層會根據整個過程提出新一輪的要求，提高合格率或加速事故處理進度等。整個過程環環相扣、層序分明，呈階梯式上升循環，在運行中產生的問題會進行循環處理；全過程有計劃、執行和監督，層層遞進，持續優化，最終促進控制目標的實現。

③數據層

數據層是整個管理信息系統的核心，用於數據存儲、交換和共享。邏輯層中的功能實現要依賴數據層的數據。根據不同的形式，數據大致分為3種：結構化數據、半結構化數據和非結構化數據。對於結構化數據可以採用關係數據庫模式進行管理；半結構化數據採用XML文檔形式；非結構化數據通常保存為不同類型的文件，例如文本、視頻、圖片等。對以上3種類型的數據資源的訪問，系統採用JDBC數據訪問接口類庫實現。此外，還加入了數據挖掘算法模塊，可採用關聯、聚類、分類等模式進行數據挖掘，實現QHSE風險的防控、預警和治理。比如，採用模糊聚類算法對營運過程中的QHSE風險監測點進行等級劃分，風險高的就加強監測治理。

數據層的安全和穩定直接影響到整個系統的性能。隨著企業的發展和社會的進步，企業需要處理的數據數量急遽增長，數據種類也變得更加複雜，數據更新頻率也在加快，如何建立一個高效的數據庫成了系統設計和實施的重要環節。隨著電子商務的發展，比特幣逐漸被人們所認知，區塊鏈技術也開始受到重視。區塊鏈打破了原有數據庫中心化的特性，讓信息在各個節點都可共享，並採用非對稱密碼學原理，保證了數據的安全性。此外，區塊鏈採用時間戳進行數據儲存，增強了數據的可驗證性和可追溯性[164]。因此，在建立數據層時，可以考慮引入區塊鏈技術，保證數據庫的完整性和安全性，進而保障系統的正常運行。

5.6.5 小結

隨著技術的發展和社會的進步，履行社會責任情況、管理效率以及信息化水準都影響著企業的發展和成長。本研究構建的社會責任導向企業QHSE管理信息系統是以社會責任為導向、以管理體系為基礎、以信息技術為支撐，有助於降低營運風險、提高管理效率、增強企業核心競爭力。企業QHSE管理信息系統的構建是保障企業在複雜多變環境中健康可持續發展的一種解決方案。系統在功能設計上充分考慮企業的多樣性，進行模塊化設計。數據庫設計不僅考

慮到內部數據的多樣性，還考慮應用區塊鏈技術。此外，還加入了數據挖掘技術，為企業決策提供更多有用信息。其中，邏輯層設計參考了 PDCA 循環模式，檢視企業管理作業流程，即時優化企業管理過程。

企業 QHSE 管理信息系統尚處於結構設計狀態，雖充分考慮了行業多樣性，但由於各行業有自身特殊性，實體關係和代碼設計要根據企業的管理結構和產品服務信息進行設計。因此，後續可以根據行業的特性進行進一步設計和實施。大數據時代的來臨必將為信息技術帶來巨大的變革，這也為該系統的建設帶來了巨大的機遇和挑戰。在系統實施建設中，除了注重功能的增強和完善之外，重點要考慮數據儲存、數據共享、數據挖掘和數據安全，因此可以加入雲計算技術，搭建雲服務共享平臺，擴大數據儲存容量，加快數據共享速度，提高數據挖掘深度，並結合相關的信息安全監控機制、信息安全偵查機制以及信息安全應急機制確保個人信息安全可控和信息產業健康發展[165]。未來，商業生態和經營模式朝著全球化、法制化、信息化、智能化方向發展，企業 QHSE 管理信息系統將與互聯網和物聯網進行深度融合，系統運行效率大幅提升，對社會責任風險的控制將會更加精準。

5.7 企業社會責任內部控制審計

5.7.1 問題的提出

安然、世通及英國石油等一系列事件問題的曝光，引起了國際社會的高度關注。美國先後頒布《2002 年薩班斯——奧克斯利法案》《內部控制——整體框架》及其配套指南等規章制度，要求對上市公司財務呈報內部控制的有效性進行評估並報告。歐美發達國家相繼提出對來自不承擔減排責任國家的高碳產品進口實行碳關稅，採用的碳排放核算審計與報告標準主要是 ISO14064-1 和《溫室氣體議定書：企業核算與報告準則》。中國基於 ISO/TC67 公開發布的健康安全環境管理體系（Health, Safety and Environment, HSE）要求石油行業積極履行企業社會責任，為石油行業構建社會責任內部控制提供了支持。《公司法》第 5 條規定企業必須遵守相關法律、法規、社會公德、商業道德，積極承擔社會責任。該規定是企業內部控制正式引入社會責任要素的標誌，也是建立企業社會責任內部控制制度的政策基礎。2008 年《關於加強上市公司社會責任承擔工作的通知》首次提出社會責任每股社會貢獻值的財務計算方法，為企業社會責任內部控制審計指標的定量分析奠定了基礎。2010 年深交

所及財政部等五部委先後頒布《關於做好上市公司 2010 年年度報告披露工作的通知》《企業內部控制應用指引》及其相關配套指南，要求上市公司在年報中將社會責任、內部控制與財務報表結合披露，並強調註冊會計師應該對被審單位的社會責任履行情況發表評審意見。為深化新常態下的市場經濟體制改革，2015 年 3 月國務院頒布了《關於進一步深化電力體制改革的若干意見》，該文件大力支持水電企業發展，有利於改善電力行業企業不積極承擔社會責任的惡劣情形，推動企業社會責任內部控制機制在實踐中的進一步發展。雖然中國有豐富的企業社會責任內部控制政策作為指導方針，但規章制度都沒有強制性要求企業建立社會責任內部控制機制。

近幾年，中國相繼出現「三鹿奶粉」「汽車召回」「溫州動車」「蒙牛致癌物」等事件，反應出企業社會責任管理意識淡薄、社會責任內部控制機制匱乏和政府監管缺失，也體現了社會責任嵌入企業內部控制管理的重要性。隨著社會經濟的發展，人們的環境保護和權益維護意識不斷提升，不積極承擔社會責任或履行社會責任不當的企業將會給社會經濟系統帶來嚴重的負外部性。良好的社會責任內部控制系統可以提升企業風險管理水準，提高企業潛在的內部價值，促進經濟可持續發展。實務中，在 HSE 管理系統基礎上擴展生成的 QHSE 管理系統為企業社會責任內部控制審計理論創新和制度設計指明了方向，越來越多的企業社會責任內容將會被嵌入企業內部控制系統，並呈現模塊化、系統化、規範化和流程化的特徵。研究表明，實務界已經有企業按照相關標準建立社會責任內部控制體系，已意識到積極披露社會責任有關信息能為企業帶來長遠的經濟效益，為企業社會責任內部控制審計研究提供了現實依據。隨著企業社會責任與內部控制的融合，當下的內部控制鑒證和社會責任鑒證亟待整合，為企業社會責任內部控制審計的實施奠定基礎。《AA1000 審驗標準 (2008)》聯結了財務與非財務數據，為實施企業社會責任內部控制審計提供了審驗平臺。第三方的獨立審驗可以提高信息質量，按照審驗標準出具的社會責任內部控制審計報告能夠提升社會影響力。和歐美發達國家相比，中國社會責任內部控制審計在制度建設或實務運用方面都比較滯後，建立健全企業社會責任內部控制審計的體制和機制迫在眉睫。

5.7.2 相關觀點梳理

社會責任是現代企業應盡的職責，結合企業社會責任問題探討利益相關者關係管理、公司治理、風險管理、內部控制與審計，是社會責任落實於企業微觀層面的基本途徑。近年來，這種交叉和融合趨勢日趨明顯。企業社會責任內

部控制審計相關研究主要涉及企業社會責任內部控制研究和社會責任審計研究，人本控制、環境審計以及低碳經濟下的社會責任審計等內容都屬於社會責任內部控制範疇。Gregor Schönborn 和 Cecilia Berlin（2019）的實證研究表明企業履行社會責任是構成企業文化可持續發展維度的重要因素，能夠預測企業的財務成功[166]。張薇（2012）認為一個完善的社會責任內部控制體系是企業可持續發展的內生變量，並構建了企業社會責任內部控制框架。《企業內部控制應用指引第 4 號——社會責任》為企業建立社會責任內部控制提供了制度支撐，但除石油石化和電力行業已經頒布實施分行業操作指南以外，其他行業尚未發布操作指南，企業社會責任內部控制制度的微觀構建基礎有待進一步加強。企業社會責任內部控制制度理論在企業社會責任和內部控制相結合機制中產生，楊弋、焦珊珊等（2013）的研究發現 75% 的調查對象建議將企業社會責任嵌入內部控制的績效考核[167]。花雙蓮（2011）提出以價值目標和社會責任目標二合一為基礎的企業社會責任內部控制目標，在此模式上構建了「目標、要素、主體和層面」四位一體的企業社會責任內部控制理論框架。王海兵、伍中信等（2011）認為監督、控制企業合理履行社會責任，維護和平衡企業各利益相關者的合法權益，是人本經濟時代企業內部控制的重要職能，並構建了以利益相關者為導向、以企業社會責任風險管控為中心的人本內部控制戰略框架。以上研究將社會責任風險納入內部控制架構，推動了內部控制理論創新與實務應用，促進企業社會責任內部控制制度在實踐過程中不斷改進和完善。

關於企業社會責任審計研究。張安平和李文（2011）系統剖析了雪佛龍公司社會責任管理模式，認為其做法在全面履行企業社會責任實踐中具有重要參考和借鑑價值[168]。陽秋林、李冬生（2004）提出人的社會性是企業社會責任審計的哲學淵源，認為實施企業社會責任審計是為了協調企業「經濟人」與社會之間的關係[169]。姜虹（2009）搭建了企業社會責任審計的理論框架和實施策略，肯定了企業社會責任審計活動存在的潛在價值，認為社會責任嵌入內部控制後的審計工作尤其具有現實指導意義[170]。李豔（2010）提出將社會責任審計納入獨立的審計範疇，實施企業社會責任審計工作[171]。周蘭、郭芬（2011）提出從現代審計方法的審計內容、審計程序等方面去構建低碳經濟環境下的企業社會責任審計模式[172]。黃孟芳和盧山冰（2013）認為企業社會責任審計是內部和外部利益相關者結合納入審計和會計信息項目範圍的審計工作，開展企業社會責任審計有利於推動社會勞資關係的和諧發展[173]。可見，執行企業社會責任審計對現代企業社會責任內部控制審計制度發展具有積極作

用。純粹的企業社會責任審計理論研究和社會責任管理制度已經不能滿足日益變化的社會實踐需求，將社會責任、內部控制和審計有機整合，能夠發揮「1+1+1>3」的協同效應。

關於企業社會責任內部控制與審計的整合研究。1996 年財政部首次頒發《獨立準則第 9 號——內部控制和審計風險》，以規章制度的形式規範了內部控制審計的概念。盛永志（2011）提出企業內部控制審計與財務報表審計整合的互動關係，認為關鍵是在內部控制審計中獲取充分、適當的證據，對內部控制審計的有效性發表評價意見[174]。李嘉明、趙志衛（2007）認為開展企業社會責任內部審計，會提高企業的市場核心競爭力；企業不僅應積極承擔社會責任，在內部控制中實施事先規劃、事中監督、事後考核的社會責任實施機制，最終還要將客觀公正的企業內部審計報告提交給利益相關者[175]。許葉枚（2009）通過邊際成本收益法研究提出企業開展社會責任內部審計會促使企業由被動履行轉向積極履行社會責任，而且長遠來看還能增加企業價值、提升企業形象[176]。張國清（2010）的實證結果表明公司實施內部控制審計本身可能就意味著更高質量的內部控制，這樣更符合自願性構建企業社會責任內部控制審計制度的核心價值觀[177]。田超、干勝道（2010）提出建設新時代背景下的企業社會責任內部控制制度，按照審計評價指引對企業社會責任內部控制的要求實施審計工作[178]。王海兵、劉莎（2015）構建了企業戰略性社會責任內部控制框架，並將企業戰略性社會責任審計作為其實施路徑之一。王海兵、董倩（2015）就實施企業社會責任內部控制文化審計，進一步深化了企業社會責任內部控制審計研究[179]。以上觀點，為企業社會責任內部控制審計研究奠定了豐富的理論基礎，內部控制審計內容、範疇理論知識和規章制度的日漸完善，促進了企業社會責任內部控制與審計理論的耦合研究。

企業社會責任內部控制、內部控制審計和社會責任審計的相關研究已經相當豐富，研究表明社會責任的履行對企業發展有重要影響。但企業社會責任內部控制審計的整合研究較少見，已經不能滿足社會的自發性需求。鑒於以上三者的關聯日益密切，構建企業社會責任內部控制審計體系，對於加強企業社會責任風險管控、促進企業發展戰略實現具有重大作用。筆者擬基於企業社會責任內部控制理論、企業社會責任審計理論和企業社會責任內部控制與審計的整合理論，構建企業社會責任內部控制審計基本框架。

5.7.3 企業社會責任內部控制審計的理論基礎和實施環境

企業社會責任內部控制審計（Corporate Social Responsibility Internal Control

Audit，簡稱 CSR-ICA）是指對企業的社會責任內部控制（Corporate Social Responsibility Internal Control，簡稱 CSR-IC）系統建立的合理性和運行的有效性進行審計。企業社會責任內部控制水準的高低對企業的可持續發展尤為重要，對企業社會責任內部控制進行審計（包括定期的外部審計和持續性的內部審計）則是保持和提升企業社會責任內部控制水準的必要舉措。企業社會責任內部控制審計的理論基礎和實施環境，對於構建及實施企業社會責任內部控制審計具有重要的理論參考價值和實踐指導意義。

(1) 企業社會責任內部控制審計的理論基礎

企業社會責任內部控制審計的理論基礎是指以社會責任理論為主在發展過程中形成的基本理論，主要包括「三重底線」理論、「金字塔」理論、社會契約理論、全面風險管理理論、赤道原則以及可持續發展理論。約翰·埃爾金頓的「三重底線」理論的核心是主張企業行為應滿足三條底線，對社會、環境和經濟利益相關者承擔社會責任；卡羅爾的「金字塔」理論認為社會期望企業在經濟、法律、倫理和慈善方面積極履行義務；社會契約理論認為企業履行與利益相關者之間的合同義務是企業應該承擔的社會契約責任；全面風險管理理論旨在通過企業管理經營過程中執行風險管理的基本流程，建立社會責任風險管理信息系統或內部控制信息系統；赤道原則是世界銀行環境保護標準與國際金融社會責任方針相結合的非強制性管理原則，是銀行業評價貸款項目履行社會責任情況的基本方法，該方法強調了貸款和資助項目中的環境和社會責任問題；可持續發展理論要求企業既滿足自身當期的需求，又不能對企業長遠發展需求構成危害。雖然赤道原則在金融界達成了共識，得到了社會普遍認可，它的主要貢獻是號召金融行業自發地建立社會責任方針管理模式，但結合當代企業可持續發展理論的需要，赤道原則或全面風險管理理論還不能全面適用於企業社會責任內部控制審計活動的開展，不能按部就班地應用於其他行業，需要在赤道原則和全面風險管理理論的基礎上進一步擴展社會責任管理方針，完善企業社會責任內部控制的管理模式。以上理論為企業社會責任內部控制審計理論設定了內容範疇和作業邊界，為企業社會責任內部控制理論的發展奠定了基礎。特別是企業社會責任理論、赤道原則和全面風險管理理論的融合，對企業社會責任內部控制審計基礎理論綜合分析具有重要參考價值。

(2) 企業社會責任內部控制審計的實施環境

企業社會責任內部控制審計的實施環境是時間因素（經濟週期、產業週期、企業生命週期等）、空間因素（區域特點、業務性質、發展規模等）及社會因素（法律、政策、制度、文化）的總和。時間因素會加速或延緩企業社會

責任內部控制制度建設期以及社會責任內部控制審計理論的發展進度，影響實施企業社會責任內部控制審計的週期；發展規模、區域特點等空間因素會影響企業社會責任內部控制審計制度體系的建設；而社會因素在社會責任內部控制審計理論和實務界發展中占據主導作用，法制、文化等因素影響企業社會責任內部控制審計機制運行的有效性。企業實施社會責任內部控制審計必須與一定的環境因素相匹配，提升內部控制系統的適應性。國務院頒布的《關於加強審計工作的指導意見》提出，應對穩增長、促改革、調結構、惠民生、防風險等政策落實情況，以及公共資金、國有資產、國有資源、領導幹部經濟責任履行情況進行審計，實現審計監督全覆蓋。不僅要從資金、資產和資源等方面實現審計全覆蓋，還應從經濟責任、社會責任和環境責任等方面實現審計全覆蓋，在宏觀政策方面為企業社會責任內部控制審計提供企業社會責任內部控制審計全覆蓋的環境支撐和頂層思路。企業社會責任內部控制審計的基本框架應包含社會責任內部控制審計的目標、構成要素、演進過程、評價標準、審計報告及監督。缺乏法律、制度等的支持，是企業社會責任內部控制審計的規範化和職業化進程滯後、導致中國企業社會責任內部控制審計理論及實務發展緩慢的重要原因。張龍平、陳作習等（2009）在對美國內部控制審計制度進行深度剖析後，提出了針對中國內部控制審計制度的相關問題解決策略[180]。可以借鑑歐美發達國家的企業社會責任內部控制審計制度，並結合中國國情，構建符合中國企業社會責任內部控制審計章程，用以指導企業社會責任內部控制審計的發展。

總之，企業社會責任內部控制審計旨在將企業社會責任元素全面融入內部控制審計結構，以人和環境資源為基礎，以制度為框架，規範人本經濟條件下企業社會責任治理。企業社會責任內部控制審計體系的建設則保證了企業社會責任內部控制制度的有效實施。將以企業社會責任內部控制為主的非財務報表數據和財務報表數據的審計結果一併披露，是完善企業社會責任內部控制審計監督的必要手段。大力建設企業社會責任內部控制制度，認真履行企業社會責任，接受社會責任內部控制審計，將提高企業的社會形象、增加企業因履行社會責任而帶來的無形商譽等附加價值。

5.7.4　構建企業社會責任內部控制審計框架

（1）企業社會責任內部控制審計的理論框架

企業社會責任內部控制審計的理論框架由審計流程和審計內容兩部分構成（圖5-9），它們之間為引領與促進的關係。審計流程涵蓋了企業社會責任內部

控制系統模塊、企業社會責任內部控制應用模塊、企業社會責任內部控制評價模塊和企業社會責任內部控制審計模塊。在審計流程中，企業實施內部控制審計是為了監督企業社會責任內部控制體系的建設，促進企業社會責任內部控制制度有效運行；內部控制評價是通過控制性測試和實質性測試來評價整個內部控制設置的合理性和運行有效性，對整個內部控制出具恰當的審計意見；內部控制審計報告是在內部控制評價和內部控制審計共同作用的基礎上，綜合披露企業社會責任內部控制的非財務數據與財務報表數據，出具恰當的企業社會責任內部控制審計報告。審計內容是企業社會責任內部控制審計基本框架的實務運用，是發展企業社會責任內部控制審計體系的基礎。

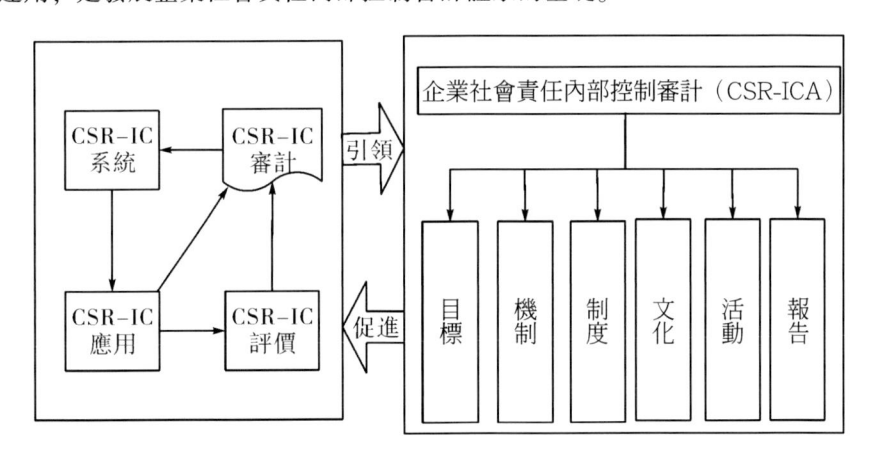

圖 5-9 企業社會責任內部控制審計的理論框架

（2）企業社會責任內部控制審計的具體內容

企業社會責任內部控制審計是對企業社會責任內部控制的內部環境、風險評估、控制活動、信息與溝通、內部監督等進行全面審計和恰當評價，業務範疇涉及採購、生產、銷售、研發、薪酬、分紅、納稅、扶貧、環保、減排、慈善等。企業社會責任內部控制審計的具體內容包括審計的目標、機制、制度、文化、活動以及報告等六個方面。

①企業社會責任內部控制審計目標

企業社會責任內部控制審計目標是指在特定的社會責任內部控制環境中，期望通過實施審計工作達到評價企業社會責任內部控制設計是否合規以及運行是否有效的最終結果，旨在為企業社會責任內部控制系統預防和控制風險，促進企業發展戰略的實現。企業社會責任內部控制審計目標分為總目標和具體目標。企業社會責任內部控制審計的總目標是反應企業社會責任內部控制審計報

告的合法性和公允性，對企業社會責任內部控制報告以下內容發表審計意見：一是企業社會責任內部控制報告是否按照相關社會責任法律法規、內部控制規範體系等規定編製而成。二是企業社會責任內部控制報告是否對社會責任內部控制重大缺陷、重要缺陷和一般缺陷進行了充分披露。較之於外部審計，企業社會責任內部控制審計更重視合法性和公允性審計。而較之於內部審計，企業社會責任內部控制側重於分析社會責任內部控制對企業戰略的偏離程度和支持程度，審計重心在於社會責任風險和價值。

企業社會責任內部控制審計的具體目標包括與各類交易或事項相關的社會責任內部控制活動審計目標和社會責任內部控制信息披露審計目標。企業社會責任內部控制審計的具體目標包括：第一，與企業社會責任各類交易或事項相關的內部控制目標。該目標要求註冊會計師根據發生、完整性、準確性、截止和分類的本質認定企業社會責任內部控制審計目標已記錄的交易事項是準確的，如果所發生的交易或事項處理不當，則被認為違背了該目標；第二，與企業社會責任內部控制列報相關的審計目標。企業社會責任各類交易和事項目標是為企業社會責任內部控制列報目標的實現做必要的鋪墊。企業社會責任內部控制報告可能存在被審單位對列報規章制度的誤解或舞弊產生的錯報，審計人員應通過檢查、調查和分析等方法，在獲取充分適當的審計證據的基礎上實現企業社會責任分類、可理解性和估價等與企業社會責任內部控制列報相關的審計目標。

②企業社會責任內部控制審計機制

企業社會責任內部控制審計機制是為了實現既定的審計目標，防範和減少企業社會責任內部控制風險的發生，實施企業社會責任內部控制審計的過程。審計機制是否合理對審計目標、審計制度、審計內容、審計技術方法、審計證據、審計意見等產生很大影響，是審計體制和審計制度的基本原理和原則。企業社會責任內部控制審計機制包括動力機制、運行機制和監督機制。動力機制為企業社會責任內部控制提供動力支持，運行機制為企業社會責任內部控制日常運行提供基礎保障，監督機制為企業社會責任內部控制提供專項監督和持續性監督，三種機制相輔相成。動力機制既有精神推動力，也有物質推動力。建立企業社會責任內部控制審計動力機制應重點把握物質推動力，但不能忽略精神動力的作用。國家在期初應採取撥款補助企業建設企業社會責任內部控制制度，後期對運行過程中做得好的企業給予額外獎勵包括物質獎勵和精神獎勵，對做得差的企業則依法進行處罰。運行機制是以企業社會責任內部控制要素規範化管理為基礎，以企業社會責任風險控制評價為手段，以責任追究為保障，

旨在發現企業社會責任內部控制問題、提升企業社會責任內部控制效率的動態系統。監督機制用於監督企業社會責任內部控制設計的合理性和運行的有效性。審計監督機制是採取內部審計和外部審計相結合的模式分別對企業社會責任內部控制進行持續監督和定期評價。建立健全監督機制有利於改進企業社會責任內部控制。由於個體監督成本極高，審計監督機制為利益相關者群體行使其監督權力提供了可能途徑。現有市場經濟環境中，因利益等原因驅使，內部控制機制信息披露的含金量不高；因此，反舞弊在企業社會責任內部控制監督機制中尤為重要，是衡量一個企業貢獻社會和保護環境的標準，決不允許在實施企業社會責任內部控制監督後仍存在舞弊行為。2015 年 6 月 18 日，中國首個企業反舞弊聯盟成立，必將倒逼企業社會責任內部控制審計機制的形成，營造健康、廉潔、誠信的商業環境，降低交易成本，促進經濟的可持續發展。

③企業社會責任內部控制審計制度

企業社會責任內部控制審計制度是規範和指導審計人員開展企業社會責任內部控制審計工作的系列政策、法規、標準、制度和流程等的統稱。企業社會責任內部控制審計制度主要包括宏觀的國家審計法規、中觀的行業審計標準和微觀的企業審計制度三個層次。首先，為了更好地指導內部控制審計工作，健全內部審計制度，目前國家層面頒布的《企業內部控制基本規範》《內部控制配套指引第 4 號——社會責任》《中央企業社會責任工作指引》《國務院關於加強審計工作的意見》《審計署關於內部審計工作的規定》《國家審計基本準則》《內部審計準則》《企業內部控制審計指引》等宏觀政策，對企業社會責任內部控制審計工作有重要的指導作用。其次，行業準則的頒布具有特殊的約束性。制定企業社會責任內部控制審計制度時，應考慮行業與企業社會責任風險的特殊性。行業準則有電力行業的《電力行業安全管理制度》《電力安全生產監督管理辦法》等，金融行業的《銀行業金融機構內部審計指引》《商業銀行內部控制指引》《商業銀行審計指引》《銀行業金融機構外部審計監管指引》等，都可以作為審計標準加以運用。最後，在遵守國家政策法規及行業標準的基礎上，還要形成企業審計制度，相關內容可以在內部章程、管理制度、內部控制、經營流程等得到體現，都是重要的審計依據。

④企業社會責任內部控制審計文化

企業社會責任內部控制審計文化是企業在長期的社會責任內部控制審計活動中形成的審計文化。社會責任內部控制審計文化是組織文化在社會責任內部控制審計領域的衍生，包括企業社會責任內部控制審計的物質文化、行為文化、制度文化和精神文化。精神文化推動制度文化，指導行為文化，制度文化

規範行為文化，行為文化創造和衍生物質文化。精神文化是內核，是企業社會責任內部控制審計文化的靈魂，具有不可見和持續性，是制度文化、行為文化以及物質文化的思想基礎；物質文化是外殼，可見度高，具有易變性，是精神文化的制度化和具體化。企業社會責任內部控制審計精神文化是企業核心價值觀的重要體現層面。王海兵、謝汪華（2015）對民營企業社會責任內部控制文化進行了系統研究，認為廉潔文化要求企業構建防腐反腐的內部控制機制和反舞弊機制，建立健全內部審計。鄭石橋、鄭卓如（2013）等指出核心價值觀中非正式規則文化（精神文化）會嚴重影響內部控制的執行[181]，精神文化應與制度文化保持一致，否則精神文化與制度文化衝突，就意味著精神文化直接指導的潛規則發揮作用，出現文化內耗現象。企業社會責任內部控制審計精神文化包括審計價值觀、審計使命、誠信等，是企業社會責任內部控制審計所特有的意識形態，通過制度、行為和物質外顯出來。制度文化是根據內部控制審計發展需要而主動構建的企業社會責任內部控制審計組織管理體系，是企業社會責任內部控制審計制度規範化的文本化表達。企業社會責任內部控制審計行為文化則是通過審計活動，實現企業社會責任風險控制和治理的持續改進。由於社會責任的外部性特徵明顯，企業社會責任內部控制審計行為也具有顯著的外部性，在促進企業實現發展目標的同時，也有助於和諧社會發展目標的達成。企業社會責任內部控制審計物質文化是審計工作所依託的物質條件、所創造的物質產品及其所表現出來的文化，是企業社會責任內部控制審計景觀的物質層面。

⑤企業社會責任內部控制審計活動

企業社會責任內部控制審計活動包括企業社會責任內部控制審計政策和審計程序。企業社會責任內部控制審計政策是國家政權機關以權威形式標準化地規定企業社會責任內部控制審計活動的規章制度，包含企業社會責任內部控制審計制度等一般步驟和具體措施。要在企業社會責任內部控制審計政策的指導下按照審計程序實施審計工作。企業社會責任內部控制審計活動主要包括：第一，審批授權審計。審批授權控制要求審計人員重點核查企業管理人員在處理企業社會責任方面是否存在越權等不當行為，如重大企業社會責任投資應實行集體決策審批或聯簽制度。第二，不相容職務審計。內部控制系統在企業社會責任活動的決策、執行、記錄和監督等方面均應該實現職務分離。第三，財產物資審計。包括資金審計、薪酬審計、產品質量審計、環境審計、固定資產審計等，對促進企業合理履行社會責任具有重要意義。在執行企業社會責任內部控制審計活動時，審計人員應重點審查企業社會責任內部控制的財產物資保護

控制是否合理有效。第四，預算管理審計。重點審查用於履行企業社會責任的資金預算計劃是否合理，預算執行是否到位；應參考國家政策法規、行業標準、市場情況和企業自身情況來開展預算管理審計。若存在不當之處，審計人員應根據相應情況提出修改意見。第五，信息系統審計。對企業社會責任內部控制信息系統和報告進行審計，確保社會責任內部控制信息的生成、傳遞、分析、整合、披露、利用等流程的通暢，以及信息本身的真實性和完整性[182]。第六，績效考核審計。將企業社會責任內部控制納入績效考核範圍，審計人員重點審計企業社會責任內部績效考核控制中的標準是否合理，以及按照企業社會責任內部控制規定執行的績效考核情況。

⑥企業社會責任內部控制審計報告

企業社會責任內部控制審計報告能夠向利益相關者傳遞價值信息，能夠為管理、投資、信貸、監管等提供全面支持。企業社會責任內部控制審計報告與傳統的企業內部控制報告的關係可分為兩類：一是平行關係，企業社會責任內部控制審計報告單獨列示，與企業內部控制審計報告等同地位；二是嵌入式關係，企業社會責任內部控制審計報告嵌入企業內部控制審計報告，作為其重要的一部分。在企業社會責任內部控制審計制度不夠健全的時候可以採取第二種方式披露；待條件成熟時，再單獨進行披露。但無論採取何種披露方式都應和企業社會責任報告銜接或整合。企業社會責任內部控制審計報告應由獨立的第三方在企業社會責任內部控制報告披露信息的基礎上編製，是企業社會責任內部控制審計活動的成果[183]。其主要內容包括：①管理層聲明。表明管理當局對企業社會責任內部控制的責任，說明企業社會責任內部控制的目標及固有局限。②企業社會責任內部控制評價結論。企業是否按照企業內部控制規範體系設計其社會責任內部控制制度，並按照規定程序執行，對企業社會責任內部控制是否存在重大缺陷發表意見。③企業社會責任內部控制評價情況，包括社會責任內部控制評價範圍、社會責任內部控制評價工作依據及缺陷認定標準、社會責任內部控制缺陷認定及整改情況[184]。

審計人員可以參考企業社會責任內部控制報告的內容進行取證審計，並在特殊領域如商品質量鑒定問題、環境法律問題、勞工權益問題等聘請外部機構或專家予以協助。獲取充分、適當的審計證據，與管理層適當溝通後，可發表企業社會責任內部控制審計意見。企業社會責任內部控制審計報告的意見類型分為無保留意見（標準無保留意見和非標準無保留意見）、否定意見以及無法表示意見，判斷的標準是企業社會責任內部控制審計過程中是否發現企業社會責任內部控制存在重大缺陷、重要缺陷、一般缺陷以及取證過程是否受到限

制。若企業社會責任內部控制存在重大缺陷則給予否定意見；若社會責任內部控制存在重要缺陷，審計人員應根據職業判斷標準判斷，如果重要缺陷涉及生命安全或社會嚴重生態污染則給予否定意見；若存在一般缺陷給予非標準無保留意見；若無缺陷則給予標準無保留意見；若存在獲取企業社會責任內部控制證據過程受到限制，則為無法表示意見。

5.7.5 小結

構建企業社會責任內部控制審計理論框架，是新常態下推動中國內部控制與審計理論創新發展的重要舉措。社會經濟的發展將呈現「中速低熵」趨勢，注重協調發展和可持續發展。在知識經濟和人本經濟時代，傳統的以股東權益為軸心的企業物本風險內部控制模式亟待轉向人本風險內部控制模式，全面關注企業社會責任風險，改變內部控制「物是人非」根本性缺陷。在法律法規層面，應對社會責任、內部控制和審計三個要素進行有機整合，完善企業內部控制規範體系，出抬分行業的內部控制操作指南，為實施企業社會責任內部控制審計提供政策依據和制度基礎。在企業層面，需要加快內部控制建設，尤其是社會責任內部控制建設，對自身的社會責任內部控制流程進行梳理，運用內部審計力量來提升企業的社會責任內部控制水準。在審計機構及人員層面，要求提升內部審計機構的獨立性和審計人員的客觀性以及外部審計人員的職業道德和職業勝任能力，為企業社會責任內部控制審計的順利實施奠定人才基礎。

企業社會責任內部控制審計是一個新興的熱點話題，是內部控制審計研究的一次革命性突破，必將對審計實務及企業內部控制建設產生不可估量的推動作用。依據企業社會責任內部控制的發展情況，實行「以點帶線，以線帶面」的研究方針：在企業社會責任內部控制審計實施初期，在做得好的上市公司進行試點，總結經驗，隨之推廣至整個行業，然後再向其他行業輻射，最後全面啟動和實施該項工程。未來進一步的研究方向是企業社會責任內部控制審計定性和定量的評價指標體系構建、企業社會責任內部控制審計標準的制定和完善、企業社會責任內部控制審計的職業勝任能力、企業社會責任內部控制審計的方法和技術、企業社會責任內部控制的信息化、企業社會責任內部控制審計的績效評價、企業社會責任內部控制審計報告的編製、企業社會責任內部控制審計結果的利用等。

6 不同行業背景下企業社會責任內部控制的應用研究

不同行業的社會責任內容有較大差異。內部控制要落地,除了遵循財政部等五部委制定的《企業內部控制基本規範》《企業內部控制應用指引》《企業內部控制評價指引》《企業內部控制審計指引》,還必須分行業進行細化。為此,財政部牽頭制定了《電力行業內部控制操作指南》《石油石化行業內部控制操作指南》。操作指南屬於參考性文件,並非強制性要求,但具有重要的指導價值。為了拓展和推進社會責任內部控制在不同行業中的應用,我們另外增加了汽車、食品和金融等三個典型行業進行研究,以期提高社會責任內部控制的可操作性,促進企業社會責任內部控制的應用,也為今後中國制定分行業內部控制操作指南提供一定的參考借鑑。

6.1 企業社會責任內部控制的理論框架與實施路徑 ——以汽車行業為例

6.1.1 問題的提出

汽車行業作為製造業的領頭羊、國民經濟的重要支柱,其社會責任內部控制系統的建立、健全和有效運行對於提升汽車行業社會責任管理能力、促進汽車行業的健康可持續發展意義深遠。近年來,汽車行業召回事件頻發,損害了消費者的正當權益,表明中國汽車行業在社會責任履行和利益相關者權益保護上存在重大缺陷。2013年央視「3/15」晚會曝光了大眾汽車DSG雙離合變速箱存在質量問題,國家質檢總局已強令大眾將有缺陷汽車盡快召回。迫於壓力,大眾汽車表態將召回38.4萬輛相關汽車。其實,從2009年下半年開始,消費者對大眾汽車DSG雙離合變速箱的大量投訴已引發媒體關注,而大眾汽

車則是採取了延長質保期等變通手段應對危機，直到央視的曝光和國家質檢總局的介入才被迫啓動了召回程序。在中國汽車召回網上搜查，我們發現從 2009 年公布的第一份標致雪鐵龍召回報告開始的四年間共有 452 個汽車召回事件。據國家質檢總局網站披露，2011 年中國共實施缺陷汽車召回 85 起，召回缺陷汽車 182.75 萬輛，同比增長 55%。其中，召回國產汽車 171.18 萬輛，占總數的 93.7%。許多生產廠家為了控制成本，盡力減少材料費用，並把零部件生產外包給其他生產商，很難保證整車質量。在「入世」及汽車產業國際化背景下，汽車召回不僅拷問中國汽車產品質量，更是對中國汽車行業社會責任的嚴峻考驗。汽車是一種對安全性、可靠性要求極高並對資源和環境有重大影響的特殊消費品，強化汽車行業社會責任對於保障人們的交通安全、提高家庭生活水準、促進汽車產業經濟的可持續發展，以及提升社會經濟環境系統的安全性、協調性和可持續性具有重要的戰略意義。《企業內部控制基本規範》《企業內部控制應用指引第 4 號——社會責任》的頒布和實施標誌著中國企業社會責任內部控制規範建設取得重大進展。目前已經推出了《石油石化行業內部控制操作指南》（財會〔2013〕31 號），但汽車行業等其他分行業內部控制操作指南尚未發布。由於缺乏分行業的實施細則，中國汽車行業社會責任內部控制難以在微觀層面系統構建並有效運行，整體上呈現出事後被動回應的特徵，亟待向主動嵌入式發展。

　　短期來看，制度約束、行政干預和媒體曝光是汽車行業履行社會責任的主要動因；長期來看，汽車行業履行社會責任是對國家發展戰略的回應及自身尋求可持續發展的現實訴求。中國汽車行業逐漸認識到履行社會責任的必要性和緊迫性，企業社會責任意識開始覺醒。長安、東風、宇通、一汽、江淮、神龍等國內車企近年來陸續發布企業社會責任報告，許多企業都以實際行動融入社會，積極承擔社會責任。東風汽車股份有限公司將共生、共創、共享作為其社會責任觀，構建了基於利益相關者的企業社會責任管理模式[185]。美國福特汽車公司的做法值得借鑑。福特汽車公司專門組建了企業社會責任委員會，該委員會確定了環境、道路交通安全、教育和健康四大方向，並設立「福特汽車環保獎」。蓋世汽車網總裁、蓋世汽車研究院院長陳文凱（2011）指出，企業社會責任對企業的可持續發展具有很高的價值，它不僅代表公眾形象，還會為將來的發展培育健康、融洽的環境；而企業社會責任方面的偏差可能會造成眾多不利的因素集中爆發，嚴重影響企業未來的發展前景。在汽車企業社會責任中，消費者權益保障做得最差。根據全國消協組織受理投訴情況統計，汽車投訴量從 2006 年的 7,761 件快速增加到 2012 年的 15,173 件，翻了一番，質量、

合同和售後服務成為家用轎車投訴的三大主要問題。汽車消費者的合法權益如何得到維護？政府如何進行有效的監管？汽車行業怎樣更好地履行企業社會責任？汽車行業社會責任缺失不僅導致汽車產業經濟的可持續發展遭受重創，還將引發嚴重「併發症」——社會問題和環境問題。由於汽車質量問題導致的交通安全事故日益增多，汽車質量問題造成用車存在安全隱患的佔11.6%，造成交通事故的佔7.5%。另據世界資源研究所和中國環境檢測總站測算，全球10個大氣污染最嚴重的城市中，中國佔了7個，而汽車尾氣已經超越傳統煤電工業污染成為頭號污染源，對環境安全和人們的生命健康構成嚴峻的挑戰。黨的十八大報告明確提出，要加快轉變經濟發展方式，建設資源節約型、環境友好型社會，因此，研究汽車行業社會責任內部控制問題，具有必要性和緊迫性。

6.1.2 相關觀點梳理

自從2000年7月「全球契約」發起以來，「企業公民」（Corporate Citizenship）責任理念日益深入人心，它的道德合理性已經被大量的企業案例證實。企業的成功取決於社會的穩定和安寧程度，「企業公民」理念及其蘊含的「企業社會責任」內核對汽車行業產生了重大影響。R. M. Vanalle 等（2011）通過對巴西汽車零部件生產企業進行研究，指出環境性評估對於汽車行業供應商的選擇和保持至關重要[186]。Jaegul Lee（2011）進一步認為，政府環境規制有利於汽車生產商和零部件供應商增加技術革新投資，推動減排技術創新[187]。Sandra M. C. Loureiro 等（2012）認為，汽車行業履行社會責任不僅有助於降低企業的成本、提高生產率，而且有助於提升消費者滿意度[188]。鄧子綱（2011）確定了18個影響汽車企業承擔社會責任的指標，基於FAHP法對影響中國汽車承擔社會責任的因素進行了分析，證實了環境責任、人力資源責任、技術責任和聲譽責任之間的單個或協同作用均對汽車企業績效具有正效應，最後建立汽車企業社會責任績效評價體系，並從政府、社會、企業三個方面探討汽車企業社會責任效應的提升機制[189]。中國在汽車行業社會責任內部控制方面的研究較少，相關研究主要是通過具體公司實例來分析汽車行業的社會責任問題，如申鳳岩（2005）、丁紅梅（2006）、沈志漁（2009）張王子旭（2011）和劉建堤（2012）等[190]。2010年中國（長春）國際汽車論壇暨中國汽車工程學會年會上，實務界和專家學者達成共識，提出「可再生能源、環境保護和交通安全」是體現汽車產業社會責任的重要內容。凌然（2011）將汽車行業社會責任融入汽車文化，認為汽車文化應體現汽車製造與發展自身的社會責

任，以及取之於民用之於民的整體發展初衷，倡導車企科學合理地安排利潤和投入的關係，力所能及地滿足社會需求。國內外學者對汽車行業社會責任管理的研究為中國汽車行業建立健全社會責任內部控制提供了理論支持。企業社會責任走向制度化、規範化和國際化，汽車行業社會責任內部控制建設迎來契機。

在理論研究及實務推動下，社會責任問題備受矚目。通用汽車與環境責任經濟聯盟已合作 20 餘年，致力於改善其可持續發展戰略及表現。通用汽車公司成為首家簽署「氣候宣言」的汽車製造企業，致力於降低生產對環境的影響，獲得了由美國碳註冊機構頒發的「傑出企業獎」，並被美國國家環境保護局授予企業能源管理最高榮譽「能源之星年度合作夥伴——持續卓越獎」，成為汽車行業的變革推動者。中國汽車工業協會自 2009 年起開始發布《中國汽車行業社會責任報告》，清華大學與羅德公關聯合發布汽車企業社會責任消費者評價指數，成為汽車行業社會責任履行的風向標。深交所 2006 年發布《上市公司社會責任指引》。上交所 2008 年發布《上海證券交易所上市公司環境信息披露指引》，2009 年發布《上市公司內部控制報告和社會責任報告的編製和審議指引》，發布「上證社會責任指數」並設立「每股社會貢獻值」的評價指標。2008 年財政部、證監會、審計署、銀監會、保監會在參考借鑑美國 COSO 內部控制框架的基礎上，聯合頒布《企業內部控制基本規範》，2010 年出抬《企業內部控制應用指引》《企業內部控制評價指引》和《企業內部控制審計指引》，並要求自 2011 年 1 月 1 日起在境內外同時上市的公司施行，自 2012 年 1 月 1 日起在上交所、深交所主板上市的公司施行。其中，《企業內部控制應用指引第 4 號——社會責任》的實施，標誌著中國企業社會責任內部控制建設的全面展開。以上政策文獻，為我們研究汽車行業社會責任內部控制提供了豐富的制度素材。

綜上所述，汽車行業社會責任內部控制在中國發軔時間較短，企業在群體性事件發生後才迫於媒體和相關機構、團體的壓力而進行追溯處理，整體上表現出事後被動回應的特徵。由於科學的社會責任控制理念、控制文化和控制方法尚未建立，以及缺乏系統規範的社會責任報告和社會責任監管平臺，使得中國汽車行業的社會責任內部控制實踐難以有效展開和持續推進。亟待在《企業內部控制基本規範》及配套指引的框架下，研究汽車行業社會責任的共性和個性，將社會責任組織架構、社會責任文化、社會責任制度、社會責任活動、社會責任報告、社會責任審計等主動嵌入內部控制，構建中國汽車行業社會責任內部控制系統，借此提升汽車行業社會責任管理能力，促進汽車行業的

健康可持續發展。

6.1.3 構建以 QHSE 管理為核心的企業社會責任內部控制框架

全面社會責任管理是一種新的企業管理模式，而內部控制可以為企業履行其社會責任戰略思想提供「落地」方式。汽車行業社會責任的本質是行業及企業內部利益相關者之間以及內部利益相關者和外部利益相關者之間相互交流、共同協作的過程。在這個過程中，企業對各利益相關者的利益訴求的回應和滿足過程就是履行企業社會責任的過程。這一過程的效率，取決於社會責任內部控制的健全性和有效性。在經濟利益最大化的古典經濟學理論支配下，內部控制的技術、方法都是圍繞「物」展開，即便注意到人，也只是把人作為控制工具和對象。汽車行業內部控制以股東為權力軸心、以員工為責任邊界，重視對價值創造過程的控制，例如強化員工工作投入、削減材料費用和其他預算經費等，忽視對剩餘價值在各利益相關者之間進行公平分配。知識經濟時代，人力資本對企業的價值創造效應逐漸占據主導地位，社會資本、環境資本對汽車行業的可持續發展產生重大影響。傳統內部控制關注各種固化風險的識別、評估和應對，卻未能對風險源予以分析治理，更不能有效控制日益增多的社會責任風險（王海兵、伍中信，等，2012）。社會責任風險拓寬了汽車行業的風險邊界，提升了企業的風險等級，社會責任風險失控將會嚴重削弱企業創造可持續價值的能力並損壞企業聲譽。隨著工業化進程的深入和市場競爭的加劇，汽車行業現有的內部控制系統與包括社區公眾、消費者在內的企業其他利益相關者的利益的不兼容矛盾日益凸顯，社會責任期望差不斷擴大。這些因素使得汽車行業內部控制環境發生重大變化，封閉、自利的內部控制的適用性降低，企業內部控制亟待轉向一種動態、開放、交互、共生的人本內部控制架構。汽車行業社會責任內部控制框架由導向系統、支持系統、執行系統、反饋系統和優化系統構成，囊括了內部控制基本五要素，增加了社會責任內部控制驅動因素分析，社會責任風險評估、應對與評價，形成了社會責任內部控制的動力機制、運行機制和約束機制。內部控制框架從傳統經濟責任的風險治理導向轉為現代社會責任的人本治理導向，各節點之間相互聯繫、前後貫通，共同構成一個完整、動態、開放的社會責任內部控制體系（圖6-1）。

（1）汽車企業的經營規模和發展階段會影響其社會責任履行

根據企業建立與實施內部控制的適應性原則，內部控制應當與其經營規模、業務範圍、競爭狀況和風險水準等相適應，並隨著情況的變化及時加以調整。規模越大，涉及的利益相關者越多，企業應承擔的社會責任範圍越寬；不

同的成長階段，企業的主要利益相關者集合可能不同，對不同利益相關者實際履行社會責任的程度存在差異。例如在企業創業階段，對融資的需求往往很旺盛，債權人是最主要的利益相關者；在發展期佔領市場份額最重要，消費者是最主要的利益相關者；在成熟期利潤穩步增長，對投資者和社會的回報很重要；在衰退期，降薪裁員時有發生，員工權益維護很重要。構建汽車企業社會責任內部控制體系，需要考察企業自身特點，並融入企業社會責任管理理論和利益相關者理論，提升其社會責任內部控制體系的環境適用性。企業經營規模和發展階段、部門設置和業務流程，以及利益相關者群體，其交集構成汽車行業的企業社會責任域，在三者共同作用下可以形成不同的企業社會責任戰略和社會責任控制系統。良好的社會責任管理能為各利益相關方創造綜合價值，這是企業推進社會責任管理的原動力。企業的相關利益者主要包括投資者、員工、消費者、債權人、供應商、社會團體、政府、公眾及其他；企業的職能部門主要包括綜合、人力資源、財務、風險管理、內部審計等職能部門和研發、採購、生產、銷售、物流、售後等業務部門。不同經營規模和發展階段的汽車企業的核心利益相關者不同，會導致 CSR 部門設置和業務流程不同。

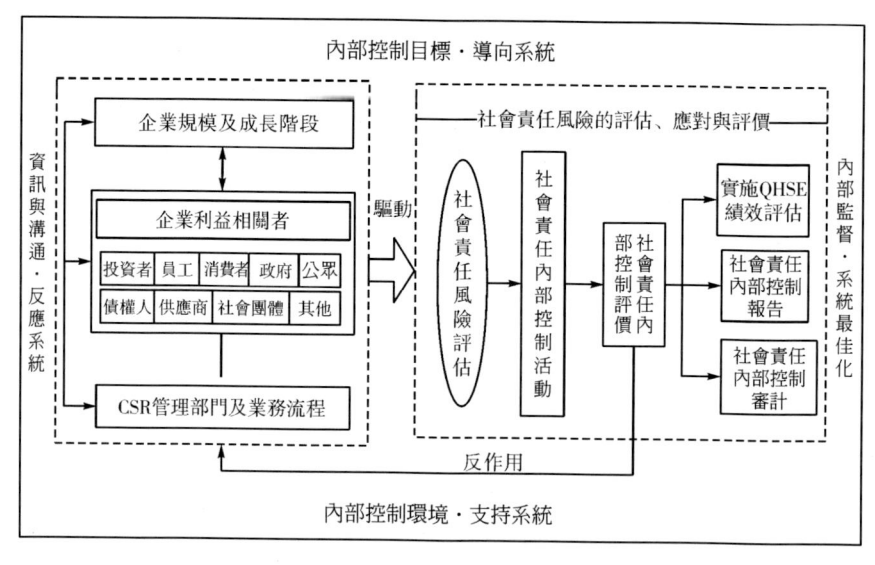

圖 6-1　汽車行業社會責任內部控制理論框架

（2）汽車行業社會責任內部控制框架以內部控制環境為基礎、內部控制目標為導向

內部控制環境是基礎，內部控制目標是導向，內部控制環境的適用性影響內部控制目標的實現程度。中國內部控制五要素框架未能把控制目標納入其

中，是一個遺憾。因此，應借鑑COSO內部控制框架，將內部控制目標作為首要的內部控制要素。汽車行業社會責任內部環境是汽車企業實施社會責任內部控制的基礎，一般包括治理結構、機構設置及權責分配、經營理念和風格、管理哲學、員工職業道德和勝任能力、社會責任內部審計、人力資源政策、企業社會責任文化、社會責任內部控制制度與機制建設等。汽車行業的企業社會責任內部控制目標是合理保證企業經營管理合法合規，資產（不僅包括物質資產，還包括人力資產、環境資產以及其他無形資產）安全，財務報告及相關信息真實完整，經營效率和效果提高，促進汽車企業實現發展戰略。

目前以電驅動是中國新能源汽車發展和汽車工業轉型的主要戰略取向，構建產業技術創新聯盟，初步形成較為完善的產業化體系並建立完整的新能源汽車政策框架體系，強化財稅、技術、管理、金融政策的引導和支持力度。在內部控制和社會責任有機耦合的微觀基礎上，應將汽車企業社會責任內部控制目標嵌入汽車行業的發展戰略，借此提升汽車行業社會責任內部控制的運行效率。

（3）良好的溝通與監督機制是提升汽車行業社會責任內部控制效率的關鍵

信息與溝通是實施社會責任內部控制的重要條件，要求社會責任內部控制系統能夠及時、準確、完整地收集與企業經營管理相關的各種社會責任信息，並使這些信息以適當的方式在企業內部各部門及相關人員之間以及企業與外部之間進行及時傳遞、有效溝通和正確應用。高效順暢的信息傳遞渠道能夠及時反饋社會責任風險控制情況，為有關各方的溝通、協調和控制決策提供支持。目前，中國的內部控制信息化和指數化工作還處於初級階段，私人信息保密制度也沒有完全建立起來，社會責任信息傳播渠道狹窄，社會責任內部控制過程中的人為因素導致的錯誤、舞弊以及洩露客戶資料等問題還比較突出，社會責任內部控制信息的相關規範和度量標準的建設還很滯後。中國汽車行業建立社會責任內部控制的溝通機制應著力解決四個方面的問題：第一是推進社會責任內部控制信息化建設，減少人為因素造成的錯誤和舞弊，提高內部控制的執行力和效率。第二是建立信息安全制度，在國家及行業要求的信息披露框架下，對信息披露範圍和程度進行科學管理，不得洩露企業核心商業機密，以及員工和客戶的個人隱私。第三是開闢多種溝通渠道，包括正式溝通渠道（如舉行社會責任新聞發布會，公布社會責任內部控制報告）和非正式溝通渠道（如不定期地召集利益相關者群體會議對社會責任情況進行交流溝通）。第四是在社會責任指數和內部控制指數的基礎上，將兩者加以整合，建立汽車行業社會

責任內部控制指數。社會責任內部控制指數化能簡化信息複雜程度，而且便於企業前後期間以及企業與其他企業之間開展比較分析，為各利益相關者提供更有用的決策信息支持。

信息與溝通還是開展內部監督的前提。信息不暢、溝通不力，容易導致監督無的放矢、流於形式。建立健全汽車行業社會責任內部控制的信息與溝通平臺，能夠降低信息不對稱性，提高內部監督的效能。汽車行業中，外資汽車企業比較注重內部控制的以人為本，對產品質量、員工健康、生產安全和環境保護比較重視，內資企業則更多關注預算管理和成本控制。從這點上講，國內企業的社會責任意識仍然落後於外資企業。社會責任內部監督應涵蓋政策與制度監督、管理控制監督、業務流程監督，全程、持續、動態地監控社會責任風險的識別、評估、控制和報告情況。內部監督不僅能夠夯實控制基礎、提高控制效率，而且能夠為社會責任內部控制的建設與優化提供策略指導。因此，汽車行業應建立健全內部審計機構，積極開展社會責任內部審計，與外部審計監督力量一起，為社會責任監督提供組織保證和制度支持。

（4）汽車行業社會責任風險的識別、應對和社會責任內部控制評價

這主要包括社會責任風險評估、社會責任控制活動、實施 QHSE 績效評估、社會責任內部控制報告和社會責任內部控制審計。汽車行業社會責任內部控制應在引入 ISO9000 質量管理體系、ISO14000 環境管理體系、OHSAS18000 安全及衛生管理體系的基礎上，根據共性兼容、個性互補的原則，把質量、健康、安全、環境管理模式系統化地加以整合，構建以 QHSE 管理體系為核心的社會責任內部控制框架，對汽車行業的企業社會責任內部控制實踐提供可行的全面風險管理操作指引。QHSE 管理體系通過風險控制避免不合格品、職業健康危害、安全隱患和環境污染等各類事故發生。例如，設置環境符合性定期審查，對企業的環境風險進行定期提示，根據風險等級啓動相應的應急預案進行應對。建立 QHSE 管理體系只是汽車行業履行企業公民義務的基本要求，並不能涵蓋其應承擔的全部社會責任內容，還需在「全球契約」和 SA8000 社會責任標準等的基礎上對 QHSE 體系加以擴展，對所有社會責任風險如道德風險、文化衝突風險、合同條款風險、政策與法律風險、自然災害風險等進行全面的識別、評估和應對。

在企業內外部暢通的信息與溝通基礎上，將社會責任報告和內外部審計結合能夠更好地對企業存在的社會責任問題進行診斷，評估企業社會責任內部控制目標的實現程度。例如張兆國（2011）通過目標導向構建了基於層次分析法（AHP 方法）的內部控制評價體系並進行了實證檢驗[191]。對社會責任內部

控制的實施情況進行內部監督十分有助於及時發現控制缺陷，提出優化內部控制系統的措施。社會責任內部控制報告不僅反應汽車企業實施 QHSE 績效評估的過程及結果，也反應除質量、健康、安全和環境等四個因素之外的其他社會責任信息，例如償還本利、計算發放員工工資和獎金、支付所欠貨款、納稅、向投資者分紅、進行社會捐助，以及開展其他社會公益活動等。在傳統的物本內部控制看來，這些項目在支付之前具有負債性質，支付後形成企業的費用；例如財務費用、工資費用、生產成本、所得稅費用、營業外支出等，形成股東權益的減項。然而在社會責任內部控制來看，這些負債和費用恰恰是債權人、職工、供應商、國家等其他利益相關者的正當權益，及時足額兌現這些權益，就是履行企業社會責任的表現；這能夠提升企業的關係資本，從而為企業在更寬闊的時空範圍獲取可持續發展提供支持。在人本化、信息化和法制化的商業環境中，汽車行業社會責任內部控制的風險管控效率取決於其對各利益相關者的合法權益保障程度。權益保障上存在的任何短板都有可能導致巨大的社會輿論及法律規制後果。企業是社會經濟體的基本細胞，企業家和高管應流淌著道德的血液。汽車行業亟待普及科學的人本發展觀和社會責任內部控制觀，將負債視為其他利益相關者的權益，將費用視為一種關係資本投資，降低控制衝突，增加企業內部與外部的和諧度，促進企業的健康可持續發展。

6.1.4 中國汽車行業社會責任內部控制框架的實施路徑

目前，針對汽車商品的投訴主要集中在產品質量、合同的制定與執行、過度宣傳、售後服務四個方面。然而，這只是冰山一角。企業其他利益相關者之間的矛盾，如勞資矛盾、環境污染等問題也十分突出。整體而言，汽車行業在社會責任覆蓋面和履行力方面還有所欠缺。本研究將通過對案例的回顧來闡述汽車企業社會責任內部控制活動存在的不足，並從內部質量管理、社會責任內部控制體系構建、社會責任風險管理、社會責任投資、社會責任信息披露等方面提出構建中國汽車行業社會責任內部控制的路徑。

（1）加強內部質量管理，將企業社會責任控制窗口前移

理性的消費者在選購汽車商品時最看重其安全性能、車內空氣質量安全以及汽車的耐用性。質量是汽車行業的生命線，也是消費者的生命線，由汽車質量帶來的安全性問題無論對汽車生產廠家還是消費者而言都生死攸關。美國知名雜誌《福布斯》每年都會針對汽車工業進行一系列的評選。在 2006 年的「十大最安全車型」榜單中，汽車安全性評測機構對汽車安全性的評價主要集中在碰撞測試、防側翻能力、車體設計、製造工藝以及車身重量等上。十大最

安全車型列表中涵蓋的車型基本上都配備了先進的安全設備，如帶安全氣囊的防側撞側面撞擊保護系統（SIPS保護系統）、穩定控制系統和穩定輔助系統、牽引力控制系統等。根據2012最新出爐的《汽車室內空氣質量比較試驗報告》，在由22個城市消費者主動送檢的25個汽車品牌43款新車中，沃爾沃S60憑藉優異的車內空氣質量綜合表現，在所有送檢車輛中排名第一。隨著人們物質生活的極大改善和健康安全意識的普遍增強，消費者對汽車消費品質量的高要求成為汽車行業加強內部質量管理的強大動力，政府管制的加深、消費者權益保護的興起以及企業社會責任運動的持續推進，成為汽車行業加強質量管理的壓力源。採取對質量問題車輛進行召回屬於「亡羊補牢」，固然能夠降低企業法律風險，但對企業形成的經濟壓力也是不言而喻的。汽車行業的最佳社會責任戰略在於「未雨綢繆」，將企業社會責任窗口前移，重視生產階段、採購階段乃至研發階段的質量管理。許多車企雖然建立了質量管理體系內部審核程序，對質量問題進行了監控，但出於短期經濟利益的需要，在質量管理的範圍和力度上均有所欠缺，存在「睜一只眼、閉一只眼」的現象，質量管理體系的設計、實施和審核力度亟待進一步加強。如果汽車行業不能積極主動地開展事中乃至事前的質量管理，而是被動捲入事後的質量問題補救，就相當於將自身的質量過程管理責任推給政府、媒體和公眾等外部監管力量；那麼，由於質量問題引發的社會經濟風險將可能給企業乃至整個行業帶來重創。

（2）樹立全面風險觀，使社會責任風險控制涵蓋業務流程的各個階段

理念是形成理論和方法體系的根基。汽車行業社會責任內部控制建設應樹立全面風險觀，即全程融合，全方位覆蓋，全員參與，貫徹「天時地利人和」的智慧思想。樹立全面風險觀，就是以汽車商品的經濟性、安全性和環保性為核心，綜合考察其他利益相關者的權益及變動情況是否合乎社會責任控制標準。社會責任內部控制應窗口前置，從銷售及售後環節向前擴展，全面覆蓋設計、研發、投融資、採購、生產、銷售、分配、售後等各個階段，全員參與，並且將事前控制、事中控制和事後控制相結合，實現社會責任內部控制由被動回應式向主動嵌入式發展。汽車行業社會責任的事後控制雖然能避免更大損害的發生，但向社會注入的風險也是不容忽視的，這提高了消費者的健康成本和經濟成本，降低了社會福利水準，也不利於提升汽車行業社會聲譽和經營的可持續性。召回事件使得汽車企業在中國的銷售量受到影響，這也就存在企業社會責任風險問題。企業社會責任風險指的是企業沒有或不當承擔社會責任而導致企業遭受損失的不確定性，其風險因素包含生態環境、人力資源、產品、技術、貿易等。召回事件中的車企就是因為沒有控制好汽車質量，而陷入社會責

任風險。傳統內部控制理論將企業作為一個封閉的系統並做出管理決策，反應的只是企業生產經營活動的「內部成本」和「內部收益」，無法反應企業各種活動所帶來的社會責任和存在的風險。社會責任風險往往是無形的而且是在企業被動履行社會責任後才引起企業的足夠重視，而在目前媒體工具發達的情況下，社會責任風險的傳遞和放大可能會給企業帶來毀滅性打擊。汽車行業應該加大對風險的認知範圍，注重社會責任風險的管理。建立全面的風險觀就是需要汽車企業從設計、採購、生產、銷售和售後環節做到有效的控制。設計上引入先進的人本理念，如保險帶報警提示、後視鏡的防水防塵等，可以增強汽車的安全性能；採購上注重選擇綠色低碳環保的原材料及零部件，對關鍵部件執行行業乃至國際標準，杜絕以降低質量換取利潤空間的短期行為；加強對生產過程的質量控制以及整車的安全性、環保性、經濟性等性能的測評，同時關注員工的作業行為安全性指導和作業環境的安全性防護；銷售階段注重營銷廣告的真實性，不誇大、不渲染；合同訂立要公平公正，不設置「霸王」條款和具有誤導性、詐欺性的條款；培育健康的汽車售後服務市場，推進汽車 4S 店售後服務的國家行業標準建設；建立汽車商品消費者投訴及處理平臺，引入消費者滿意度調查及社會媒體評價機制；為消費者提供其他增值服務，如汽車美容、汽車質量及性能檢測、汽車保險諮詢等。

（3）注重社會責任投資，合理安排利潤和投入的關係

社會責任投資（Social Responsibility Investment，簡稱 SRI）是基於社會責任理念的一種投資行為，要求投資者將社會、環境以及道德議題融入經濟目標。汽車企業合理安排好利潤和投入之間的關係非常重要。將利潤的相當一部分拿出來做社會責任投資，能夠提升企業的社會聲譽、增加社會資本，為以後取得可持續的發展奠定基礎。多留利潤少投入，或者只講利潤不講投入，企業終將陷入「孤島」，不僅失去已有的支持，而且導致衝突加劇和矛盾升級，不利於形成和諧共贏的價值網絡。目前汽車行業在社會責任投資上主要表現為不斷地提升產品質量、加大對新能源汽車的投入、設計開發更多的低能耗低碳排放汽車、進行生產廠房的綠色建築 LEED 認證、加強職工的健康促進與安全防護、開展員工技能培訓與職業拓展、進行社區服務及社會捐助等。此外，及時足額支付貨款、工資、稅款、利息、紅利等，也可以視為一種廣義的社會責任投資行為，不僅可以減少法律風險，對於培育價值支持網絡和社會關係資本也至關重要。

在《2012 年中國企業社會責任排行榜》報告中，通過汽車企業在環境、社會、企業治理三個領域的加權累計得分，得出了中國企業和外資企業社會責任 50 強。其中，福特汽車排第一名，得分 77.3 分；前 50 名裡外資汽車企業

還包括寶馬、標致、戴姆勒、豐田、現代、大眾、本田、日產和通用，最低的通用得分為 51.1 分。在中國企業中上海汽車和東風汽車分別得分 46 分和 17.2 分。在報告中作者指出，企業社會責任投資多是集中在與自身利益相關的方面，而且簡單地將社會責任理解為慈善活動等一些表象的東西，但是企業不但要關注與自身相關的社會責任，更需要加強與外部利益相關方的共同價值觀的培養。某些單一領域的集中投資並不一定能帶來企業在社會責任方面的回報，有時甚至可能產生負面的影響。在《2012 年中國企業社會責任排行榜》中企業的傳統慈善行為占滿分的百分比為 13%。報告發現超過半數的中國企業在該領域得分在此基準線之上，更有甚者高達 30%。然而，這些公司的社會責任表現並不理想，在榜單上的排名相對靠後。更多的慈善行為並不是更好的履責表現。在中國普遍關注慈善的大環境下，許多企業在慈善方面下了大功夫。但是，公司在慈善方面的投入並不能相應地提高其在企業社會責任方面的得分。所以汽車企業應該把眼光放得更寬一些、更長遠一些，均衡各個社會責任領域的投入，這樣得到的回報可能會更好、更持久。

(4) 實施汽車企業綜合報告與審計評價制度

社會責任報告是汽車企業與各利益相關者進行溝通交流的重要媒介。自從 2002 年公布中國汽車企業社會責任報告以來，許多汽車企業把披露社會責任信息作為自己的責任。從 2007 年開始，公布企業社會責任報告的汽車企業數量迅猛增長，責任報告披露的內容也越來越多，社會責任形式也多種多樣，如發展混合動力車輛、教育、環保、公益、助力南極科考等。但同時也存在很多問題，如社會責任披露缺乏量化標準、披露內容不完整、披露內容和格式不規範、披露時間不連貫、選擇性披露趨向嚴重等。應採納聯合國「全球契約」關於人權、勞工標準、環境保護、反腐敗的十項原則，並參考《全球報告倡議（GRI）可持續發展報告指南》G3.1 標準，出抬汽車行業的企業社會責任報告準則，對中國汽車企業編製和發布社會責任報告進行規範。

同時，信息透明度同樣也是企業社會責任的一項重要表現。劉建秋、宋獻中（2012）發現企業社會責任對企業價值的影響需要借助企業「社會責任溝通」等社會責任信息披露手段實現，競爭性行業社會責任對企業價值的影響比非競爭性行業更加顯著[192]。隨著資本市場、汽車消費品市場的發展，以及經濟全球化的推進，越來越多的汽車企業開始發布年度社會責任報告。長安、東風、宇通、一汽、江淮、神龍等國內車企近年來陸續發布企業社會責任報告，以實際行動融入社會，積極承擔社會責任和報告社會責任履行情況。然而對廣大利益相關者來說，對汽車企業社會責任報告進行獨立審計，發布準確的

社會責任信息則顯得愈發重要。企業可以採用《AA1000 審驗標準（2008）》來確保社會責任報告的包含性、回應性和實質性。該標準將利益相關方置於審驗核心，引領企業社會責任報告由發布進入審驗階段[193]。在企業社會責任排行榜中，報告給予通過第三方審計的企業的平均分要明顯高於未進行第三方審計的企業。企業管理層應該制定詳細的內部審計章程，加強自身內部控制來配合外部第三方審計，共同完成社會責任報告，提高企業社會責任績效。汽車行業協會則根據行業整體社會責任履行情況發布汽車行業社會責任藍皮書，對行業和企業社會責任管理績效進行指數化評價，為政府實施監管提供支持。

近年來，企業報告不充分的問題已日益引起國際社會的廣泛關注。傳統財務業績本身並不測度公司的整體健康狀況，既不反應競爭績效，也未計量通過產品質量、服務和反應速度創造的價值。信息化技術的發展將促進利益相關者按需裁剪信息，提高用戶獲取信息的公正性、及時性和自由度。國際會計師聯合會（IFAC）主席 Fermin Del Valle 指出：「環境的可持續發展以及社會業績成為關鍵的商業理念，會計專業人士應該不斷努力，去設計和提供這一領域必需的報告和鑒證服務。」因此，為了避免單一社會責任報告的主觀、空洞、誇大其詞等不確定性問題，可以構建汽車企業綜合報告框架，將財務報告和企業社會責任加以有機整合，以「定量為主，定性為輔」的企業綜合報告模式取代現行的以定量為主的「財務報告」和以定性為主的「企業社會責任報告」多重報告體系，將企業社會責任信息納入綜合報告框架並要求進行強制審計，提高財務信息和社會責任信息的透明度和披露質量。企業披露社會責任信息只是一個好的開端，對廣大利益相關者而言，對汽車企業社會責任信息進行獨立審計，以鑒定其真實性和完整性則顯得愈發重要。

6.2 基於價值鏈的 QHSE 內部控制優化
——以 Y 食品企業為例

隨著生活水準的提高，人們對食品的要求越來越苛刻，食品質量安全問題無疑已經成為最能觸動公眾敏感神經的重大問題，出現食品安全問題對企業發展和品牌聲譽可能會造成致命的打擊。令人不解和震驚的是，不安全食品的來源往往是享譽國內外的大型企業集團。這種現象不禁讓人思考：企業集團的內部控制為何如此脆弱？食物是人們維持生存的最基本物質，食品的特殊性使食品企業承擔了特殊的社會責任，因此站在價值鏈的高度並結合 QHSE 四位一體

的管理理念對食品企業進行內部控制優化，能為食品企業實施先進的管理方法創造全新的思路。

6.2.1 理論基礎和文獻回顧

（1）價值鏈理論研究

Lindsay 教授和 Kalagnanam 教授兩位學者在做了充足的研究分析之後，於 1999 年得出結論：企業內部良好的協調機制可以通過建立非正式的、有機的和開放的控制形式來形成，這種協調機制的建立也可以使價值鏈內部各個流程更加協調、更加優化，同時降低生產過程的不確定性風險，從而使企業能夠在經營管理過程中不斷地創新，更大程度上滿足顧客需求。Fredrik Nilsson 與 Coneours Cepro（2001）提出，企業在運行過程中應該將價值管理控制、業績管理控制和戰略管理控制合而為一形成新的控制模型，並將新模型應用到整體的經營活動當中，這樣更有利於保證企業戰略的實現。COSO 委員會也已經明確表示在風險管理框架的討論稿中，企業的內部控制應該作為風險管理模塊中必不可少的一個環節。然而與內部控制框架相比較而言，風險管理框架的覆蓋面更廣，因此可以說風險控制是基於內部控制框架的延伸和拓展，更是對風險進行的更加清晰、準確的定義。在經濟活動中到處都有價值鏈，企業內部各環節的互相聯繫便構成了企業的內部價值鏈，其正常運行是企業存續的基礎保障。而外部價值鏈則體現了外部與企業有關聯的各企業之間的相互聯繫，包括上游供應商和下游的物流、消費者等。不管是內部價值鏈還是外部價值鏈的價值活動，只要它存在於價值鏈之上，就會對企業的價值實現產生影響。波特提出的價值鏈理論告訴我們，企業要想立於不敗之地就必須提高企業的競爭力，而價值鏈上各個環節要互相幫助共同形成一個合力來提高企業的綜合實力。

（2）內部控制理論研究

林鐘高（2006）認為，企業內部控制的目標和企業生存的總體目標是一致的，兩者都是以提高價值為目的[194]。李心合（2007）認為內部控制應該與時俱進，緊跟時代的步伐，適應不斷更新的環境，內部控制應該以現代企業需要解決的實際問題為導向，以不斷創造企業價值為目標，通過價值鏈分析檢驗企業風險；控制平臺使管理信息系統不同於以往的財務流程，所以價值鏈內部控制應該突出控制的重點，做到更全面、更透明。趙明（2010）對基於價值鏈的企業內部控制進行研究，說明了建立價值鏈管理的內部控制系統會對企業的生存和發展產生巨大影響。內部控制，從最初的基本會計控制開始，經歷了諸多波折，演變到現在的以風險控制為核心，這是社會不斷進步、企業不斷發

展壯大的共同結果，也是現代化管理制度的必然產物。隨著信息化的不斷推廣和運用，在今後的發展中以不斷創新的審計技術和管理理念作為指導，內部控制將繼續前行。

(3) QHSE 理論研究

QHSE 管理系統在石油行業普遍運用，該系統的管理目標主要是實現 QHSE 的標準化、一體化、信息化，本著共性兼容、個性互補的原則把質量、健康、安全、環境等融入系統，做到四位一體、全面覆蓋。該系統要求企業生產的產品要滿足顧客的需求、生產加工過程中要保證員工的安全、發展進程中更要注重周邊環境的保護。其工作方法為 PDCA 循環：實施、計劃、檢查、改進。QHSE 管理體系（質量、健康、安全、環境）是經過縝密的思考和研究總結出來的一套科學高效的管理系統，選擇這套管理模式就是選擇了一套標準的管理工具，通過科學的方法來管理團隊，通過該系統的實施運用，可以幫助企業節約生產管理成本，提高管理水準。

對於一個企業來說，整個價值鏈中的各個環節都必不可少地存在不同的風險，因此，把風險管理理論應用於整體價值鏈，並對之進行分析研究，能使企業更清楚地瞭解自身情況，也能更好地應對風險並且提出應對措施，使內部控制體系不斷得到完善。綜上所述，將 QHSE 管理系統和價值鏈理論相結合來融入內部控制理論，對 Y 食品企業進行內部控制優化研究，以實現企業整體價值增值為目標，力圖建立高效準確創新的內部控制流程，可以提高效率，提高自身競爭力，進而實現內部控制的價值和作用。

6.2.2 基於價值鏈的 QHSE 內部控制案例研究

(1) 案例背景

Y 是一家多元化的企業集團，旗下有地產、旅遊、食品、商業、建築、物流和金融七大產業。集團總部設於南京，集團旗下有 300 多家分（子）公司，遍布全國各地，不僅開創了中國低溫肉製品行業的先河，還是中國冷鮮肉行業的領跑者。作為全產業鏈經營模式的實踐者和領導者，理論上不該有質量安全問題，但是事實卻完全相反，眾多問題事件的發生足以使 Y 食品企業的管理層認識到內部控制的薄弱。價值鏈管理理論和內部控制理論雖然各有側重，但兩者的終極目標相當一致：都是為了實現公司價值最大化，實現公司的戰略目標。可以說內部控制是整個價值鏈鏈條中的一個環節，屬於特殊的價值增值活動，而 QHSE 系統則是站在可持續發展的高度來提高企業價值，與 QHSE 系統相融合能使內部控制制度更加完善。

(2) 案例運用

食品的生產與供應連接著許多不同的交易主體，比如生產製造商、經銷商，原材料供應商，儲運經營者，以及一些相關的加工設施、添加劑、包裝材料的供應者等。他們分工協作，共同完成食品及其輔助材料的生產、加工、儲存、分銷與處理等各個環節的活動。產品質量的好壞取決於供應鏈上所有相關聯廠家的產品質量水準，而且與廠家數量以及每家廠商的產品質量狀況都密切相關。食品安全需要食品供應鏈上所有相關者的共同努力維護，需要食品供應鏈上各廠商信守承諾來予以保障。所以在傳統的內部控制基礎之上結合價值鏈管理，並區別內部價值鏈和外部價值鏈對內部控制路徑進行優化。對傳統食品企業的內部控制加以改善，可以實現企業增值、增強企業的競爭力。Y食品企業基於價值鏈的QHSE內部控制框架如圖6-2所示。

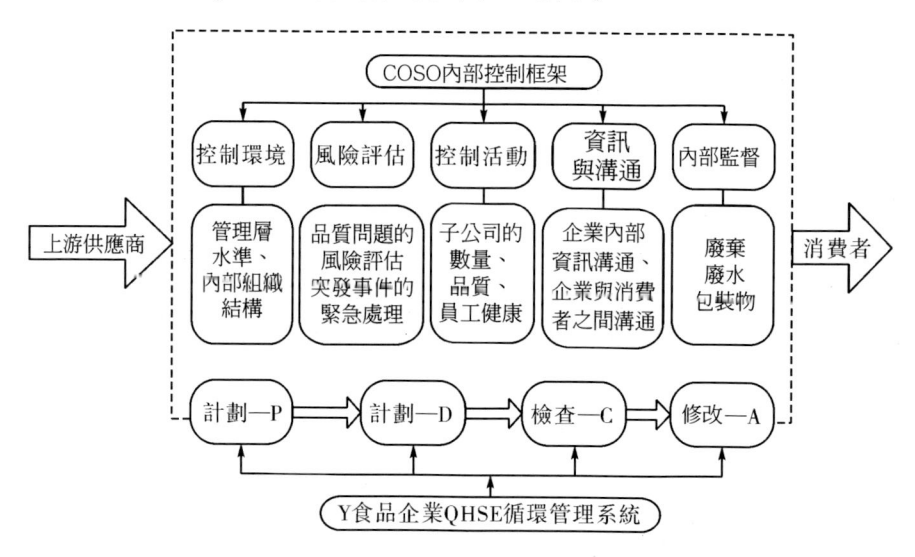

圖6-2 基於價值鏈的QHSE內部控制框架圖

第一，Y食品企業QHSE內部控制診斷。若想更好地對Y食品企業的內部控制系統進行優化，就應該全面地考慮企業在經營發展過程中的每一個環節。上文已經對Y食品企業的內部控制環境以及內部控制系統進行了簡要的概述，接下來就是要利用價值鏈理論進行具體的QHSE內部控制分析，找出內部控制中存在的問題。

①內部控制環境薄弱。Y作為中國的大型食品企業集團，其生存和發展依賴於百姓的信任和支持，而其利益也建立在百姓的健康之上。基於企業內部價值鏈來看，「問題豬肉」暴露的主要是Y的人力監管存在漏洞，內部控制環境

基礎薄弱。從 Y 食品企業所處的外部宏觀環境來看，企業現階段發展環境良好，對於 QHSE 系統整體的實施運用來說有競爭優勢；但是從內部微觀環境來看，食品安全質量問題有增無減又說明企業仍然處於尷尬的境地，內部環境控制仍嫌薄弱。總體來說，內部控制環境薄弱主要體現在各種規章制度的約束無力或者形同虛設上。各種制度的形同虛設必然容易導致企業內部組織結構混亂、權責劃分不清，這樣就容易陷入惡性循環。

食品企業屬於勞動密集型產業。綜合各方面因素，食品企業通常都設立在郊區或者遠離人群的地方。正是由於這種地理位置，很難吸納高素質的人才進入。Y 的工廠和總部出現分離的現象，總部往往設立在城市，這就使得內部在人力資源管理方面不得不進行遠程遙控操作。大多數食品企業都是從最初的作坊式生產發展演化而來的，到了現代已經越來越具規模，有的也已經發展成大的集團產業，Y 食品企業亦如此。權力大多集中在少數大股東手中是上市公司的普遍特徵，在發展中廣納各方意見相當困難，經常會出現職權混亂的情況，在食品企業裡尤甚。

②風險評估有待完善。大眾對食品質量安全問題越來越關注，媒體對此的討論更是不斷升溫，食品企業應更加重視風險防控給企業帶來的現實意義。在事故爆發之初，Y 企圖採用對媒體隱瞞和抵賴的伎倆瞞天過海，堅決否認，推卸責任，最後才極不情願地向消費者道歉；直到事情完全暴露，才實施全面召回。在此過程中，不知又有多少無辜百姓的人身健康受到威脅。這充分說明 Y 食品企業內部對於食品質量安全的風險評估和面對突發事件時的應急處理不夠及時、不夠準確。這是其亟待解決的又一重大問題：風險評估能力不足、工作不到位。風險評估是企業建立和實施有效內部控制的一個重要環節。對於 Y 而言，最重要的風險控制點無疑是生豬的採購質量。由於 Y 採取低成本加速擴張，生豬的供給主要採用採購模式，就是「養豬戶—加工廠」；而生豬的來源大多是農村散養戶，企業無法直接、全面地控制生豬質量，缺乏具體的管理辦法及監管部門。

Y 食品企業在發展過程中試圖通過價值鏈管理來塑造環境、提高利潤，其實施和運用的過程要用到戰略思想和戰略方法，無疑會給企業帶來戰略風險。而 QHSE 管理體系的安全管理模塊中專門就風險管理做出詮釋，所以 QHSE 管理體系的實施和運用過程實際包含風險管理思想。各種風險的存在恰恰說明了 Y 食品企業風險管理方面的不足。此時，內部控制就顯得尤為重要，這時的內部控制不僅要有良好的公司治理結構為戰略決策提供制度環境保障，還要能對風險的發生進行評估，並制定出有效的應對措施。

③控制活動不足。隨著 Y 食品企業的擴張，其子公司的食品質量已然成為企業發展進程中最大的隱患。Y 食品企業在國內肉製品加工領域一直處於領先地位，一直都堅信食品安全必須貫穿滲入生產加工的每一個環節。從原材料的檢驗、生豬的養殖以及對生產加工過程的管控，再到不安全產品的召回，整個過程都要有科學的技術和管理的支持。雖然 Y 擁有自己的內部控制活動標準體系，但接連不斷的問題事件證明其體系並不嚴密。

如果只是控制單一生產企業的食品安全，Y 食品企業的內部品質監控制度或許算是有效的，但是其子公司分散於全國各地。如今食品質量安全事件隨處可見，這只能說明 Y 食品企業的內部質量控制活動和內部控制監管系統仍然存在缺陷。如何有效地控制子公司的食品安全問題已經成了 Y 擴張進程中必須解決的首要問題。生產作業是 Y 最重要的一項活動，同時根據企業價值鏈的有關思想，它也是內部價值鏈活動中相當重要的一個環節。產品質量與生產作業的質量息息相關，好的質量是企業健康發展的有力保障。所以在內部控制活動中不斷加強並且完善生產控制活動，不僅能夠加強企業內部控制建設，而且可以通過促進價值鏈中某一環節的增值來帶動整個價值鏈增值。另外，員工健康是食品安全的重大問題。整個過程離不開員工的參與，QHSE 管理體系中提到的職業健康就包括體檢管理，只有在健康的生產環境中才能生產出健康的食品。特別是考慮到食品企業的特殊性，明確國家對食品從業人員的健康要求和標準，嚴格檢查健康管理制度，提高員工自身健康標準，有重要戰略意義。

④信息與溝通欠缺。內部控制過程中的信息反饋機制是通過建立信息與溝通系統來實施的，這樣不僅能夠加強企業內部的風險管理水準，又能及時準確地應對發展過程中可能面臨的各種問題。一是企業內部信息溝通不暢。存在領導的官僚主義嚴重、且溝通渠道不暢通等情況，如果員工本身也缺乏主觀能動性，容易導致公司財產蒙受損失。究其原因，不乏管理層反應遲鈍，管理者剛愎自用、拍腦袋決策等客觀因素，缺乏對客觀信息的全面把握和分析運用。理論上來說，如果能真正把現代企業內部控制制度與價值鏈、QHSE 管理系統相結合併認真貫徹執行，必然會降低類似問題出現的機率。二是企業與社會大眾信息不對稱。在食品質量安全方面信息的極度不對稱現象仍然是存在的。各種質量安全事件的頻繁發生足以讓人們意識到誘人廣告背後的假冒偽劣和不負責任。信息的不對稱導致食品企業與公眾看似很近實則脫離的社會關係，遇到問題事件便會被推到風口浪尖，其後果不堪設想。

⑤環境監督亟待增強。企業在遵循價值鏈思想、增加企業價值的同時往往容易忽略自身給環境帶來的危害。加強環境保護是 Y 食品企業履行社會責任的行

動體現。對Y食品企業來講，其關聯產業主要有畜產品的加工、產品包裝和食品化工等行業。產生的污染物主要有廢氣廢水和包裝物。Y這種大型食品企業擁有自己的畜牧養殖場，養殖過程中會產生大量排泄物。這些污染物很可能帶有大量病毒和細菌並且氣味難聞，如果得不到妥善處理就釋放於大自然當中，將嚴重影響人們的身心健康。生產過程中大量的污水排出可以在短時間內造成水體富營養化，嚴重影響生態平衡。另外，針對Y食品企業來說，塑料包裝物不僅可以保護食品不受外界污染，還能美化商品，給消費者帶來愉悅。但是隨著商品進入千家萬戶和被消耗，包裝物就失去了存在的價值，絕大多數被當成垃圾扔掉而變成污染源。由此可見，企業內部的環境監督制度需要進一步增強，需要全面提高企業的自主環境管理水準，推動企業主動承擔環境保護的社會責任。

第二，Y食品企業QHSE內部控制優化。食品生產企業內部控制制度的建設應該基於價值鏈並結合QHSE管理系統和內部控制五要素，分別在質量、安全、健康、環境等方面展開，而且要突破傳統的價值鏈思想。因為傳統的價值鏈是站在價值增值的高度對企業進行全局的戰略部署，而QHSE管理系統更注重長期的、可持續的、和諧均衡的價值增值；傳統價值鏈偏重於短期價值，不注重共贏。

①優化內部控制環境。近年來，Y食品企業分別在南京、安徽、東北、山東、陝西、廣東等地密集佈局，設立多家加工廠。其迅速擴張面臨諸多問題，如管理工作混亂、崗位職責混淆不分。而且食品企業進入門檻較低，致使該企業不少管理人員甚至是高層管理人員的管理水準比較低。具體表現主要有兩點：一是僅注重經濟效益。雖然經濟效益是衡量企業生產經營成果的重要指標，但是它並不是唯一的指標。企業的良好形象要通過保證食品的質量來慢慢形成，只有這樣才能有利於企業長期穩定發展。二是管理人員專業素質整體較低。有些處在管理階層的人員沒有管理知識和經驗，甚至沒有參加過任何相關學習和培訓，使企業良好內部控制環境的形成受到限制。良好的內部控制環境是企業內部建立和實施有效的內部控制的基礎，主要由企業組織內部各個子系統和系統中各種因素構成，其根本目標為保障內部控制系統健康快速有效地運行。所以結合內部價值鏈，Y食品企業應該從提高人力資源管理水準方面入手，加強企業內部控制環境建設。QHSE管理系統在實施運用過程中需要遵循八項管理原則，並著重強調領導的突出作用。他們應該確立組織統一的宗旨及方向，承擔為企業創造良好內部控制環境的責任，保證員工的充分參與。管理者作為推動者要能夠保證體系正確和健康地運行。所以實施過程中的首要任務就是加強企業領導層對QHSE管理系統的認識，正確認識這種理念的優點，明確QHSE管理系統的建立和運行旨在全

面完善企業的管理體系，提高企業的管理質量。只有領導層首先樹立正確的管理理念，才能在以後的體系中發揮領導作用，才能為企業確立正確的宗旨和目標，才能為體系的運行創造良好的環境。因此，Y食品企業要在對領導進行必要的培訓和教育之後才能著手建立基於價值鏈的QHSE管理體系。作為一種科學、規範的管理體系，QHSE管理系統的管理思想一定要貫穿於企業的各項工作。食品安全就是食品企業的生命，是企業生存下去的保證，良好的內部控制環境能夠保證食品企業內部控制制度的健康完整，避免體系運行在某些部門出現空檔，使企業的監督管理工作更加到位，從而保證企業實現利潤最大化。良好的內部控制環境還可以幫助企業提高承擔社會責任的自覺性，作為食品企業的管理層更要積極學習並運用QHSE的管理思想。

②強化風險評估。風險容易引發危機，而危機有如下四個特徵：一是不確定性。對於企業來講想要準確地預測事件的爆發時間和地點相當困難，因為事件爆發之前要麼沒有明顯徵兆要麼徵兆微弱，況且危機是否出現、何時出現都存在很強的不確定性。二是破壞性。危機一旦發生，破壞性往往難以預料，很可能會給企業帶來極其嚴重的損失，可能是物質方面也可能是名譽方面，有些危機甚至可以讓一家企業毀於一旦。三是突發性。危機往往都是不期而至，讓人應接不暇、無從下手，因此也往往會把企業搞得人心惶惶。四是緊迫性。危機的發生會在極短的時間內引起各人傳媒以及社會各方的強烈關注，從而引發不可估量的嚴重後果。所以對於食品企業這個特殊行業來說，一定要建立起良好有效的風險評估機制，在具體的實施過程中要堅持常備不懈、預防為主的方針，貫徹反應靈敏、統籌協調、統一領導、共同進步、借力科學的原則。

加強風險評估要做到以下兩點：一方面，基層單位要主動參與、全員參與。在QHSE管理系統的建設過程中，執行主體是基層單位和全體員工，所以基層單位和個人應自覺強力執行QHSE管理制度，加強執行意識，並將之融入日常的生產管理。各部門領導幹部應加強領導責任意識，積極鼓勵全員共同參與，並且通過開辦各種培訓班等手段不斷督促員工加強QHSE管理意識，嚴屬糾正不安全行為，預防並消除食品質量安全隱患，從而達到有效評估和控制過程風險、預防事故發生的目的。另一方面，要確認食品質量安全一旦發生將要帶來的後果的嚴重性，設想這些後果可能帶來的各種危害的種類，以及各種危害的風險的大小。預測每一種食品發生質量安全問題的途徑、現象、可能性大小以及所有惡果，對各嚴重性制定一個量化的標準，調整或者制定出風險控制的具體措施，並且要與有關各方進行積極有效的溝通。原則上對於超過標準隱患的產品要堅決治理、絕不姑息，從而建立起安全的食品鏈價值鏈，保障食

質量安全。

③加強控制活動。QHSE管理系統遵循十大業務模塊，其中質量管理模塊被置於首位，足見它的重要性。其中涉及對質量的控制、改進、問卷調查、比照、投訴、考核、大事記等幾個重要環節。Y食品企業首先需要考慮的問題便是如何使自己所生產加工的食品安全健康，這就要求在檢測過程中更要進一步加強質量控制活動，因此Y食品企業完善內部控制活動要注意以下幾點：

首先，要與國際接軌。目前中國的食品標準跟國際標準相比還存在著不小的差距，所以當務之急便是建立能夠與國際接軌的食品安全標準體系。Y食品企業應針對生產管理過程中的具體問題，對各項標準進行修訂、添加甚至是廢除。供、產、運、銷各環節努力運用先進的工藝技術，不斷完善質量和食品安全內部控制活動，努力建立與國際先進水準相接軌的食品質量標準體系。

其次，要嚴格控制子公司的數量和質量。根據《生豬屠宰管理條例》的要求，不同級別的城市可設置屠宰廠（場）的數量不同並且有嚴格規定。只有其他欠發達地區市、縣以及西部地區可根據實際情況適當放寬。有些地區如易產生有害氣體、粉塵、菸霧等污染源的工業企業所在地區或場所，以及供水水源地、密集居住區、污染源和自來水取水口等一些環境敏感地帶，不得設置定點屠宰企業。近年來Y在遼寧地區密集佈局，連續建設和籌建了10座大型生豬屠宰場。儘管Y食品企業一直在規劃發展養殖業，但是目前大多數項目僅僅只有屠宰場，根本沒有自己的養豬基地，原本宣傳的要與養殖戶建立長期緊密的合作關係更只是奢望，所以生產加工過程中需要的生豬主要來自豬販子的零散購入。從這一點來看，要想從源頭上保證食品質量安全完全沒有任何保障。

最後，員工健康應作為重點項目去抓。Y食品企業應定期對員工進行正規的健康體檢，這個時間間隔應該比國家規定的間隔要短。身體健康且有健康證明的員工才可繼續上崗，否則，應嚴格按照有關規定和程序予以辭退或者崗位調整。對新聘用的員工一律要求要通過體檢並取得健康證明後方可聘用，健康證的取得要符合正規程序，不得弄虛作假。平時的生產生活過程中要加強員工的日常衛生管理，加強正規化管理，使其養成良好的衛生習慣。

④完善信息與溝通。企業各部門之間要建立起良好有效的溝通模式，加強領導與員工的信息溝通意識，借助科技力量及時掌握國內外食品安全的最新技術動向，並運用於日常實踐工作。信息與溝通包括企業內部各層級之間的信息溝通、企業與消費者之間的信息溝通以及企業與環境之間的信息溝通。要想達到對產品質量控制的自我升級與更新，就必須加強各個維度的信息溝通，提升

Y食品企業自身的質量安全控制水準。此外還要加強Y食品企業信息的公開透明度。現實生活中大多數消費者對食品行業的特點不夠瞭解，問題事件一旦出現往往會發生恐慌甚至帶來嚴重後果。出現這一現象的原因主要是消費者對企業的信任感的缺失，歸根究柢是由於企業信息不夠公開、不夠透明。所以，要加強Y食品企業信息的公開透明度，增強公眾的瞭解，從而有助於避免由關注度而引起的虛假報導等負面新聞給整個企業帶來的不利影響。

⑤增強環境監督。作為一家負責任的肉製品生產企業，Y食品企業更應該履行自己的社會責任，關注周邊環境的變化，加強對環境保護工作的內部監督和建設。同時QHSE管理系統專門也把保護環境當作一個重要的管理模塊，所以企業越是發展就越要加大環境保護力度，運用合理有效的方法對價值鏈上各個環節的污染源進行有效監督控制，最大限度做到排除污染隱患。一是要設立專職環保監督機構。運用QHSE管理理念管理集團各個分（子）公司的污水處理工作，通過嚴格執行國家和地方的環保法律法規，對每一個新建、改建的項目都進行環境影響評估，嚴格執行「三同時」制度，向環保部門如實報告污染物排放情況。監督機構應招聘專門的高素質人才，編製環境應急預案，對突發性環境問題及時處理和匯報。要制定明確的污水、污物健康環保指標，督促員工按指標嚴格執行，同時管理部門應不定時地對各個環節進行突擊檢查，確保每一道工序的安全性。二是要借力高科技。Y食品企業作為食品行業的領跑者，其所用包裝材料不僅要追求環保，更應該追求可持續發展，追求包裝物的循環利用。Y食品企業應該借助高科技在環保器材上加大投資力度，使科技的發展服務於企業的發展，探尋一條與科技與環境共同進步、共同發展的和諧道路。運用QHSE管理系統來提高企業的內部控制水準、借力先進的科技知識和現代化設備帶來的是長期的、可持續的價值，因此它的使用和推廣需要各方面的不間斷的大力投入。

6.3　企業社會責任內部控制評價指標設置
　　　——以金融行業為例

6.3.1　問題的提出

金融行業的發展狀況是衡量一個國家經濟實力的重要標誌，商業銀行作為金融行業的典型背負著重大的社會責任。1995年，因職權分離程度不高和內部控制審核制度不健全，曾在國際金融領域獲得迅速成功的巴林銀行毀於尼克

里森期貨合約交易失敗。巴林銀行事件令人「嘆為觀止」，但蘇州、南京等多地曾曝光的銀行儲戶存款「不翼而飛」的荒唐事件令人瞠目結舌，金額高達上億元。審計署在2014年度金融審計結果中發現，內外勾結騙取銀行貸款等案件達14起，初步查明涉及銀行內部人員88人[195]。2015年2月4日，中新網報導原某行副行長利用職位權力，在銀行貸款或產品銷售上謀取個人利益，受賄上千萬元。商業銀行由於內部控制監管不夠到位或職權分離不合理等原因，給社會造成了巨額的經濟損失，帶來了嚴重的不良影響。雖然中國某些地區開始實施商業銀行社會責任內部控制制度的建設，但眾多案件表明，商業銀行社會責任的履行情況委實差強人意，現狀堪憂。

早在1997年，中國人民銀行就頒布了《加強金融機構內部控制的指導原則》，指導金融行業防範內部控制風險，要求建立內部控制監督系統，及時發現風險漏洞，防止出現內部侵吞或外部盜竊以及內外勾結作案等不良現象。2014年銀監會修訂了《商業銀行內部控制指引》的同時，頒布了《商業銀行審計指引》，說明中國商業銀行在內部控制機制運行過程中還存在不少問題，需要進一步的完善。2009年中國銀行業協會頒布了《中國銀行業金融機構企業社會責任指引》強調金融機構應積極承擔為促進社會可持續發展所應承擔的經濟、法律、道德與慈善責任，包括對消費者、員工、股東、政府、社區等利益相關者的責任[196]。2014年重慶市銀行業協會發布了《2014年度重慶市銀行業社會責任報告》相關的指標體系，包括社會經濟貢獻值、綠色信貸、公投慈善、產品安全與質量服務以及助學貸款等多項社會責任指標來考核銀行的社會責任履行情況。因此，研究商業銀行社會責任內部控制指標體系，對建設商業銀行社會責任內部控制機制具有重大的現實意義。

6.3.2　中國商業銀行實施社會責任內部控制評價的必要性

2008年美國次貸危機引發的金融危機對中國金融業發展衝擊巨大。柴玉珂（2011）認為積極回應國家的宏觀經濟政策調整，在防範風險的基礎上把握好信貸投放，切實履行社會責任，是為經濟社會穩健運行提供有力保障和維護客戶和員工權益的必要前提條件[197]。商業銀行應當為其經營活動承擔必要的社會責任，隨著日益增長的物質文化需要，基於底層的國際商業銀行赤道原則已經不能滿足社會責任發展的要求，商業銀行社會責任內部控制指標需要進一步的完善。在消費者權益保護意識越來越強烈的時代，順應時代潮流是現代商業銀行的生存發展之道。因此，越來越多的商業銀行重視社會責任的履行情況，並把社會責任指標納入內部控制戰略目標層次，商業銀行社會責任內部控

制評價指標披露是現代企業可持續發展的必然產物，也是利益相關者迫切關注的對象。但目前較欠缺的是沒有統一的標準將商業銀行社會責任履行情況按照相關指標在年報披露內部控制評價。商業銀行的金融產品已經滲透到消費者生活的各個方面，實施商業銀行社會責任內部控制評價機制對保護消費者合法權益具有積極的指導意義。

眾所周知，商業銀行在國家金融體系發展中有著至關重要的作用，給金融業的發展帶來前所未有的機遇與挑戰，使得商業銀行社會責任在「人本」主義時代備受關注。劉勇奮、胡恩中和周良（2013）在上海的農商行課題組中收集的國外部分大型商業銀行保護消費者權益的主要措施中都有將社會責任納入商業銀行戰略這一條。他們認為後金融危機給我們帶來的慘痛教訓是要在健全金融體制的同時成立金融消費者權益保護的專門機構或部門監管社會責任的履行情況[198]。商業銀行社會責任在公司治理和戰略管理中都發揮著較大的作用，社會責任的全面建設與監管是實現審計監督全覆蓋的必經之路，也具有金融業回應國家政策而積極履行商業銀行社會責任的牽頭作用。因而商業銀行建設社會責任內部控制評價機制是金融業實施可續發展戰略觀的自發性要求。胡廣文、張鵬（2009）指出中信銀行社會責任價值觀提出三大標準體現社會責任績效貢獻：追求經濟效益、注重社會貢獻和樹立公眾形象[199]。目前，不僅是中信銀行提出這樣的創新型新觀念，整個商業銀行界都注重社會貢獻值以及社會責任內部控制管理化的建設。基於此，商業銀行迫切需要的是完善社會責任內部控制建設制度以及細化履行社會責任情況的具體考核指標。

6.3.3　中國商業銀行社會責任內部控制的評價指標體系構建

Tirole（2001）提出將公司治理界定為：引導管理者將利益相關者福利的制度設計內外化，改變傳統的公司治理有關利益相關者福利的框架[200]。蕭松華和譚超穎（2009）提出可以將商業銀行社會責任評價指標分為股東、客戶、員工、政府、監管機構、環境和社區7個第一層次和21個第二層次詳細的具體評價指標[201]。商業銀行社會責任理論正在不斷完善，依據具體情況具體分析的原則，有必要將商業銀行社會責任按照銀行業這一特殊行業構建具體的社會責任內部控制考核指標體系，遺憾的是尚未統一形成商業銀行可實施的社會責任內部控制管理體系。重慶銀行協會將銀行社會責任分為內部控制管理、新增貸款投向、支持產業轉型、服務渠道建設以及產品安全與服務質量以及外部客戶反饋及消費者保護、服務於小型企業、服務於「三農」、著力保障改善民生、開展個人創業（助業）助學貸款、開展綠色信貸、開展社會慈善及志願

活動等具體商業銀行社會責任考核指標。本研究就重慶市銀行協會頒布針對商業銀行確定的社會責任項目分為15個一級商業銀行社會責任報告的評價指標和多個二級具體評價指標進行商業銀行社會責任內部控制的構建分析。15個一級指標對應的多項二級指標具體如表6-1所示。

表6-1　商業銀行社會責任內部控制評價指標體系

責任（A）	一級指標（B）	二級指標（C）
社會（A_1）	社會責任的管理（B_1）	社會責任專職部門中的專崗人數（人）、社會責任工作兼職人員數（人）、開展社會責任培訓次數（次）、參加社會責任培訓人數（人）、社會責任工作的經費投入（萬元）、主流媒體上發表本行社會責任報導的篇數，如金融時報（篇）、其他能反應社會責任管理的重點指標數據
	社會經濟價值的貢獻（B_2）	資產總額（百萬元）、客戶貸款和墊款總額（百萬元）、客戶存款（百萬元）、營業收入員工成本支出（百萬元）、所得稅費用（百萬元）、平均資產回報率（%）、不良貸款率（%）、撥備覆蓋率（%）、其他能反應社會責任貢獻的重點指標數據
	產品安全與服務質量（B_3）	獲得總行（司）級表彰的文明規範服務先進單位（家）、獲得總行（司）級表彰的文明規範服務先進單位網點占總網點數比率（%）、獲得總行（司）級表彰的文明規範服務先進個人（個）、獲得總行（司）級表彰的文明規範服務先進單位占總員工數比率（%）以及其他
	客戶反饋及消費者保護（B_4）	客戶投訴意見總數（項）、客戶投訴辦結率（%）、客戶投訴受理率（%）、客戶投訴受理時間（小時）、客戶滿意度（%）及其他
	服務「三農」情況（B_5）	農戶貸款餘額（億元）、農村企業及各類組織貸款餘額（億元）、城市企業及各類組織涉農貸款餘額（億元）、涉農貸款農戶數量（戶）、當年新增的服務「三農」金融產品數量（個）、服務「三農」金融產品數量占全部產品的比例（%）、支持「三農」的網點機構數量（個）及其他
	著力保障改善民生（B_6）	保障性住房、棚戶區改造、醫療衛生、糧油儲備及其他，備註：當年發放額（億元）、當年新增額（億元）、餘額（億元）和建成數量衡量（億元）
	個人創業（助業）助學貸款及獎學金投放（B_7）	個人創業（助業）貸款當年發放額（億元）、個人創業（助業）貸款當年新增額（億元）、個人創業（助業）貸款客戶數（人）、個人助學貸款當年發放額（億元）、個人助學貸款當年發放額（億元）、個人助學貸款受助人數（人）、高校獎學金當年發放額（萬元）、高校獎學金當年新增額（萬元）、高校獎學金受助人數（人）及其他
	公益慈善投入（B_8）	總投入（億元）、較上年增長（%）及其他①
	志願者活動（B_9）	是否建立志願者活動長效機制，形成志願者活動品牌，進行扶貧幫困、助老助殘、金融教育宣傳（真假辨認）、助學支教、醫療衛生（含無償獻血）及其他特色志願服務活動

① 註：對外捐助如興建學校等，要同時報送捐助學校數量（個）。

表6-1(續)

責任（A）	一級指標（B）	二級指標（C）
環境（A_2）	宏觀政策的項目（B_{10}）	貫徹國家宏觀經濟政策下的監管部門有關要求、助力產業轉型升級項目，支持統籌城鄉項目，著力支持五大功能區建設、國際合作業務項目，扶持小微企業發展項目，支持「三農」重點項目，支持保障性住房項目、個人消費信貸項目、綠色信貸重點項目、夥伴合作項目、醫療衛生貸款重點項目、公益項目、志願者活動項目、其他能反應社會責任績效的宏觀政策項目
	綠色信貸（B_{11}）	兩高一剩行業貸款餘額占總貸款餘額比重（%）、節能環保項目貸款占總貸款餘額的比例（%）、節能環保項目貸款涉及的項目數量（個），清潔能源和十大節能工程（個）、流域、城市環境綜合治理，工業污染治理和循環經濟（個），推出的綠色金融產品數量（個），綠色營運、低碳辦公和節能減排比上年節約額（億元）及其他
經濟（A_3）	新增貸款的投向（B_{12}）	農、林、牧、漁業，採礦業，製造業，電、氣、水生產和供應業，建築業，交通運輸、倉儲和郵政業，批發和零售業，房地產業，租賃和商務服務業，水利、環境和公共設施管理以及其他
	支持產業轉型升級（B_{13}）	科學研究、技術服務和地質勘查業貸款餘額，支持戰略性新興產業貸款當年發放額，支持戰略性新興產業貸款餘額，其他
	服務渠道建設（B_{14}）	人工營業網點（個）、當年改造完工的營業網點（個）、社區銀行（個）、自助銀行（個）、農村營業網點（個）、網上銀行同期交易變動（萬元）、自助銀行（萬元）、手機銀行（萬元）以及其他
	服務小微企業（B_{15}）	大中企業貸款餘額（億元）、小微企業貸款餘額（億元）、小微企業貸款客戶數量（戶）、小微企業信貸投放增速（%）、小微企業貸款占總貸款的比例（%）、當年新推出的服務小微企業金融產品數量（個）、服務小微企業金融產品占全行所有金融產品數量的比例（%）、當年新推出的服務小微企業金融產品數量（個）、服務小微企業金融產品占全行所有金融產品數量的比例（%）、小微企業金融服務專營機構數量（個）及其他

註：兩高一剩行業指高污染、高耗能和產能過剩的行業，目前受信貸控制的兩高一剩行業包括電力、焦炭、鋼鐵、水泥、平板玻璃、煤化工、電石以及造船行業，以中國銀監會《綠色信貸指引》為報送依據。

　　商業銀行應普及員工社會責任理念、知識、報告編寫技巧等方面的社會責任專項培訓，增強員工社會責任感，加大編寫企業社會責任報告、開展社會責任專項培訓和社會責任專項調研等社會責任專項工作的經費投入。商業銀行助力產業轉型升級項目和支持統籌城鄉項目主要指的是文化、戰略新興產業等助力當地經濟發展，帶動多少人就業、實現多少噸碳減排等。文化產業包括文化服務業、出版發行和版權服務業、文化藝術服務業、文化休閒娛樂服務業以及其他文化服務業等。戰略性新興產業是以重大技術突破和重大發展需求為基

礎，對經濟社會全局和長遠發展具有重大引領帶動作用，知識技術密集、物質資源消耗少、成長潛力大、綜合效益好的產業。商業銀行支持「三農」重點項目指標需列舉支持的重點「三農」項目，主要內容包括項目貸款額度，項目所屬領域、項目簡介以及項目對農村發展的經濟和社會效益等，包括文字材料和圖片。個人消費信貸項目包括：個人短期信用貸款、個人綜合消費貸款、個人旅遊貸款、國家助學貸款、個人汽車貸款、個人住房貸款等。綠色信貸重點項目列舉貸款發放的節能環保典型項目簡介和圖片，簡介中突出項目的環境效益（如節約標準煤、減排二氧化碳等）和社會效益（帶動就業、增加稅收等）。醫療衛生貸款重點項目列舉支持的典型醫療衛生貸款項目簡介、重大意義，社會效益及其成效（如建立了多少醫院/農村衛生院，解決了多少人的看病難問題）。總之，商業銀行社會責任內部控制建設包括了銀行業涉及社會責任的各個方面，並進行了細化，用具體指標進行衡量，最後隨社會責任報告一併披露。

6.3.4 商業銀行社會責任內部控制的實施機制

目前，中國銀行監管部門在社會責任發展的驅使下逐漸重視商業銀行社會責任報告的披露，但是相關資料表明結果差強人意。何德旭和張雪蘭（2009）研究認為由於中國商業銀行的公司治理結構採取平行雙層治理結構模式，即股東利益最大化；嚴重缺乏對顧客等外部行為人的重視，以致商業銀行社會責任履行行為呈現功利性和系統缺乏性[202]。實施商業銀行社會責任內部控制機制的最高層次是將社會責任納入戰略管理時，在商業銀行內部控制中嵌入赤道原則和社會利益最大化原則。商業銀行社會責任內部控制指標的建設是在實務界與理論界不斷博弈後發展起來的，然而實施商業銀行社會責任內部控制評價指標的機制時，應著手於以下幾點：

（1）明確商業銀行社會責任內部控制目標

在實際中，商業銀行內部控制的目標時常會與社會責任目標相衝突。由於各個利益相關者的經濟利益在一定程度上是相互制約的，每個利益相關者追求自身利益最大化的過程必然會導致與企業的追求股東利益最大化或公司價值最大化的過程發生矛盾和衝突。為了避免或協調這種矛盾，商業銀行社會責任內部控制目標必須有一個統一的標準——社會利益最大化。商業銀行社會責任內部控制的目標不僅僅是考評一個貸款管理目標是否得以實現的最後環節，還是考評商業銀行社會責任內部控制是否符合社會利益最大化原則的基礎，也是保證利益相關者、合作者公平性和效率性的基礎。明確商業銀行社會責任內部控

制目標是檢驗商業銀行內部控制目標成果、考核社會責任管理績效、實施社會責任內部控制評價指標以及編製商業銀行社會責任內部控制評價報告的先決條件，也是促進社會和諧發展的基礎。

(2) 建設商業銀行社會責任內部控制體系

張立軍和馬霄等（2013）提出從四個基礎指標評價低碳經濟下的企業社會責任：資源利用（5）、環境保護（5）、基礎設施（4）、社區貢獻（4）共18個詳細指標[203]。雖然商業銀行社會責任內部控制的評價指標與企業社會責任評價指標的大致基礎和方向不會改變，但是具體行業的社會責任詳細指標應該具體分析，應採取因地制宜的方法解決商業銀行社會責任內部控制體系中存在的問題。建設商業銀行社會責任內部控制體系應著手於商業銀行社會責任內部控制評價指標，依據商業銀行社會責任外部考核機制建設商業銀行內部的社會責任控制制度以及內部社會責任績效考核制度。因此，商業銀行社會責任內部控制基本框架的雛形已經形成，需要結合實際生活，在運用中發現商業銀行社會責任內部控制的欠缺，從而返回到理論知識中進行修改完善。商業銀行社會責任內部控制制度的建設仍然逃不掉在博弈中不斷創新豐富。建設商業銀行社會責任內部控制評價指標除了確定上一部分的具體指標外，還需要核算商業銀行社會責任指標的權重，即每項指標佔商業銀行社會責任15項總指標的權重應該如何進行合理分配，還需要專家進行進一步的考察確定。

(3) 完善商業銀行社會責任內部控制評價指標的規章制度

徐泓和朱秀霞（2010）研究認為企業在權責發生制下不能及時反應企業為實現社會和諧穩定所採取的行動和做出的努力[204]。在實務界中，眾多企業或者商業銀行都建設了社會責任履行制度。社會責任內部控制報告是自願性披露，而不是強制性按指標披露，而且商業銀行或企業缺乏定性和定量指標來衡量，這些是制度中欠缺的部分。商業銀行社會責任內部控制情況不僅應作為各個支行以及員工的績效考核評價指標，還應強制性地將商業銀行社會責任內部控制評價指標在年度報告日納入內部控制報告中向社會公示，接受社會的監督。因此，商業銀行社會責任內部控制評價指標的制度建設重點應為從國家乃至國際層面制定統一的公平公正的具體指標，供地方商業銀行參考。

商業銀行社會責任內部控制的實施依賴於商業銀行（主體）、監督者以及利益相關者的共同努力：主體應該自發性地建設商業銀行社會責任內部控制機制；監督者強制性要求商業銀行披露社會責任履行情況，並按指標排序；利益相關者從管理層、限制理財產品等多角度監督並懲處商業銀行中社會責任履行不當者。

6.3.5 小結

綜上所述，商業銀行社會責任評價指標和社會責任內部控制理論的完善，為商業銀行社會責任內部控制理論奠定了紮實的理論基礎。實務界的商業銀行社會責任考核機制為商業銀行社會責任內部控制機制的實施提供了現實條件。通過對重慶地區商業銀行社會責任考核指標的分析，建立了商業銀行社會責任內部控制的評價指標，豐富了商業銀行社會責任內部控制評價指標理論，為商業銀行社會責任內部控制機制的誕生奠定了理論基礎。筆者通過對理論界商業銀行社會責任評價指標和實務界商業銀行社會責任內部控制考核機制的分析，發現商業銀行社會責任內部控制評價指標體系正在茁壯成長，實現商業銀行社會責任內部控制評價報告編製指日可待。

雖然本研究提出了商業銀行社會責任內部控制的具體評價指標，對商業銀行社會責任內部控制制度建設提供了一定的參考價值，但是由於技術欠缺，沒有給出相應指標在商業銀行社會責任績效的考核中具體應占的比例。在和諧社會，商業銀行社會責任的履行成為提高商業銀行經濟效益競爭力的重要手段，也是服務於社會發展的必然趨勢。因此，商業銀行社會責任內部控制制度、商業銀行社會責任內部控制文化以及商業銀行社會責任內部控制報告還需要廣大能人志士的共同努力，推動商業銀行社會責任內部控制理論和實務的發展。

7 企業社會責任內部控制的創新研究

企業社會責任內部控制是一個很有前景和生命力的研究與實踐領域。創建系統的企業社會責任內部控制理論框架、制定科學的企業社會責任內部控制相關政策法規、建立和實施有效的企業社會責任內部控制系統，需要理論界、政府部門和實務界共同努力推進。為了增加企業社會責任內部控制研究的前瞻性，我們提出企業社會責任內部控制的創新研究方向，作為企業社會責任內部控制研究的一個完整構成部分和有益補充。這些創新研究方向包括但不限於以下方面：企業社會責任內部控制在綠色供應鏈管理中的結合應用、「互聯網＋」企業社會責任內部控制，以及基於環境資源保護的企業社會責任內部審計等。

7.1 基於綠色供應鏈管理的企業社會責任內部控制體系

7.1.1 問題的提出

對於內部控制的研究與實踐，目前大都限於控制點（風險點控制）、控制線（流程控制）、控制面（政策制度控制）、控制體（組織控制），研究的視域限於企業內部。當前，隨著商業生態的日益複雜化和競爭的白熱化，供應鏈、戰略聯盟等新興組織形態優勢凸顯，超越單個企業內部控制，聚焦於控制鏈和控制網，更具戰略高度、系統性和應用價值。控制鏈是面向供應鏈提出的內部控制理念，是指內部控制不只是限於企業內部，而要基於整個供應鏈的戰略佈局來合理設置和有效運行；核心企業的內部控制系統和供應鏈上其他企業的內部控制系統相輔相成、有效連結，產生內部控制協同效應和規模效應。

供應鏈是基於相關企業生產經營互補性和物流方向一致性而提出的，在本質上是風險鏈和價值鏈。供應鏈上不同企業在發展戰略和經營目標上具有差異性，但在供應鏈上也具有利益共生性和風險傳導性。因此，供應鏈上不同企業

實施社會責任內部控制，共同構建和優化相互對接嵌套的社會責任內部控制系統，能夠對風險鏈和價值鏈進行有效控制，保障供應鏈管理目標的實現。隨著媒體不斷曝光企業社會責任缺失事件以及全民對企業履行社會責任的關注度提升，企業社會責任問題已逐漸從寬度上延伸至企業所處的整條供應鏈，從高度上影響企業發展戰略，傳統灰色乃至紅色的供應鏈管理不再適應人本社會經濟發展的訴求，綠色供應鏈管理應運而生。綠色供應鏈管理對環境因素的重視，將供應鏈管理與企業社會責任內部控制有機整合，能夠控制供應鏈企業社會責任風險，提升企業社會責任履行水準，實現企業價值增值。全球已有不少企業開始實施綠色供應鏈管理：2007年沃爾瑪開展「360環保」項目，堅持「5R」原則，為其全球供應鏈節約了成本，帶來了經濟利益；國內企業也開始重視供應鏈企業社會責任問題，如立白集團提出「引領綠色健康」的口號，江中集團實施的「綠色創新戰略」成就其跨越發展等。

儘管如此，仍有不少企業考慮到環境成本投入不能立即為企業帶來經濟利益等問題而缺乏履行社會責任的積極性。實際上，企業履行社會責任對企業財務績效具有深遠影響。同時，實證經驗表明企業社會責任履行與企業內部控制質量分別對企業可持續發展水準發揮促進作用。因此，企業社會責任內部控制作為一種控制社會責任風險、提高企業經營效率與效果的有效手段，對於促進供應鏈企業履行社會責任、維護和平衡成員企業權益、實現企業和整個供應鏈價值增值與可持續發展具有重要意義。本研究基於綠色供應鏈管理，構建以供應鏈核心企業為基礎、以利益相關者為導向、以社會責任風險管控為中心的企業社會責任內部控制架構，並從決策、執行和監督三個層面提出實施路徑，為加強綠色供應鏈管理中各節點企業的企業社會責任內部控制建設、推動供應鏈企業社會責任風險和價值管理、實現鏈條上各企業協調可持續發展提供依據和保障。

7.1.2 相關觀點梳理

全球化發展日新月異，企業社會責任的承擔逐漸由單個企業擴展到供應鏈。基於綠色供應鏈管理的企業社會責任內部控制是內部控制研究的新領域，兩者的有機耦合有助於推動供應鏈企業的社會責任管理，加強企業內部控制建設和風險控制，促進發展綠色化、利益共享化、標準一致化等，從而實現供應鏈上核心企業和非核心企業的內部控制系統的銜接，並發揮協同效應。

（1）綠色供應鏈管理的研究現狀

綠色供應鏈管理起源於美國。國外學者認為，綠色供應鏈管理就是將傳統

的供應鏈網絡與環境進行整合（Gilbert，2001），涉及產品設計、原料採購、選擇、製造工藝以及最終產品交付給消費者的全過程（Srivastava，2007），是一種從戰略角度幫助公司定位的工具（Schrettle, et al, 2014）。中國對綠色供應鏈管理的研究起步較晚。中國學者認為綠色供應鏈管理是一種綜合考慮環境影響和資源效率的現代供應鏈管理模式（但斌、劉飛，2000），需要把供應鏈企業的業務流程看作一個整體過程，形成集體化供應鏈管理體系（汪波、申成霖，2004）。綠色供應鏈管理包括兩個維度，即軟維度（高管承諾、組織文化、綠色動機等）和實維度（戰略、技術等）[205]。汪應洛等（2003）則進一步將綠色供應鏈細分為生產系統、消費系統、社會系統與環境系統四個子系統並提出綠色供應鏈管理的四個基本原理[206]。雖然目前國內外學術界對於綠色供應鏈管理還沒有統一的定義，但都認同將環境因素融入供應鏈管理、把綠色管理作為企業文化（武春友等，2001），是企業衝破發展瓶頸的戰略選擇（高潔，2014），是企業實現綠色化的最有效的工具之一（彭娟，2009）。

(2) 供應鏈企業社會責任的研究現狀

全球化浪潮中跨國公司供應鏈管理的加強、發展觀念的轉變、履行社會責任獲得的實質性收益構成推動企業社會責任運動的外在衝力、思想基礎以及內在動因（高鳳蓮，2006）。社會責任主體從單個企業擴展到供應鏈，是供應鏈系統可持續發展的必然需要[207]。供應鏈企業社會責任管理以核心企業為中心展開（申光龍，等，2009），整合鏈條企業社會責任（陶菁、顧慶良，2009），促進供應鏈活動與環境相容的程度以及供應鏈企業社會責任的管理與實施（汪應洛等，2007）。實證研究表明企業承擔社會責任會對供應鏈管理績效產生積極影響[208]。現代企業管理模式從傳統供應鏈管理向綠色供應鏈管理的轉變，為供應鏈管理視角下企業社會責任的實施和履行提供了新的發展方向。但仍存在一些困難，如成員企業間文化差異、成本與利益難以協調等問題（李雷鳴，等，2008）。那麼，如何協調企業之間的關係、提高綠色供應鏈管理CSR的履行程度？有學者提出，我們應在「利益相關者合作」邏輯下，引入共同治理機制[209]，在供應鏈內建立合作戰略，共同促進供應鏈CSR活動的發展。面向利益相關者的供應鏈社會責任整合能夠創造價值，建立供應鏈社會責任的整合治理模式，包含監督機制、評估機制、協助機制與激勵機制，監督機制與評估機制為供應鏈企業履行社會責任施加了壓力，而協助機制與激勵機制則增強了企業履行社會責任的動力[210]。

(3) 企業社會責任內部控制的研究現狀

企業內部控制與企業社會責任存在互動性，兩者相互影響、相互促進。通

過借助財務績效這一中間變量對企業社會責任與內部控制之間的互動性進一步實證檢驗，發現企業社會責任、財務績效、內部控制三者之間存在顯著正向影響的關係。在社會責任與內部控制融合的發展趨勢下，中國眾多學者試圖從不同角度、不同層次研究企業社會責任內部控制框架構建。王海兵、王冬冬（2015）對企業社會責任內部控制的概念、目標、主體和對象、原則等基礎理論問題進行探討，對於深入研究企業社會責任內部控制具有重要指導意義。花雙蓮（2011）構建了「目標、要素、主體和層面」四位一體的企業社會責任內部控制框架，從戰略控制、管理控制和作業控制這三個層面展開研究。王海兵、伍中信等（2011）則構建了以利益相關者為導向、以企業社會責任風險管控為中心的人本內部控制戰略框架。在此基礎上，王海兵、劉莎（2015）進一步將企業社會責任內部控制提升至戰略層次，提升了控制的效率與效果，推動了社會責任內部控制的建設和實施。

綜上所述，綠色供應鏈的研究取得豐碩成果，為企業社會責任內部控制建設提供了理論依據和實務參考，但社會責任內部控制研究主要集中在單個企業或行業，沒有涉及供應鏈管理方面，這限制了內部控制理論與實務的進一步發展。隨著企業經營環境日益複雜，國際範圍內的企業社會責任運動如火如荼，基於綠色供應鏈管理視角，在複雜商業生態與價值鏈網絡中考察企業社會責任內部控制問題變得尤為迫切。企業需要考慮綠色供應鏈管理過程中的風險防控，關注如何降低、轉移或控制綠色供應鏈管理中的風險。目前，社會責任是作為內部控制的環境因素而沒有充分融入其他內部控制要素，企業社會責任內部控制的實施應該具體到管理和業務活動。綠色供應鏈管理更關注社會責任以及環境資源對企業可持續發展的影響，而非短期的財務目標，基於綠色供應鏈管理構建企業社會責任內部控制體系為中國內部控制建設指明了新方向。在企業實施綠色供應鏈管理需要有效地跨越職能部門甚至是跨越企業的業務流程、新環境下的理念文化、資源高效利用目標約束下的預算控制，輔之以部門運作和考核機制，而企業社會責任內部控制可以為綠色供應鏈管理的實施提供「落地」的方式。

7.1.3 基於綠色供應鏈管理的企業社會責任內部控制體系構建

綠色供應鏈管理重視企業內外部環境影響，強調企業環境保護、資源節約等方面的社會責任。社會責任內部控制有助於防控企業社會責任風險，維護和平衡企業內外部利益相關者的合法權益，促進企業的綠色健康發展。運用內部控制手段控制與監督企業合理履行環境責任，有效管控環境風險，是人本經濟

時代下供應鏈上的各企業貫徹落實其社會責任的必然選擇。基於綠色供應鏈管理的企業社會責任內部控制從寬度上將社會責任延伸至整條供應鏈，從高度上影響企業發展戰略，對企業提出更高的要求。基於綠色供應鏈管理的企業社會責任內部控制框架包括企業綠色發展戰略、控制活動、控制報告與評價以及信息與溝通四部分（圖7-1），從上而下依次包括決策、執行和監督三個層面，縱向實施從戰略目標到內部控制評價的整體流程控制和五大模塊之間的信息傳遞，橫向實施從綠色設計到綠色物流的部分流程控制和信息傳遞，通過整體與部分、靜態與動態的結合，形成閉環的企業社會責任內部控制系統，促進鏈上各節點企業在採購、生產、營銷等一系列經營活動中關注內外部環境問題，實現供應鏈整體和企業的持續增值。

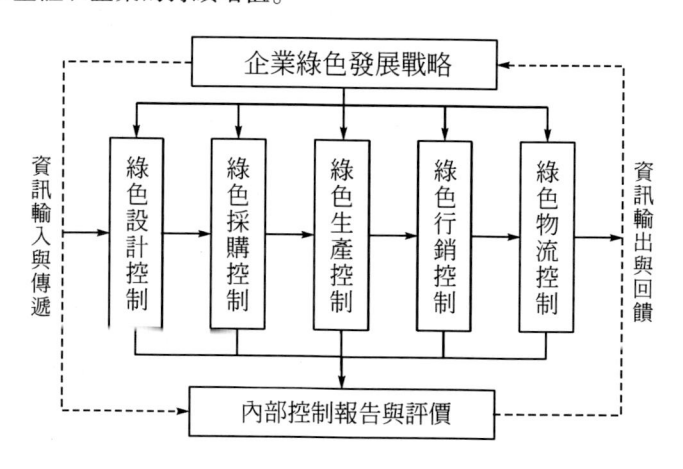

圖7-1 基於綠色供應鏈管理的企業社會責任內部控制框架

綠色發展戰略是總控，作為實施綠色供應鏈管理的主體，將環境因素納入發展戰略、制定綠色發展戰略是企業可持續發展的必然要求。對於社會和環境而言，企業和供應鏈層次的決策之間具有較強的相關性[211]，應與供應鏈整體發展戰略協調一致。綠色供應鏈管理包括設計、採購、生產、營銷以及正逆向物流五大主要流程，可以將其細分為綠色工藝和技術、綠色材料選擇、綠色供應商選擇、綠色智造環境、綠色智造流程、綠色包裝、綠色銷售以及材料和產品回收等，構成社會責任內部控制的控制活動。不同企業通過共同構建和優化相互對接嵌套的社會責任內部控制系統對供應鏈流程各個節點進行風險控制，保障在各個環節實現資源消耗和環境負面影響最小化，促進綠色發展戰略的實現。同時，社會責任內部控制系統對企業實施綠色度考核等監督手段，形成控制報告，包括內部控制自我評價（CSA）、內部審計（CIA）和外部審計

（CPA），共同構成 C—SIP—A 評價體系，形成三道沿著時間軸遞進的評價與審計防線，對控制效果做出客觀公正的評價。此外，還可以建立以核心企業為中心的 QHSE 管理體系，對供應鏈上各企業進行監督。處於複雜商業生態環境下的綠色供應鏈節點上的企業，不同於傳統的原子型企業，各個節點企業環環相扣，相互影響，風險共擔，協同共生。因此，實施基於綠色供應鏈管理的企業社會責任內部控制不僅應重視單個企業內部之間的溝通與合作，還應考慮上、下游企業之間的信息傳遞，主要包括預算信息、財務信息、人力資源信息、合同信息、內部控制報告與評價信息、制度流程信息以及其他信息，信息與溝通的內容和寬度在傳統內部控制信息的基礎上大大拓展。基於綠色供應鏈管理的企業社會責任內部控制通過信息在不同環節、不同企業、不同部門、不同業務流程之間的輸入與輸出，不斷優化綠色供應鏈管理系統，促進綠色供應鏈管理實現流程通暢、流程增值和流程可持續。

7.1.4 基於綠色供應鏈管理的企業社會責任內部控制實施路徑

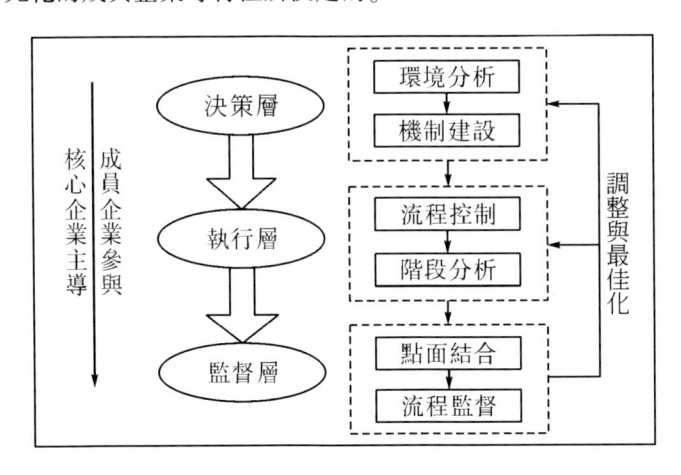

基於綠色供應鏈管理的企業社會責任內部控制的實施路徑，從環境分析、機制建設、流程控制、階段分析、點面結合、流程監督到調整與優化分為決策、執行和監督三個層面（圖7-2），這是由綠色供應鏈管理系統複雜的佈局與囊括多元化的成員企業等特性所決定的。

圖 7-2 基於綠色供應鏈管理的企業社會責任內部控制的實施路徑

① 決策層面

決策層面主要從環境分析和機制建設兩條路徑出發，是保障企業社會責任內部控制順利開展的前提。環境分析即核心企業和成員企業運用量化與質化分

析手段綜合分析企業所處的內外部環境，制定並調整綠色戰略目標，確定風險偏好並合理評估風險，為企業綠色發展營造良好的氛圍。政府作為環境優化的加速器、宏觀環境的調控者，應當為綠色供應鏈管理提供有效的制度環境。研究發現，當政府加大對不採取綠色供應鏈管理企業的懲罰力度，並提高對採取綠色供應鏈管理企業以及消費者的補貼，可以促進綠色供應鏈管理的實施[212]。同時，消費者是綠色供應鏈管理的推動者，也應作為企業實施綠色供應鏈管理的一個重要參考指標。只有對企業內部環境以及所處的行業環境、制度環境等全面分析評估，才能制定出使供應鏈管理系統綠色發展、實現綠化企業發展戰略的目標與機制。機制建設包括制度建設和文化建設。制度建設即核心企業根據其對內外部環境的分析，結合供應鏈整體發展戰略，通過各利益相關者及成員企業參與，引入共同治理機制，共同構建相互對接嵌套的社會責任內部控制系統，將社會責任融入企業發展戰略，有效防控企業社會責任風險。文化猶如企業的血液，歷久而彌堅。核心企業應營造良好的綠色企業文化，體現以人為本的理念，引領整個供應鏈管理體系都建立以綠色環保為主流的企業文化與經營理念，為內部控制有效性提供有力保證。同時，企業文化的不可複製性也有助於企業核心競爭力的形成。此外，傳統的企業社會責任活動側重於單個企業，綠色供應鏈管理體系除了囊括多個不同企業以外，還要將環境因素加入其中。因此，在機制建設過程中，還應考慮企業社會責任內部控制運作過程中的障礙因素，比如成員企業之間缺乏溝通、缺乏信任和存在綠色技術瓶頸等，制定應對措施，促進綠色供應鏈管理順利實施。

②執行層面

執行層面分為流程控制和階段分析兩個環節，主要針對流程進行控制和分析。流程控制可以細分為縱向整體流程控制和橫向供應鏈流程控制。縱向整體流程控制，即核心企業根據綠色發展戰略，結合風險應對策略，綜合運用控制措施，從綠色發展戰略到內部控制報告與評價整體流程實施有效控制，維護和平衡各企業之間的權益。成員企業則應積極回應核心企業和供應鏈的需求，履行好自身的社會責任。橫向供應鏈流程控制，即企業對從綠色設計到綠色物流一系列業務流程進行控制。以核心企業為主導採用問卷調查法或分析企業前期財務數據、銷售記錄等瞭解消費者綠色偏好，調整產品設計，在合理控制成本的前提下，確保產品在其生命週期對環境產生的影響最小。採購環節應特別關注材料和供應商的選擇，與供應商進行對話並建立夥伴關係[213]，瞭解合作企業風險價值，評價合作企業的風險度，對具有不同綠色度的合作企業採用不同的管理方法[214]，還應設置合理的供應商激勵機制。人本經濟時代，生產環節

應堅持以人為本，充分利用綠色材料、綠色生產設備、綠色生產技術等資源，為員工創造宜人的工作環境，充分發揮新時期內部控制的職能。綠色供應鏈管理實踐不僅可以改善員工的生活質量、工作條件以及生產流程[215]，還可以提升企業履行社會責任的水準。對於銷售環節，企業應採用綠色環保的包裝材料，選擇合適的綠色營銷戰略並對下游企業與消費者宣傳可持續消費理念。對於運輸環節，企業應選用對環境危害最小的交通工具，並且對其提供廢舊產品的回收再利用的技術支持，實現綠色物流。階段分析，即各企業通過對不同階段的流程進行控制，分析差距和問題並及時反饋做出修正，對各階段社會責任風險進行有效控制。因此，企業內各部門間的合作與分工、成員企業間的信息與溝通尤為重要。在「大數據」「互聯網+」的時代背景下，以核心企業為中心建立社會責任信息管理網絡系統，要打破各部門之間信息不能共享的壁壘，穩固供應鏈上各關聯企業的合作夥伴關係，增強企業綠色發展意識，推動企業可持續發展。

③監督層面

對於監督層面，主要通過點面結合對供應鏈整個流程進行監督，不斷調整和優化實施路徑。以單個企業為點，以整條綠色供應鏈為面，再結合非營利組織（NPO）、行業組織等第三方機構實施全面監督和全程監督。從供應企業角度實施監管包括兩方面內容：一是監管產品生產、銷售和運輸等過程是否環保、安全；二是監管對使用後產品的回收、處理以及合理處置[216]。以單個企業為點，即鏈上各節點企業從綠色發展戰略到內部控制報告與評價實施全程監控，通過由內部控制自我評價、內部審計和外部審計共同構成的 C-SIP-A 評價體系，來評價監督過程中發現的問題與缺陷的性質和原因，以適當形式及時向上級匯報。在「互聯網+」時代下實現「三聯」審計和功能協同，包括實施「互聯網+內部審計」的「聯網」審計，建立內部審計的「聯審」機制，以及實現內部審計與外部相關組織的「聯動」[217]。以整條綠色供應鏈為面，即通過 QHSE 管理體系，積極開展 QHSE 審計，對供應商、上下游企業社會責任的履行情況、環境影響等進行不定期考評，及時形成評價報告並進行公開披露，實施全面監督，有效防控企業社會責任風險。對不符合標準的企業進行整改並提供技術支持與指導，幫助其提高綠化水準，還能加強跨部門、跨企業的合作力度。同時，NPO、行業組織、消費者等的第三方監督對樹立企業綠色形象、提升其履責水準、減輕環境壓力、降低環境風險具有重要意義。湯曉建（2016）認為內部控制是企業社會責任信息披露質量的調節器，對其有正向調節作用[218]。因此，監督層還能通過信息反饋機制起到調整與優化企業社會責

任內部控制和供應鏈系統的作用。通過內部控制報告與評價，發現缺陷和問題，採納各部門、機構對基於綠色供應鏈管理的企業社會責任內部控制構建與實施的不同意見，層層反饋，為企業決策層不斷完善與改進企業機制、制度與文化以及社會責任內部控制的有效實施提供參考。

7.1.5 小結

供應鏈在本質上是風險鏈和價值鏈，供應鏈管理同時也是對風險和價值進行管理。基於綠色供應鏈管理的企業社會責任內部控制重點關注環境等方面的社會責任，回應綠色健康發展的號召，運用內部控制手段控制與監督企業合理履行環境責任，有效管控環境風險，實現企業價值增值，是人本經濟時代供應鏈上各企業貫徹落實其綠色社會責任的必然選擇。綠色供應鏈管理與企業社會責任內部控制存在耦合性和互動性，本研究基於綠色供應鏈管理，提出了以核心企業為基礎、以利益相關者為導向、以社會責任風險管控為中心的企業社會責任內部控制框架，從環境分析、機制建設、流程控制、階段分析、點面結合、流程監督到調整與優化，分為決策、執行和監督三個層面提出實施路徑，為加強綠色供應鏈管理中各節點企業的企業社會責任內部控制建設、有效防控供應鏈企業社會責任風險、實現鏈條上各企業協調可持續發展提供依據和保障。同時，國家法律法規等相關政策的制定與出招對綠色供應鏈管理的實施具有促進作用，能夠推動綠色供應鏈管理落地，減輕企業的環境壓力與社會責任風險。

未來的研究需要從更細緻的層面對基於綠色供應鏈管理的企業社會責任內部控制的實現機理與實施路徑進行探索，明晰承擔社會責任在實現供應鏈企業可持續發展戰略目標上的地位與意義，加強建設企業綠色文化與制度，培養各階層管理人員與員工的企業社會責任意識。後續研究可以將預算控制納入基於綠色供應鏈管理的企業社會責任內部控制框架，加強企業預算控制建設，保障綠色供應鏈管理順利實施；還可以將合同控制納入綠色供應鏈的供應商管理中，加強企業對供應商環境行為的管理；同時將「互聯網+」思維融入社會責任內部控制建設，運用數據挖掘技術更好地建設綠色供應鏈管理下的社會責任內部控制，有效管控供應鏈上節點企業社會責任風險，提升企業核心競爭力，從而實現整個供應鏈的價值增值和供應鏈上企業的協同共生。

7.2 基於「互聯網+」的企業社會責任內部控制

2012年「互聯網+」概念問世,標誌著中國正式進入「互聯網+」時代。歷經了工業時代和信息時代,「互聯網+」時代的出現是中國在信息時代基礎上不斷前進的必然結果,也是中國從工業社會向知識經濟社會邁進的重要標誌。隨著「互聯網+」時代的到來,國內各行各業進入以互聯網思維為驅動的發展新階段,以「互聯網+」為代表的信息技術正對社會生產方式產生深刻的影響,互聯網金融、電子商務、移動支付、在線教育等正是這個時代下的杰作。與此同時,大數據概念及雲計算技術的進一步運用給中國企業的管理模式注入了全新的理念和思維模式,對企業內部各職能部門產生了深遠影響。同時,隨著中國經濟持續快速發展,企業社會責任危機事件如環境污染問題、安全生產問題、員工權益問題等頻繁發生。一系列企業社會責任缺失事件的發生,嚴重影響了國民經濟的健康發展。黨的十八屆三中全會提出了全面深化改革的重大戰略部署,要求各種所有制企業要承擔相應的社會責任。黨的十八屆四中全會通過了加強社會責任立法的決議。同時,在經濟全球化、供應鏈綠色化和管理信息化的大時代背景下,企業賴以生存和發展的商業生態發生了巨變,人本投資理念、基於「互聯網+」的經營管理模式、綠色供應鏈管理、利益相關者關係管理等將日益盛行,要求內部控制和流程做出相應的調整,傳統的企業內部控制已經不適應可持續發展的要求。要將企業社會責任和信息化技術融入生產經營的過程,用社會責任理念和信息化手段實現內部控制的目標,建立與社會責任相匹配的內部控制信息化制度和平臺,拓展內部控制的職能,通過管控企業社會責任風險,提高企業的競爭能力。企業社會責任的強化及信息技術的運用,對企業發展具有重要的現實意義。

7.2.1 基於「互聯網+」的企業社會責任內部控制概述

(1)「互聯網+」的內涵

「互聯網+」時代是一個以人為本、以創新為驅動的時代,是一個開放且連接一切的時代,「互聯網+」作為主要驅動力,為各個傳統行業的發展帶來了新的契機。「互聯網+」充分發揮著打破界限、連接一切的作用,不僅集成、優化了社會資源,而且與各個行業領域中的管理、技術與業務等進行深度融合、重組和創新,通過構建各種互聯網平臺來提升企業的服務價值和核心競爭

力[219]。「互聯網+」的一個明顯特徵就是以人為本、尊重人性，這是推動科技進步、經濟增長和社會繁榮的根本力量。在尊重人性的基礎上，創新驅動必然以用戶需求為導向，尊重用戶體驗為創新指明了方向。開放生態作為另一個重要特徵，打破了一切以孤島形式存在的體制界限，將過去制約創新的環節化解掉，讓信息能夠自由地進行交換，為創新營造了高度自由的環境，充分發揮人性驅動創新的作用。同時，「互聯網+」思維與傳統行業思維的跨界融合，重塑了各個行業之間的結構，將各個行業的優勢放大，發揮出了兩者的最大效用。

（2）企業實施基於「互聯網+」的社會責任內部控制的意義

企業社會責任內部控制不僅僅局限於企業內部控制目標的實現，也將企業社會責任的實現提升到戰略高度，通過將社會責任納入內部控制信息化框架來強化企業社會責任的履行。《企業內部控制指引第 4 號——社會責任》指出企業應當重視社會責任的履行，既要實現經濟效益又要實現社會效益，既要追求短期利益又要追求長期利益，實現企業發展與社會經濟發展的協調統一，實現企業與員工、企業與社會、企業與環境的協同發展。《企業內部控制指引第 18 號——信息系統》指出企業應當重視信息系統和信息化技術在內部控制中的運用，根據內部控制的要求，綜合分析企業的組織架構、企業的經營範圍、企業的空間分佈及信息化技術等因素的影響，加人對信息系統建設的規劃和開發的投入，加強對信息系統的運行和維護，優化管理流程和加強風險防範，提高企業現代化管理的整體水準。企業社會責任內部控制信息化是運用信息化的手段將內部控制的運行機制運用於實現社會責任的經營目標，結合企業所處的經濟環境和社會環境以及自身實際情況，建立相應的信息傳導、反饋、評估、監督機制，支持和促進企業承擔相應的社會責任。將信息化方式融入富有戰略思想高度的企業社會責任內部控制制度，由管理層、董事會、監事會及企業職工大會和政府監督部門共同來實現財務報告的真實性、提高經營管理水準和經濟效益以及承擔社會責任。

隨著經濟全球化的發展和信息技術的進步，實現基於「互聯網+」的企業社會責任內部控制，一是可以創新原有的內部控制體系，在傳統的內部控制基礎上增添富有新時代氣息的人本元素，突破以股東為權力軸心、員工為責任邊界的物本控制框架，在戰略上重視社會責任，在技術上重視信息化，通過實施基於「互聯網+」的企業社會責任內部控制來提高企業的生產經營效率和效果；二是可以幫助企業規避或減輕法律風險，中國公司法、勞動法、勞動合同法、安全生產法、環境保護法、消費者權益保護法、企業所得稅法等一系列法

律法規，都詳細地規定了企業應該承擔的社會責任。近些年來有關企業產品質量保持、環境保護、職工權益保護等問題頻繁出現，究其原因，一方面是制度不健全造成的某些領域內無法可依、有法不依、執法不嚴、違法不究，制度的不健全讓個別企業有空可鑽；另一方面是企業社會責任內部控制系統不健全，現有內部控制架構把社會責任問題作為外生變量，缺乏預防性控制和檢查性控制，對社會責任風險的糾正性控制和補償性控制也做得不到位。建立健全企業社會責任內部控制信息化體系，有助於落實國家相關的社會責任法律法規，規範企業的社會責任行為，降低企業因社會責任帶來的法律風險和經營風險，為企業的可持續發展保駕護航。

(3) 基於「互聯網+」的企業社會責任內部控制發展現狀

隨著市場經濟的飛速發展，企業為國民財富增值做出了巨大貢獻，中國一躍成為世界第二大經濟體，但高消耗、高污染、高風險的發展模式難以為繼，民眾對生產生活質量的訴求越來越強烈，中國經濟由此全面進入新常態發展時期，解決企業社會責任問題迫在眉睫。經濟全球化加快了企業之間的資源流動，中國企業所處的經營環境從簡單到複雜，從靜態到動態，極大地增加了環境的複雜性。在激烈的市場競爭和生存壓力面前，許多企業為追求單純的經濟效益而忽視社會責任的履行。企業社會責任內部控制的基本職能是監督、控制企業合理履行社會責任情況，維護、平衡和促進各利益相關者的合法權益。因此，企業要制定具有戰略高度的經營目標，不僅追求短期效益，更要注重履行社會責任，為企業求得長期效益，要平衡相關者之間的利益關係，進而促進企業的可持續發展。

另外，計算機、通信和網絡技術的快速發展使得企業生產經營環境發生了變化，「互聯網+」時代要求將信息化融入企業發展與成長歷程。新技術不斷湧現，系統更新換代的速度加快，導致很多經營管理與系統應用問題的產生。信息技術的發展使得企業推出線上業務成為新的利潤增長點，來自客戶市場和業務流程的大數據、人力資本和信息化平臺成為競爭優勢的最重要源泉。亞馬遜、支付寶、滴滴快車等新興的「互聯網+」企業，在運用信息技術來管控社會責任風險方面累積了寶貴經驗。當然，信息技術也是一把雙刃劍，新技術的高速發展，使得信息採集、傳輸和處理的時間大為縮短，如果管控不力，信息的真實性和安全性容易受到侵蝕，並且企業不良事件的發生短時間內通過網絡大面積傳播將給企業帶來致命的打擊。2009年4月財政部發布《關於全面推進中國會計信息化工作的指導意見》指出，企業推進信息化建設的任務包括內部控制流程信息化。根據企業內部控制規範制度要求，將內部控制流程、關

鍵控制點等固化在信息系統中，促進企業內部控制的設計與運行將更加有效。因此，內部控制信息化將融入企業的生產經營過程，用信息化手段將內部控制規章制度嵌入企業信息化系統，提高信息的真實性和及時性，提高企業生產經營的效率和效果。

7.2.2 中國企業內部控制建設存在的主要問題

將基於「互聯網+」的企業社會責任內部控制融入企業生產經營過程，有利於改善市場環境，提高企業的透明度和公信力，提高企業生產經營的效率和效果，但同時也存在一系列的問題。企業內部控制缺乏發展戰略管理的高度、缺乏社會責任的溫度、缺乏信息技術的速度，對企業當前的發展和未來的發展產生了重大的影響。

（1）企業內部控制缺乏戰略管理的高度，不能有效控制戰略風險

《企業內部控制指引第 2 號——發展戰略》指出企業的發展戰略要建立在對現實狀況和未來發展趨勢綜合分析預測的基礎上，以此制定合理的戰略規劃；企業要在立足現實、充分調研、科學分析、廣納賢言的基礎上，制定長遠的發展目標；企業在制定戰略規劃和發展目標時，首先要瞭解企業自身的優劣勢，再綜合考量分析國內外經濟走勢、宏觀經濟政策、行業發展狀況及當地法律法規等因素，更好地揚長避短。合理保證企業經營管理合法合規、資產安全、財務報告及相關信息真實完整是企業實施內部控制的三大基本目標，其終極目標是提高經營效率和效果，促進企業實現發展戰略。因此，內部控制應以戰略為統領，成為組織戰略的實施工具。企業內部控制和企業風險管理整合後，內部控制的戰略導向更加明顯。中國許多企業的內部控制建設還停留在制度層面，雖然考慮了合法合規的控制要求，但對於組織戰略缺乏支持，降低了內部控制效率。風險是對戰略的偏移程度的體現，內部控制的設置和運行要符合企業的發展戰略規劃，緊密圍繞戰略、助推戰略，控制戰略風險，為企業的可持續發展保駕護航。

（2）企業內部控制缺乏社會責任的溫度，不能有效控制社會責任風險

許多企業內部控制缺乏社會責任的溫度，不能有效控制社會責任風險。社會責任風險拓寬了企業的風險邊界，提升了企業的風險等級。《企業內部控制指引第 4 號——社會責任》把企業社會責任風險納入內部控制框架，指出承擔社會責任是企業生產經營過程中應當履行的義務，包括安全生產、產品質量、環境保護、資源節約、促進就業、員工權益保護等。企業要創造效益，同時要實現好相關利益方利益和維護好相關利益方權責。企業經營活動的規章制度不

健全、安全生產措施不到位、具體責任沒有落實到人、缺乏緊急情況的預警機制,增大了企業發生安全事故的可能性;原材料質量把關不到位、產品質量與消費者預期相差較遠、產品質量差使企業形象受損,可能使企業面臨巨額賠償甚至是破產的危機;環境保護投入不足、生產工藝落後造成原材料的過度消耗、排污標準達不到國家行業標準而面臨法律的制裁和處罰,造成環境污染或資源枯竭,會使企業陷入惡性循環的境地;企業對員工的權益保護力度不足,會降低員工工作的積極性,進而影響企業的後續發展和社會的和諧穩定。企業要在法律規定的範圍內較好地履行社會責任,通過社會責任的履行來獲得利益相關者和社會的廣泛認可和大力支持,以提高企業商譽、增強軟實力,從而實現可持續發展。企業作為經濟人,在履行社會責任的同時也有權利追求經濟收益。考慮企業自身承受能力,做好企業社會責任的事前預算控制,保持股東和相關利益者的平衡關係,從企業到社會,從效率到公平,從數量到質量,實現從盈利到可持續發展。當然,企業社會責任的「溫度」也非越高越好,要做好「溫控」。正所謂過猶不及,當企業過度履行某一方面的社會責任時,會帶來企業社會責任成本和控制成本的增加,損害其他企業利益相關者的利益,甚至會出現內部衝突和控制危機,不利於企業的穩定和發展。

(3) 企業內部控制缺乏信息傳遞的速度,不能有效控制舞弊及效率風險

《企業內部控制指引第 18 號——信息系統》指出企業信息化實質上是將企業的生產過程、物料移動、事務處理、現金流動、客戶交互等業務過程數字化,通過各種信息系統網絡加工生成新的信息資源,提供給各層次的人們洞悉、觀察各類動態業務,以做出有利於生產要素組合優化的決策,使企業資源合理配置適應不斷變化的市場環境,實現最大的經濟效益。信息系統不再是一個獨立的系統,而是一個交互的系統。通過信息技術實現所需要的數據通過共享平臺直接採集,加速信息化的運作,將使得各層級的溝通更直接,數據資料獲取更加迅速,責任更加明確。「互聯網+」時代,計算機技術飛速發展,也使得企業內部控制面臨著新的挑戰。在信息化系統下,所有的資料都存儲在電腦和網絡系統中,提取、修改或刪除數據變得更加容易,甚至可以不留下任何痕跡,信息的安全性大大降低。即便如此,企業內部控制的信息化、互聯網化仍然是大勢所趨。日益成熟的信息安全技術和系統保護控制,將提升企業內部控制的速度,在控制人為舞弊、提高業務處理和溝通效率方面發揮了更大的作用。

7.2.3 基於「互聯網+」的企業社會責任內部控制系統構建

本研究按照把握重點、解決關鍵、方便操作的原則,建立基於「互聯網+」

的企業社會責任內部控制系統，把容易發生問題的環節和部位設為重要內部控制點。基本思路是建立基於戰略管理的企業內部控制組織架構，完善以 QHSE 管理系統為基礎、用信息化流程和「互聯網+」提升的企業社會責任內部控制系統。

（1）建立基於戰略管理的企業內部控制組織架構

「互聯網+」代表一種創新的技術模式，能夠用於控制技術，有助於推進戰略的實現，但不能代替戰略本身。構建基於「互聯網+」的企業社會責任內部控制系統，需要以企業發展戰略為導向，並通過合理的組織架構來提供保障。組織架構是頂層設計，是內部控制環境的基礎，能夠為內部控制提供組織保障和環境基調，對內部控制具有重大影響。企業結合發展戰略和經營目標制定科學的營運機制，綜合考慮企業性質、行業特點、經營業務、管理定位、效益情況和員工總量等因素來建立企業的組織架構。傳統的企業架構包括董事會、監事會和管理層三個級次。董事會一般下設四個委員會：審計委員會、戰略委員會、提名委員會、薪酬與考核委員會。現代企業在此基礎上有所拓展，例如增設風險管理委員會、關聯交易控制委員會、執行委員會等。在履行企業社會責任的新戰略高度上，應突破原有的三個層級，拓展企業的組織架構，強化職工代表大會等職能部門，切實維護職工的權益和利益，增加企業社會責任管理委員會，制定社會責任決策，監督企業社會責任活動。原有的戰略管理委員會和社會責任委員會之間有效對接，在戰略發展企劃、戰略貫徹執行中綜合考慮社會責任因素，並將其融入社會責任內部控制的設置和運行過程。把社會責任擺在企業內部控制建設的突出位置，實現多層次的制衡，明確對常規事件和突發性事件在涉及社會責任內部控制方面的處理問題。

（2）完善以 QHSE 管理體系為基礎的企業社會責任內部控制系統

QHSE 管理體系是根據共性兼容、個性互補的原則，對企業在質量、健康、安全和環境方面進行系統化整合形成的社會責任管理體系，具有整體性、層次性、持久性、適應性的特點，是全員、全方位和全過程的管理體系。採用 PDCA 循環工作方法，通過計劃、實施、檢查、改進等實施程序來實現業務系統的循環，通過過程識別和控制規範管理強化職責落實和制度建設，與企業發展戰略相結合、企業社會責任相匹配、企業信息技術相適應。建立基於 QHSE 管理體系的企業社會責任內部控制系統，根據國家和行業相關產品質量的要求，切實提高產品質量和服務水準，滿足社會公眾的需求；建立員工職業健康保護和促進機制、安全生產機制，確保員工的健康和安全；保護周邊環境，實現節能減排生產，最終達到企業的可持續發展。企業社會責任內部控制系統可

以控制社會責任風險，進而全面降低企業發展所面臨的法律風險和經營風險。企業社會責任內部控制系統不僅是一個風險控制系統，同時也是一個信息管理系統。企業可以根據社會責任信息的重要程度和數據類型等劃分標準，運用信息化手段來採集和分析社會責任信息，支持經營管理決策，並建立不同類別的社會責任信息授權使用制度，採用相應技術手段保證社會責任內部控制系統運行的安全有效。

(3) 推動「互聯網+」企業社會責任內部控制創新發展

信息化是社會經濟發展的必經之途，體現了信息技術對商業的滲透。當前，信息化已經發展到互聯網+階段。「互聯網+」時代以用戶需求為導向，尊重用戶體驗，是以人為本的時代，是以創新為驅動的時代，是開放生態、連接一切的時代。「互聯網+各種行業」的趨勢日益凸顯，這就要求組織的內部控制要適應這種環境和商業模式的變化，構建一套適合「互聯網+」環境下的社會責任內部控制信息化制度和流程。此外，「互聯網+」環境下，開放生態作為另一個重要特徵，打破了一切以孤島形式存在的體制界限，將過去制約創新的環節化解掉，讓信息能夠自由地進行交換，為創新營造了一個高度自由的環境，充分發揮由人性驅動創新的作用。企業社會責任內部控制必將打上「互聯網+」的烙印。以企業的環境社會責任為例，綠色設計、綠色採購、綠色生產、綠色營銷、綠色消費、社會責任投資等經濟活動的風險控制更加重要，消費者數據（包括用戶特徵數據、交易行為數據和意見反饋數據等）、業務和流程數據、行業和國家標準等的真實性、完整性和安全性，是企業社會責任內部控制信息化系統要實現的主要控制目標，對這些數據的分析和利用反過來能夠為企業社會責任內部控制信息化系統的優化提供信息支持。

7.2.4 小結

基於「互聯網+」的企業社會責任內部控制是一個新興的研究課題和實踐熱點，是內部控制信息化研究的一次革命性突破，是新常態下中國企業轉型和升級的重要推動力。傳統的內部控制不能適應日益擴大的風險防控格局，為順應時代發展的需要，要將內部控制建設朝著戰略化、人本化和信息化的方向推進，實現協調控制和整體控制，以滿足快速變換的時代要求和社會公眾的基本需求。企業要避免由社會責任缺失、內部控制不完善及執行力不到位、信息化更新換代速度過快給企業帶來的不利影響，轉變發展格局，建立健全「互聯網+」環境下以 QHSE 管理體系為基礎的企業社會責任內部控制系統，管理控制企業社會責任風險，促進企業經營目標和發展戰略的實現。當前中國的供給

側結構性改革是從改進供給質量出發，提高供給結構對需求變化的適應性和靈活性。供給側改革要求企業用社會責任的內涵來提升內部控制的質量、用信息化推進內部控制的效率，促進經濟社會持續健康發展。建立健全企業社會責任內部控制信息化制度，使制度的設計既有社會責任的溫度、信息化的速度，更富有戰略的高度。未來進一步的研究方向是，研究企業社會責任、內部控制和信息化之間的交互作用路徑和影響機制，以及如何在綠色供應鏈管理國際標準框架下，構建和發展中國企業社會責任內部控制信息化系統。

7.3 基於環境資源保護的企業社會責任內部審計

7.3.1 問題的提出

環境資源保護審計是近年來國家熱點問題，污染防治被列為中國三大攻堅戰之一，可見環境資源保護審計的重要性和戰略意義。企業如何貫徹落實國家環境資源保護政策？除了建立健全相關內部控制系統，實施基於環境資源保護的企業社會責任內部審計是重要手段。內部審計是對內部控制的再控制，是公司治理的四大基石之一。基於環境資源保護的企業社會責任內部審計，是一個新課題。

環境和經濟的關係是亙古不變的話題，從以前的彼此矛盾和衝突，到現在的相互協調和包容。環境經濟學融合了經濟學、倫理學、環境學的內容。作為連接經濟發展和環境保護的紐帶，環境經濟學的作用日益凸顯，引發社會廣泛關注。中國《環境經濟學和環境保護技術經濟八年發展規劃（1978—1985年）》的制定使環境與經濟發展成為社會普遍關注的重大問題。環境的污染與破壞，一方面源於對自然生態規律的認知不足；另一方面源於經濟原因，未有效權衡經濟增長與環境保護之間的利弊，只著眼於當前的直接經濟利益，忽略了經濟的長效發展，給社會與自然資源帶來了深遠的負面影響。環境污染是經濟學中典型的外部性問題，對企業經營業績的影響越來越大，政府、投資者和社會公眾不僅僅關注企業的財務狀況和經營業績，還基於多方利益相關者視角，同時考慮環境問題和企業履行社會責任的狀況。由此企業社會責任投資和社會責任消費逐漸發展起來，體現了人們追求經濟、環境和社會全面發展的觀念。依據三重底線理論，企業的經營管理活動不能突破經濟底線、社會底線和環境底線。環境問題和經濟問題密不可分，環境風險高位運行，對經濟發展與社會和諧形成嚴峻挑戰。治理宏觀環境問題還需從企業微觀層面入手，在中國

開展基於資源環境保護的企業社會責任內部審計具有特殊重要的意義。

7.3.2 影響基於環境資源保護的企業社會責任內部審計的宏觀因素分析

經濟發展與環境發展密不可分，為了實現經濟騰飛，必須重視環境資源保護。在此背景下，2014年中央經濟工作會議明確指出，為保證中國經濟向更高級、分工更複雜、結構更合理的階段轉化，勢必要注重環境保護，而針對環境資源價值評估核算的會計和審計領域研究日益受到人們關注[220]。目前，中國環境資源保護審計研究尚處於初級階段，研究的深度和廣度還未達到預期，但是分析眾多學者的研究和現實情況可知，政治環境、經濟環境、制度環境以及文化環境均會對環境資源保護審計造成不同程度的影響。

（1）政治環境

政治環境的影響主要體現在中國的政治體制以及在環保領域對政府人員和企業負責人的考核機制上。中國的國體是人民民主專政、政體是人民代表大會制度，重視環境資源保護有助於實現最廣大人民的根本利益和社會的永續發展，而基於環境資源保護的企業社會責任內部審計體系是保護環境資源強有力的武器。到目前為止，中國已經建立「離任審計」制度，在政府領導幹部的離任調任之前進行審計，主要包括經濟責任審計、自然資源資產審計、環境績效審計等；對企業主要負責人的考核是評價企業對社會的貢獻以及是否積極承擔環境保護的責任、是否貫徹落實環保政策等。但是，這些考核機制強調的重點仍然是經濟責任，並沒有強化環保績效的重要性。這樣可能導致政府主要負責人難以重視資源環境審計、企業領導在配合資源環境審計中產生「道德風險」，使資源環境審計難以向縱深發展（劉長翠，等，2014）。

（2）經濟環境

受傳統粗放型經濟發展模式的影響，企業家們過於關注短期利益而忽視長遠發展，在經濟發展中片面追求「數量」，導致生態環境與經濟發展呈現負相關關係。經濟與科技進步加快了城市化進程，產業結構調整使得第二產業和第三產業所占比重迅速提升並占據主導地位。為了發展工業，人們要索取更多的環境資源，導致生態系統遭到破壞、環境問題日益突出。現實狀況要求中國大力開展資源環境審計，以審計推動環境治理，通過監督、評價、信息公開、宏觀調控等職能，促進經濟轉型與經濟結構調整，使環境污染的拐點盡快出現[221]。在創新發展的新時代，只有社會發展不再以犧牲環境資源為代價，「保質保量」的經濟發展才能順應時代需求。開展環境資源保護審計，能保護生物多樣性和生態系統穩定性，提高經濟發展質量，為實現美麗中國夢提供良

好的發展環境。

（3）制度環境

中國於 1979 年起先後制定了以環境保護法為核心，由海洋環境保護法、水污染防治法等環境污染防治法和森林法、草原法、礦產資源法、水法及野生動物保護法等自然資源保護法所組成的較健全的環境法律體系[223]。在環境保護法律體系中，大部分的法律法規過於注重「原則性」，大量的法律條文分散在各單行法律之中，缺乏系統性和配套性，使得其實際操作性大打折扣。雖然這些法律法規為保護環境資源提供了制度支持，但是這些法律法規的覆蓋面還不夠全，在現行有關審計的法規政策中，沒有與環境資源保護相關的內容和具體實施辦法，缺少針對排污權處理、綠色信貸和生態補償等的專門性政策，這就限制了環境資源保護審計「免疫系統」效用的發揮，也使得環境資源保護審計缺乏法律機制支撐。規範環境資源保護審計立法，建立健全環境資源保護審計體系，可以有效協調資源、環境保護與經濟發展之間的矛盾，為社會可持續發展提供助力。

（4）文化環境

文化是企業內部控制的重要環境因素。在企業內部控制規範體系已經實施的前提下，政府開展內部控制審計、參與文化治理很有必要[223]。中國講究「天人合一」的文化。儒家的「天人合一」大體上就是講人與義理之天、道德之天的合一，道家的「天人合一」就是講人與自然之天的合一。「天人合一」的思想更多是強調人與自然和諧共處，人敬自然，尊重自然發展規律，不憑藉自我意願強行改變自然發展軌跡。中國傳統文化博大精深，「天人合一」的思想在環境資源保護領域主要表現為環保社會責任的承擔和履行。社會責任是現代企業應盡的職責，結合企業社會責任問題探討利益相關者關係管理、公司治理、風險管理、內部控制與審計，是社會責任落實於企業微觀層面的基本途徑。受傳統思想的影響，社會公眾應把環境資源保護內化為自覺行為；企業應當把社會效益和經濟效益同時放在發展首位；各級政府更應該積極履行環境責任，起到表率作用。隨著社會進步，文化環境對環境資源保護的影響效用顯著增加，良好的文化環境有利於促進環境資源保護審計的發展和完善。

7.3.3　基於環境資源保護的企業社會責任內部審計的微觀影響因素分析

隨著環境問題的日益突出，可持續發展、綠色發展等觀念深入人心，環境資源保護越來越成為社會大眾的自覺行為和關注焦點。這就要求對環境資源保護審計影響因素的探究不能停留在宏觀層面，還必須深入分析至微觀層次，進

一步探析人才、環保審計信息化體系、資金等對環境資源保護審計的影響。

(1) 環境資源保護審計人才匱乏

環境資源保護審計對審計人員的職業勝任能力要求較高，要求其不僅要具備過硬的會計、財務和審計等專業知識，還要瞭解環境管理、環境政策和環境治理等方面內容。但是目前的審計人員的知識結構較為單一，對環境資源保護領域的專業知識瞭解得不夠，還不能將審計專業知識與環境資源保護完美融合，這就導致審計人員在從事環境資源保護審計時更容易出現重點關注被審計對象的經濟責任而忽視該項工作應帶來的社會效益和環境效益。雖然可以聘請相關專家參與審計工作，但受到審計取證的規範性與外聘人員獨立性和地域性的雙重限制，他們的意見只能作為佐證和參考，無法作為依據，且單純地採用他們的意見往往會加大政府審計的風險（閆天池，等，2009）。為了彌補審計人才知識結構單一的缺陷，可以建立環境資源保護專家庫，鼓勵環境資源保護專家協助審計人員完成審計工作。

(2) 環境資源保護資金投入不足

要想滿足小康社會對環境資源的高要求，必須加大環境資源保護力度，提高環境資源保護質量。但是，不少地方政府仍然沒有將環境資源保護的目標、任務等納入本地區的經濟發展規劃，社會公眾環保意識不夠強烈，最終使得環境資源保護的社會地位薄弱。從近幾年環境經濟政策年度報告可以看出，2010年以來，中國環保投資總額在柱狀圖上以先增長後下降的趨勢呈現，環保投資占社會固定資產投資總額和占 GDP 的比重都有所下滑，「低頭」效應明顯（圖 7-3）。這說明生態經濟的建設尚待加強，公共財政還應加大對環境資源保護的投入。此外，單一的環保資金來源，使得環境資源保護的形勢更為嚴峻，不但在很大程度上增加政府財政負擔，還使得社會環境需求不能得到滿足。所以，「十三五」規劃綱要在財稅體制改革部分指出，資源稅要實施從價計徵改革，逐步擴大徵稅範圍，開徵環境保護稅，擴大資金來源，根據需求加大環境資源保護資金投入。

(3) 環境資源保護審計信息化體系建設不足

環境資源保護審計信息化體系建設不足主要體現在：目前中國資源環境審計信息化建設統一規劃、設計、指導的力度不足，使得各類審計信息資源無法進行優化配置、實現信息的高度共享[224]。全國各地之間未能建立環境資源保護審計大數據共享中心，使得各地之間的數據孤立且難以對比分析。由於相關信息化建設欠缺，各地無法建立相應的防範環境污染應急預案，更無法形成聯動防範機制。如果環境資源保護審計信息能夠動態遠程共享，環保審計信息化

建設取得成效，各類信息能夠得到有效整合，那麼環境資源保護審計體系構建的難度與複雜性將在很大程度上降低。此外，對各地政府官員和企業負責人的環保績效進行考評主要是在任期間，當在位者離職或調任之後就停止，使得環境資源保護審計缺乏動態連貫性；應當建立終身追蹤問責制度，在環境資源保護審計大數據中心詳細記錄責任人的權責範圍，隨時供審計人員查驗，以提高政府官員和企業負責人對環保和環境資源保護審計的重視。

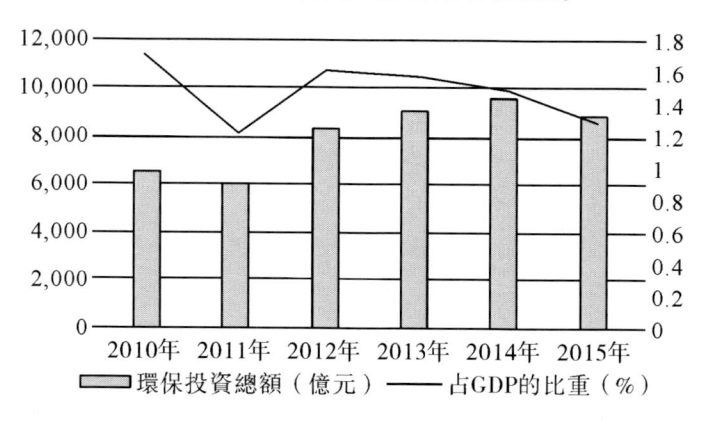

圖 7-3　2010—2015 年中國環保投資總量及占 GDP 比重

7.3.4　企業環境社會責任與環境審計的關係

黨的十八屆三中全會提出開展領導幹部自然資源資產離任審計，中共中央辦公廳、國務院辦公廳於 2017 年印發《領導幹部自然資源資產離任審計規定（試行）》，2018 年在全國推廣。領導幹部資源環境責任審計與資源環境審計、經濟責任審計有共性，更有差異，是一種特殊類型的資源環境審計[225]。企業環境責任內部審計是以整體或全社會的利益為基礎，監督和評價企業的經營業績，確定或者解除企業的環境責任。企業的可持續發展與社會責任履行情況及環境審計的有效性密切相關，因此企業社會責任與環境資源保護審計的互動關係研究，有助於促進企業履行社會責任和推動環境審計的發展與完善。

（1）企業環境社會責任推動環境審計的發展與完善

國際社會對企業社會責任高度認可，即企業在追求股東財富最大化目標的同時還應兼顧對員工、客戶、社會和自然環境的利益與責任。因此，在堅持走可持續發展道路的前提下，環境保護是企業履行社會責任的關鍵點，國家應積極倡導企業為環境保護做出貢獻並承擔更多責任。本研究所研究的企業社會責任是指有關環境方面的社會責任。近年來中國大力宣傳環境保護對於經濟可持續發展的重

要性，在環境保護領域投入了大量資金。原審計署審計長劉家義提出，國家審計的產生是由國家治理的需求決定的，國家審計的方向是由國家治理的目標決定的，國家治理的目標、任務、重點、方式影響著國家審計的目標、任務、重點和方式。環境有效治理是國家治理追求的目標之一，而環境保護是全社會共同承擔的責任，所以政府環境審計、內部環境審計和民間環境審計是社會經濟發展和環境變化的必然產物。從 20 世紀 70 年代開始，環境保護法、大氣污染防治法、海洋環境保護法等有關環保法律逐漸出抬，中國的環境審計研究也日益興盛。2015 年是新環保法實施的第一年，移送涉嫌環境污染犯罪案件 1,685 件，查處各類違法企業 19.1 萬家。原環境保護部部長陳吉寧表示新環保法正長出鋼牙利齒。鐵腕執法對於落實企業的環保責任意義重大。2011 年中國會計學會環境會計專業委員會對環境與社會責任信息披露、環境與社會責任履行的經濟後果、環境與社會責任的管理和控制等問題進行了深入研討。王海兵在中國會計學會環境與資源會計專業委員會 2015 學術年會上做了《企業社會責任內部控制審計研究》的報告，認為企業社會責任內部控制對社會系統的嵌入和影響顯著增加，企業社會責任內部控制建設及審計問題日益成為關注的焦點，首次構建了企業社會責任內部控制審計的理論框架體系。譚寧認為社會責任投資逐漸成為主流，許多企業都開始採用環境審計來評估社會責任投資效益[226]。有學者從政府的視角轉向利益相關者的視角來研究企業社會責任內部控制問題。王海兵等認為企業應運用社會責任內部控制進行風險管控，保障企業的社會責任投資收益，並擴大媒體宣傳力度，通過消費者對企業承擔社會責任的積極回應提升企業績效與企業價值。王海兵、韓彬的實證研究表明，企業社會責任、內部控制質量對企業的可持續發展產生協同效應，兩者間的良性互動能夠推動企業可持續發展。越來越多的企業認識到履行有關環境方面的社會責任是企業可持續發展的必要條件，重視並積極進行環境治理，才能創造一個良好的內外部環境。企業是一個以獲取經濟利益為目的的社會組織，在發展初期沒有體現出與環境之間的矛盾；但隨著企業規模的壯大和科技的發展，污染物排放水準超過地球生態系統的自淨化能力，環境風險將會急遽攀升。當企業發生重大環境污染事故時，環境社會責任法律風險會損害企業的經濟利益和社會聲譽，進而削弱企業未來創造價值的能力。這種事後的法律追究機制有一定警示作用，但不能解決根本問題。如果不發展環境社會責任審計，小規模的、廣泛的、持續性的污染活動就得不到全面遏制，國家的環境保護方針政策就不可能真正落地。因此，企業社會責任推動了環境審計的產生和發展，環境審計作為有效管理環境問題的工具，必將得到日益廣泛的關注和應用。

(2) 環境審計促進企業履行環境社會責任

康雲雷、張瑞明指出，在當前加快經濟發展方式轉變的形勢下，推動企業履行社會責任是中國企業必須面對的重要課題，而開展環境審計可以有力地推動企業履行社會責任[227]。企業積極履行有關環境方面的社會責任，有利於降低企業營運成本和生產經營過程中的環境風險，可以為企業長期穩定發展創造良好的社會環境；企業增強社會責任的意識，有利於樹立良好的公共形象、得到政府更多的支持、吸引更多的投資者和商業合作夥伴，並降低法律風險，為企業的可持續發展奠定堅實基礎。由於企業很可能因社會責任問題導致經濟利益受損、社會道德淪喪和承擔法律風險等，影響企業的長遠發展，企業應遵守環境保護的法律法規，同時積極履行社會責任。一方面，保證國家環保政策的順利實施；另一方面，減少企業發生重大環境事故時帶來的一系列賠償、罰款等損失，避免企業的形象和聲譽受到負面影響。但是，由於環境問題存在負外部性，如果沒有外界的壓力和政策的約束，單靠企業自身的管理，在資本逐利本性驅動下，容易只重視獲取經營利潤，而忽視環境保護和資源節約利用，不解決這個過程中涉及的環境問題，很難對環境實行有效的管理。通過嚴格的法律機制來保證企業履行社會責任，實施環境審計意義重大。環境審計是有效的環境經濟監督工具，可以發現企業在開發環保項目和利用環保資金等方面存在的不足，督促企業在利用生態環境資源的過程中從自身長遠發展出發，增強環保意識，嚴格執行環境保護政策，承擔起環境社會責任。企業環境保護專項資金使用的合法性和有效性是提高中國環境保護能力的關鍵，因此，必須開展環境審計，對環境保護資金進行審查，監督企業有效地履行社會責任。企業和環境是一個命運共同體，開展環境審計可以強化企業社會責任，評價企業履行社會責任的情況，控制由環境問題導致的風險，推動企業可持續發展。因此環境審計參與環境治理、促進企業履行環境社會責任意義重大。

7.3.5 基於環境資源保護的企業社會責任內部審計體系構建

構建基於環境資源保護的企業社會責任內部審計體系旨在推動轉變經濟發展方式，將環境風險控制在社會可承受度之內，實現經濟綠色發展和社會的可持續發展。適度的環境風險可以刺激經濟發展，基於環境資源保護的企業社會責任內部審計體系的構建可以將環境風險控制在一定範圍之內，同時帶來社會效益和經濟效益。環境資源保護審計體系包括合理性、合規性、效益性等多方面（圖7-4）。

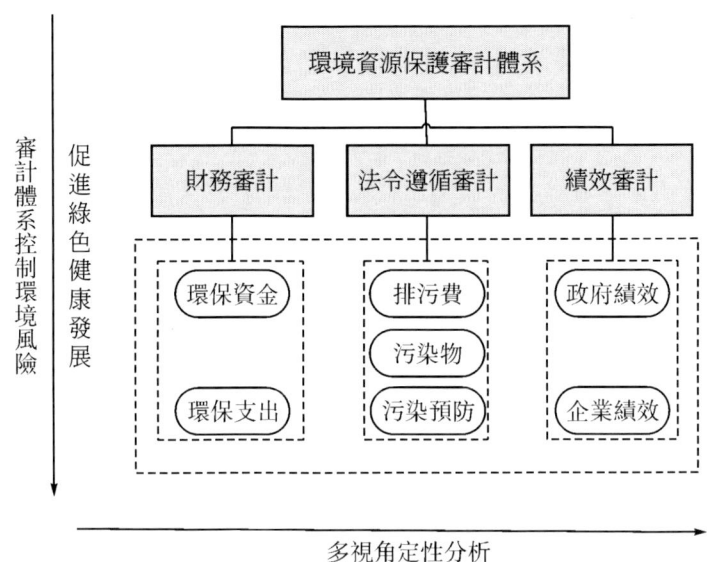

圖 7-4　環境資源保護審計體系

（1）環境資源保護財務審計

①環境資源保護專項資金籌集和使用的真實性

專項資金是由財政部、上級單位撥付的，具有指定用途的，專款專用的，單獨核算的資金。加強環境資源保護專項資金的宏觀調控、合理安排專項資金的撥付、嚴密把控資金流向、提高資金使用效益，是環境資源保護財務審計的重要內容。規範環境資源保護專項資金的籌集與使用，有助於落實環境保護基本國策，為實現經濟發展與生態保護協調發展提供資金支持。環境資源保護專項資金的主要源於三個方面：一是根據「誰污染，誰治理」原則徵收的排污費；二是各級財政預算計劃的環保補助支出；三是企業自籌的環保專項資金。在審計環境資源保護專項資金的籌集與使用時，可以通過調查分析法，重點聚焦於環保資金籌集渠道是否合理、籌集方式是否合法合規使用是否按照規定流程進行審批、分配是否科學合理。

②環境資源保護成本支出的合理性

目前，中國基於環境資源保護的企業社會責任內部審計以財務收支審計為主，重點關注環境資源保護成本支出的合理性。環境資源保護專項資金主要應用於：天然林資源保護、退耕還林、重點流域水污染防治、管控大氣污染等方面。在安排項目時把資源環保資金的審計工作作為重中之重，在把握財政資源環保資金投入情況的基礎上，統籌安排審計力量，有計劃、有步驟地搞好環境

資源保護重點資金、重點項目的審計監督，從資源環保資金分配、撥付、使用的主要環節入手，重點檢查相關政策措施的執行和落實情況[228]。環保資金分配與撥付的審計項目應當作為環境資源保護審計工作關注的焦點，可綜合使用資產價值法、實地考察法等方法進行環境資源保護成本支出審計。資產價值法把環境質量看作影響資產價值的一個因素，例如氣候變異可能會縮短房屋使用壽命、破壞森林資源、導致財務損失等，這都是環境質量惡化造成的資產價值減損。通過資產價值法定位出造成該項資產價值減少的環境因子，然後審計該單位是否有針對性地撥付環保資金對相關因子施加管控。通過實地考察法查驗被審計單位購置的環保資產是否帳實相符，有無出現挪用環保專項資金的情況。

(2) 環境資源保護合規審計

①排污費審計

2003年1月2日中共中央國務院發布《排污費徵收使用管理條例》（以下簡稱《條例》）。根據《條例》第四條：「排污費的徵收、使用必須嚴格實行『收支兩條線』，徵收的排污費一律上繳財政，環境保護執法所需經費列入本部門預算，由本級財政予以保障。」在進行環境資源保護財務審計時，可以綜合使用實地考察法、抽查法、查閱法等方法查驗排污者是否按規定足額繳滿排污費、相關部門開具的排污繳費單是否合法合規、排污費是否按照相應比例解繳至中央國庫和地方國庫、排污費有無被他人或者單位截留擠占他用。

②污染物運輸、儲存和處理審計

社會大眾環保意識的增強，要求企業的關注點由原來的重視經濟數量責任向經濟數量責任、質量責任並重轉化，而合理安排企業污染物的運輸、儲存和處理是提高企業經濟質量責任的有效途徑之一。污染物是指那些進入環境之後對人類身體健康和生物多樣性造成直接或者間接惡劣影響的物質。通過審計運輸、儲存和處理污染物的機構的生產營運及其他相關活動的合法合規性，能實現從源頭上控制污染物的流轉，進而達到盡可能減少由於污染物運輸、儲存和處置不當造成生態問題的目的。審計的重點應該聚集於企業有無直接排放生產造成的未經進一步處理的污染物、有無安裝必需的淨化裝置、污染物的運輸和儲存是否安全、是否針對不同類別的污染物分別設計恰當合適的處置方法等。

③污染預防審計

在過去，中國經濟的發展模式是「高污染、高耗能、高排放、低效率」，隨著經濟的進一步發展和環境問題日益嚴峻，要求轉變經濟發展方式的呼聲日益高漲。黨的十九大報告提出美麗中國的四大舉措：「一是要推進綠色發展；

二是要著力解決突出環境問題；三是要加大生態系統保護力度；四是要改革生態環境監管體制。」想要實現美麗「中國夢」就必須加強污染預防審計，從根源上阻止污染物的產生。通過加強污染物預防審計，提高企業對環境問題「自我管理、自我控制」的意識，為實現環境、社會和經濟三者協調發展提供助力。污染物預防審計是指對企業是否制定有關政策和程序來預防污染物和進行清潔生產進行獨立的檢查和評價活動[229]。其主要內容包括被審計單位有無完善的環保控制體系來防止生產經營過程中產生污染物、已產生的污染能否得到恰當的處理和減少等（圖7-5）。

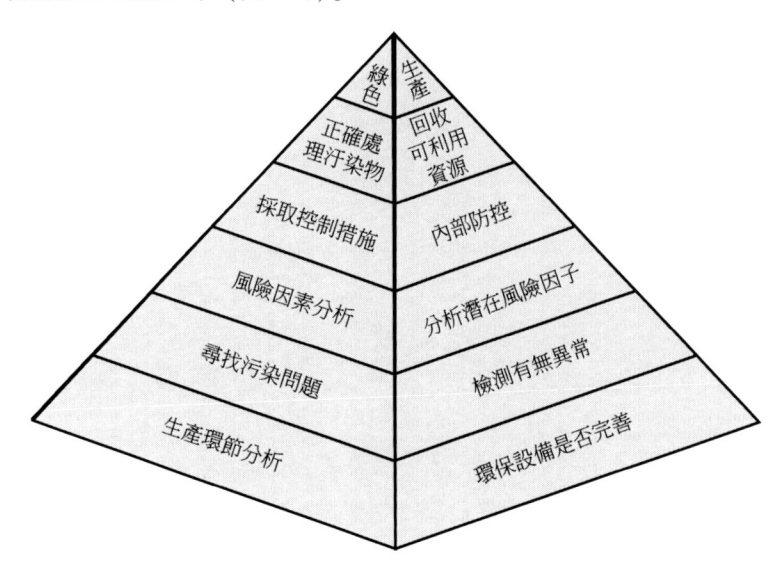

圖7-5　污染物預防審計圖

（3）企業環境資源保護績效審計

自然資源與生態環境問題主要產生於各個微觀的社會經濟主體，而問題的解決最終也要落腳到各個微觀社會經濟主體，特別是企業[230]。企業作為市場經濟最根本的主體，更應該認識到自然資源的合理利用與生態環境保護對於自身可持續發展的重要性，因此企業在對內部利益相關者負責的同時還要積極承擔社會責任，關注外部利益相關者和社會所需，在充分實現自我發展的同時，還要為促進社會可持續發展提供支持。人本經濟時代，環境問題已經是各國發展規劃的重要組成部分，企業環境社會責任審計是促進環境保護、改進公司治理的重要機制[231]。企業規劃未來前景時，應該把社會公眾強烈的環保訴求納入考慮範圍，融合企業發展目標與社會發展目標，制定出順應發展潮流的環保方案，才能在競爭激烈的紅海中保持領先地位。在環境資源領域，企業的社會

責任包括使用綠色能源、提供環保產品、不亂排放廢氣等。在對企業環境資源保護績效進行審計時，可以設計多個指標，重點使用定量指標將企業環保績效量化評級。重點審計企業的環保專項資金有無完善的管理制度、生產製造能否達到國家環保要求、對環境政策的實行度如何等方面，最後得到企業在環境資源領域的社會責任承受額度。

7.3.6　基於環境資源保護的企業社會責任內部審計實施路徑

轉變經濟發展方式、改善生態環境，需要社會各界做出努力。中國審計機關自1983年成立以來，從未停止過對環境審計的探索。由於最初的審計重點主要是政府環保專項資金和排污費用等財務收支，環境審計的任務很大程度上由國家審計承擔，審計重點是資金利用的真實性和合規性，缺乏對資金利用的經濟性、效率性和效果性的審計。近年來，除了資源環境國家審計，資源環境社會審計和資源環境內部審計正在逐步開展，對於完善環境審計體系、推動環境審計的發展具有重要作用。企業的資源環境內部審計不僅能幫助企業解除其受託環境保護責任，規避、減輕或消除因資源環境帶來的法律風險或道德譴責，並且能在一定程度上提升企業的商譽價值、增強競爭能力。運用資源環境內部審計手段來降低資源環境風險，促進企業高效使用資源，積極保護環境，既是企業應承擔的責任，也是企業打造可持續優勢的戰略儲備點。

分類啟動基於環境資源保護的企業社會責任內部審計首先應從對象和方式上實現分類多元化。對象上先從較易實現的森林資源環境開始，逐步擴大到礦產資源、水資源、大氣資源等較難實現的項目，並在此基礎上因地制宜突出資源環境內部審計的重點。如對森林資源應重點關注亂砍濫伐、無序開發及侵占等行為，方式上應加強對資源環境社會審計和資源環境內部審計的運用，進一步擴大國家審計的範圍，實現資源環境國家審計全覆蓋，增強環境審計的獨立性和環境審計報告的可靠性。其次，要轉變審計觀念。《「十三五」國家審計工作發展規劃》要求實行領導幹部自然資源資產離任審計，切實履行自然資源資產管理和環境保護責任[232]。國家對企業承擔的環境污染責任的要求不能僅僅浮於事態表面，必須落實到具體責任人身上。環保工作涉及部門眾多，許多職能交叉重疊，這在很大程度上干擾了責任的落實。當務之急是平衡政府部門間的利益糾葛，劃清權力界限，否則多頭管理將難以協調、資源環境審計工作難以推進。例如一片森林，陸生野生動植物屬於林業局管轄，土地和礦產資源屬於國土資源部管轄，空氣、土壤、水資源污染情況屬於環保部門管轄，林中的河流屬於水利部管轄，不利於資源環境內部審計工作的整體協調推進。環

保部長周生賢表示，生態系統的整體性決定了生態保護修復和污染防治必須打破區域界限，以此推動生態環境保護管理體制改革。最後，要加強實施以環境責任風險為導向、環境審計為中心的企業環境社會責任審計。企業環境社會責任審計以社會責任為軸心，在推動環境審計不斷發展與完善的同時，促進企業有效履行環境社會責任。近年來政府對國有企業資源環境社會責任內部審計實務的關注度逐漸加大。黃溶冰等人（2010）借助複雜適應系統理論探索了太湖流域水污染審計治理模式[233]。江蘇省審計廳（2013）不斷加大環境審計力度，實施了太湖治理、節能減排等環境審計項目26個，充分發揮了審計的「免疫系統」功能。2015年國家林業局在甘肅省慶陽市開展森林資源例行督查試點工作。2016年2月，慶陽市政府向國家林業局駐西安專員辦正式提交《慶陽市森林資源利用和管理工作自查情況的報告》，預示著中國對森林資源的環境內部審計已初步實施並卓有成效。向思、陳煦江（2017）提出長江經濟帶上游地區水污染審計的動力機制、運行機制、評價機制和監督機制，並在此基礎上對該地區水污染審計實施路徑提出了建議，包括創新長江經濟帶上游地區環境審計模式、實施長江經濟帶上游地區專項環境審計、構建長江經濟帶上游地區環境信息披露和環境跟蹤審計的動態機制等[234]。2018年6月19日，審計署發布首份聚焦長江經濟帶生態環保的專項公告，就沿江11個省份貫徹落實「共抓大保護、不搞大開發」等中央決策部署情況出具審計「體檢報告」，涉及工業污染治理、水資源、沿江旅遊景點、水電資源開發、沿江生態修復與環境保護、生態環保相關政策措施落地和資金使用情況等諸多方面。審計的內容多、跨度大、難度高、政策性和技術性強，為中國基於環境資源保護的企業社會責任內部審計累積了寶貴的經驗。

7.3.7 小結

在激烈的市場競爭環境下，以破壞環境、損害公眾利益為代價來換取利潤不具有可持續性。只有積極承擔起環境社會責任，真正把企業利益和社會利益、企業發展目標和社會發展目標統一起來，才是企業生存之道。企業履行環境社會責任，是生態文明建設的內在要求，也是實現「中國夢」的基本保證。環境問題不僅關乎當代人的環境權益和可持續發展，而且關係到後代人的權益，各類組織和個人對環境保護都應承擔起相應的法律責任和道德責任。從「誰污染，誰治理」，發展到「誰受益，誰保護」，體現了更高層次的環保理念和更強烈的環保訴求，這對環境社會責任審計提出了更高的要求，即從被動性的環境污染責任審計拓展到主動性的環境保護責任審計。環境社會責任審計客

體在形式上表現為環境審計，屬於「物」的範疇，但本質上是責任審計，屬於「人」的範疇。只有將「物」的審計和「人」的審計相結合，實施環境社會責任審計，落實環境責任追究，才能實現審計目標。企業環境社會責任審計有助於促進企業履行環境社會責任，改善商業生態，從而降低企業環境責任風險、提升企業聲譽和經濟發展的可持續性。本研究借鑑國外有益經驗，並結合中國國情，分析環境資源保護內部審計與企業社會責任的關係，構建了基於環境資源保護的企業社會責任內部審計體系，對進一步推動環境審計理論研究和實踐應用都有重大意義。人本經濟時代，環境問題已經是各國發展規劃的重要組成部分，基於環境資源保護的企業社會責任內部審計是促進環境保護、改進公司治理的重要機制。中國有關環境審計的理論研究仍有許多不足，企業社會責任意識普遍不強，綠色供應鏈管理審計還處在初級階段，環境審計的動力機制、約束機制和運行機制尚未建立健全，亟待構建以 QHSE 為基礎的企業社會責任內部控制系統和環境管理子系統。環保部、國家統計局、審計署、財政部等相關政府機構應相互協作，統籌推進環境會計和審計工作，適時推出國家自然資源資產負債表和政府綜合財務報告，為環境核算和環境社會責任信息披露提供實踐基礎。同時需要結合政府審計、民間審計、企業內部審計三方面的力量來督促企業履行社會責任，轉變經營理念，承擔起綠色社會責任，促進環境社會責任審計由強制性審計發展到強制性審計和自願性審計並存，並最終發展到自願性審計的高級階段。未來的研究還需要對基於環境資源保護的企業社會責任內部審計應用實踐進行深層次的探索，密切關注全球環境問題，加強環境審計師專業知識與職業能力的培訓；需要在凝聚社會共識、加強政府環境管制、運用市場機制等方面做出努力，為中國實施企業環境社會責任審計提供理論基礎、法律基礎和市場基礎。

8 研究結論與展望

8.1 研究總結

建立和實施企業社會責任內部控制，能夠有效控制企業社會責任風險，維護利益相關者合法權益，提高企業融入社會的和諧度和經濟發展的可持續性。傳統內部控制更多關注財務風險、會計風險、經營風險、市場風險、法律風險和舞弊風險等，對企業社會責任風險考慮不充分。本研究將企業社會責任風險全面納入現有內部控制體系，對現有的企業內部控制體系進行創新和重構，構建企業社會責任內部控制體系，具有重要的理論價值和現實意義。

本研究在界定「企業社會責任內部控制」的內涵與外延基礎上，提出企業社會責任內部控制基礎理論，構建企業社會責任內部控制理論構架，提出實施路徑，具有重要的理論創新性和實踐指導價值。本研究重點對企業社會責任內部控制基礎理論、企業社會責任內部控制作用機理、企業社會責任內部控制實施路徑、企業社會責任內部控制分行業應用案例、企業社會責任內部控制未來創新研究領域等進行探討，構建具有邏輯一致性的企業社會責任內部控制理論與實踐體系，為中國企業社會責任內部控制政策設計與實務操作提供依據和借鑑。

（1）闡述了研究背景和意義、界定了關鍵概念等，對企業社會責任內部控制研究進行綜述，在綜述基礎上展開創新性研究。企業社會責任內部控制屬於社會責任和內部控制的交叉領域，是近年才興起的研究方向，無論是從理論研究還是實踐應用來看，都非常迫切。企業社會責任內部控制是指企業利益相關者共同參與的、管理層和全體員工共同實施的、旨在實現社會責任控制目標的過程。企業社會責任內部控制是基於企業是利益相關者組成的動態契約觀，企業處在一個開放的商業生態系統中，強調連接、共生、責任和分享（擔）。

將傳統企業內部控制的窗口往社會責任拓寬、往戰略層次提升形成的內部控制系統，更加關注戰略性社會責任風險，旨在促進企業的健康可持續發展。企業依據法律規制、行業特點和自身條件，建立社會責任內部控制系統，有助於促進企業履行社會責任，對外披露社會責任信息，從而有效控制社會責任風險和法律風險，改善企業公共形象，提高企業商譽，促進企業的健康可持續發展。

（2）系統提出企業社會責任內部控制的基礎理論，包括企業社會責任內部控制的概念和本質、目標和職能、主體和對象、假設和原則，具有理論創新性。企業社會責任內部控制的本質是一種資本與權益的控制機制。企業社會責任內部控制的目標是通過將社會責任融入企業的戰略目標，識別、分析和控制企業社會責任風險，促進各利益相關者資本的高效配置和權益的公平分配，實現包括企業經濟效益、社會效益和環境效益在內的綜合價值最大化，促進企業與社會的和諧共生及企業自身的可持續發展。企業社會責任內部控制的基本職能是監督、控制企業合理履行社會責任情況，維護、平衡和促進各利益相關者的合法權益。企業社會責任內部控制主體包括設計主體、實施主體和監督主體。企業社會責任內部控制的對象是企業日常經營管理活動中的社會責任風險。企業社會責任內部控制的假設包括企業社會責任重要性假設和社會責任風險可控性假設。企業社會責任內部控制的原則包括合法合規性原則、環境適應性原則、戰略主導性原則、適度嵌入性原則、制衡協同性原則。企業社會責任內部控制基礎理論的提出，彌補了企業社會責任內部控制基礎理論研究的空缺，能夠為企業社會責任內部控制建設提供理論支撐。

（3）考察企業社會責任內部控制實現機理，實證分析內部控制、財務績效對企業社會責任的影響以及企業社會責任、內部控制與企業可持續發展水準的關係。研究表明，財務績效和內部控制對企業社會責任的承擔產生顯著正向影響，內部控制能夠正向調節財務績效和企業社會責任之間的關係；企業社會責任、內部控制質量與企業可持續發展水準顯著正相關，同時前兩者間的良性互動對企業的可持續發展產生了協同效應。進一步研究發現，這一協同效應在管理層權力較高的上市公司中並不顯著。研究結果為我們打開企業社會責任內部控制的「黑箱」，認識企業社會責任內部控制的作用機理提供了新的視角和證據，也為中國頒布社會責任內部控制方面的法律法規和企業構建實施企業社會責任內部控制提供了政策制定參考和理論依據。研究結果拓展了企業可持續發展研究視角，對「新常態」下提升中國上市公司企業社會責任意識、完善內部控制建設、實現可持續發展具有重要現實意義。因此，財務績效越好，內部控制越完善，就越能夠促進企業履行社會責任，從而提升企業的可持續發展水準。

（4）為了提升企業社會責任內部控制研究的實踐指導性和理論前瞻性，本研究提出企業社會責任內部控制實現路徑，開展分行業案例研究，並對企業社會責任內部控制的未來創新研究領域進行了有益的探索。構建了以戰略為導向、以社會責任風險管控為中心的企業戰略性社會責任內部控制框架，將企業社會責任內部控制分別融入企業戰略、企業文化、企業預算、企業合同管理、企業稅務、企業 QHSE 管理信息系統。此外，還提出企業社會責任內部控制審計的理論基礎和實施環境，構建企業社會責任內部控制審計的理論框架體系，對企業社會責任內部控制的內部環境、風險評估、控制活動、信息與溝通、內部監督等進行全面評價與審計。為了提高企業社會責任內部控制的可操作性，我們選擇了汽車行業、食品行業（企業）和金融行業進行了案例分析研究。企業社會責任內部控制建設需分行業進行，從而科學界定不同行業的社會責任風險控制內容，採取合理的控制方法和報告方式。企業社會責任內部控制的未來創新研究領域包括探索供應鏈內部控制、互聯網+社會責任內部控制和環境社會責任審計。

8.2　研究展望

建立企業社會責任內部控制系統，是明確責任分工、規範權力運行、構築風險防線的重大基礎性建設工程。前途是光明的，道路是曲折的。從長期來看，借鑑國外企業實施質量、健康、安全和環境（Quality Health Safe Environment, QHSE）管理體系的經驗，推進中國企業社會責任內部控制建設是必然發展趨勢。但也有許多現實困難需要克服，有些瓶頸制約需要突破。中國企業社會責任將近半個世紀的發展歷程面臨亟待解決的問題，主要體現在企業社會責任認知、企業社會責任管理能力、企業社會責任異化行為治理三大層面[235]，未來在新時代創新情景以及新一輪工業革命的演進下，提升中國企業社會責任管理與實踐能力仍然需要進一步聚焦企業社會責任的認知理念創新、制度創新、實踐範式創新。本研究擬從以下方面進行展望，為後續階段中國企業社會責任內部控制的研究與實踐提供思路和建議。

（1）研究的局限性與後續研究機會如下：

①本研究的實證部分選取的時間段為政策釋放效應最強的時間窗口期，即中國企業內部控制規範實施後的五年。後續的實證研究可以驗證更長的時間段，或分（時間）段、分行業、分所有制等，為企業社會責任內部控制研究

提供更多的創新觀點和經驗支持。

②由於獲得真實全面的企業社會責任數據比較困難,目前大都是對財務報表中不同指標進行分析,以及從企業社會責任報告中提取數據。但有關社會責任方面的直接數據和定量數據較為匱乏。我們在調研過程中發現,企業不願意披露負面的社會責任信息,只願意講述「好聽的故事」,企業社會責任方面的數據可靠性和全面性受到嚴重制約。將財務報告、社會責任報告、內部控制評價報告、審計報告、媒體披露、企業調研等不同渠道獲取的企業社會責任內部控制信息進行分析、整合和建模,研究企業社會責任內部控制,是一個可行的研究方向。

③本項目選擇的是汽車、食品、銀行等行業進行企業社會責任內部控制的案例研究,更多的行業可以納入下一步研究,如電力行業、石油石化行業、鋼鐵行業、煤炭行業、紡織行業等重污染製造型行業,以及文化行業、旅遊行業等輕資產服務型行業。歸納和總結不同行業企業社會責任內部控制的共同點和差異性,可以為財政部等政府部門出抬分行業社會責任內部控制指引提供政策參考。

④本研究考慮到重要性和社會責任嵌入度問題,將企業社會責任內部控制分別融入企業戰略、企業文化、企業預算、企業合同管理、企業稅務、企業QHSE 管理信息系統,開展了內部控制的應用研究,將採購業務納入綠色供應鏈內部控制框架下進行了創新研究。還有其他內部控制應用也值得關注和研究,包括但不限於以下方面:組織架構、人力資源、資金活動、資產管理、銷售業務、研究與開發、工程項目、財務報告等。

(2) 應基於中國的國情和行業及企業的情況,引入更多維度的社會責任內部控制研究,推動企業社會責任理論研究的創新發展,為企業社會責任內部控制實踐提供指導。中國還是發展中國家,正處於經濟轉型關鍵時期,防範化解重大風險,治理污染、貧困、腐敗等重大戰略任務進入改革深水區。充分發揮企業內部控制的治理功能,提升國家治理效率,是一個可行的思路。可以將經濟、金融、法制、所有制、倫理、公司治理、發展戰略、企業文化、互聯網、大數據、人工智能等理論方法和社會責任內部控制理論方法進行深度整合,研究這些理論方法和企業社會責任內部控制系統之間的交互作用機制和動態演化路徑。例如將社會責任內部控制研究應用於混合所有制改革研究,混合所有制改革不僅是資合問題,更是人合問題,相關法律法規、政策制度的規制以及文化的融合、創新非常重要。混合所有制企業社會責任內部控制體系,不是兩個不同組織的內部控制體系的簡單疊加,而是一種基於互補和共生關係、

面向利益相關者和社會責任的新型內部控制架構,如何構建和實施,值得探討。

(3) 應建立健全中國企業社會責任內部控制相關的法律法規。要在證券法、公司法和企業內部控制規範體系中,加大企業社會責任元素的融入。要在證券法中增加社會責任專門條款,激勵和引導企業社會責任投融資行為,對上市企業的社會責任情況進行嚴格監督和全面評價,並將關乎行業存亡和社會利益的社會責任條款作為企業的上市、發債、處罰和退市的考慮標準範圍。應要求企業發布社會責任報告及其審計結果以及內部控制審計報告,探索將社會責任和內部控制進行整合報告的信息披露模式。《公司法》第一章第五條規定,公司從事經營活動,必須遵守法律、行政法規,遵守社會公德、商業道德,誠實守信,接受政府和社會公眾的監督,承擔社會責任,但是對社會責任的相關規定匱乏,缺乏可操作性。《企業內部控制應用指引第 4 號——社會責任》雖然規定了社會責任,但是屬於部委發布的法規,立法層次和權威性有待提升。因此,建議修改《公司法》,摒棄股東至上的治理邏輯,引入利益相關者共同治理思維,加大企業社會責任和內部控制相關內容的規定。《企業內部控制應用指引第 4 號——社會責任》詳細羅列了企業應該履行的社會責任,開出了一份企業社會責任風險清單,但是對如何進行企業社會責任風險的識別、評估和應對,並沒有相關規定加以落實。因此,有必要對《企業內部控制應用指引第 4 號——社會責任》進行重新研究和制定,在此前基礎上進行拓展和深化,使之包含企業社會責任風險識別、評估和應對等內容,提高社會責任內部控制指引的可操作性和實踐指導價值。另外,財政部頒布實施的《電力行業內部控制操作指南》《石油石化行業內部控制操作指南》只適合電力行業和石油石化行業,亟待加快出抬其他關係到國計民生的典型行業的內部控制操作指南,例如汽車行業、食品行業、醫藥行業、鋼鐵行業、煤炭行業、紡織行業、文化行業、旅遊行業等,增加其社會責任要素;當條件成熟時,將分行業內部控制指南的一些固定的好的做法寫入內部控制法規,以提高其法律層次,增強其權威性,擴大企業應用面和社會受益面,助推國家經濟發展方式轉型,促進企業經濟的健康可持續發展,合理保障行業、產業的有序良性競爭。

(4) 應加強人本企業文化建設,為企業文化注入人本基因和社會責任內涵。人本戰略管理引領企業文化,人本內部控制塑造企業文化,人本績效評價推動企業文化。企業文化形成的三大路徑包括戰略管理、內部控制和績效評價[236],分別從動因、過程和結果三個層面對企業文化產生影響,為企業營造具有自身特色的企業文化、引導和規範員工行為、形成整體團隊的向心力提供

指導，提升企業軟實力和核心競爭力，促進企業可持續發展。人本企業文化關注企業經營管理活動的以人為本，無論是價值創造還是價值分配，均綜合考慮效率性和公平性。人本企業文化建設可以先從利益相關者關係管理入手，將公共關係管理、顧客關係管理、人力資源管理、供應商管理等加以整合，構建實施利益相關者關係管理的新模式。人本理念可以為企業文化賦能。現階段可以先考慮核心利益相關者，關注戰略性社會責任，效率優先，兼顧公平。未來發展到一定階段，當條件允許時，可以考慮全部利益相關者，關注全面社會責任，效率和公平並重，形成真正意義上的「企業公民」。提出中國企業開展企業社會責任內部控制文化建設的具體內容，即內部控制精神文化建設、內部控制制度文化建設、內部控制行為文化建設和內部控制物質文化建設，並分別對每一種文化的具體含義和建設途徑進行深入探討，以指導企業社會責任內部控制文化建設實踐。內部控制文化是企業文化的有機組成部分，也是一種重要的非正式制度安排，能夠影響正式制度的效率。內部控制變革從文化入手，是一個可行的思路。

（5）應將現階段的企業社會責任報告和內部控制報告整合為社會責任內部控制報告，要求上市公司披露社會責任內部控制的建設情況和運行情況，並實施社會責任內部控制審計。中國上市公司要求披露財務報告、企業社會責任報告和內部控制報告，由於現有會計體系的局限性和會計造假現象時有發生，反應企業資產狀況、經營成果和現金流量的財務報告體系的信息含量還沒有達到社會期望，會計信息的可靠性和相關性亟待提升。企業社會責任報告和內部控制報告能夠部分彌補財務報告的缺陷，從社會責任和內部控制的角度揭示企業的軟實力。但由於缺乏統一科學的格式和內容設計，企業社會責任報告披露的格式和內容有較大主觀性，「報喜不報憂」的情況普遍存在，第三方審驗也難以達到獨立審計的標準，企業社會責任信息的可靠性和可比性不高。內部控制建設情況在逐年改進，財政部會同證監會對滬深兩市 3,485 家上市公司公開披露的 2017 年度內部控制報告進行了系統分析：共有占比 93.11% 的上市公司公開披露了內部控制評價報告，2,602 家聘請會計師事務所進行了內部控制審計，有占比 99.8% 的上市公司被出具無保留意見。總體來看，企業內部控制規範體系在上市公司得到有效運行。鑒於企業內部控制建設的規範化程度和發展進程良好，而社會責任模塊的發展比較滯後，可以考慮將企業社會責任嵌入內部控制進行綜合報告。可以將企業社會責任報告和內部控制報告整合為社會責任內部控制報告，要求上市公司披露社會責任內部控制的建設情況和運行情況，並實施社會責任內部控制審計。此外，應加快推進企業綜合財務報告體系

改革，將人力資產、環境資產等納入會計核算和報告體系，並和企業社會責任內部控制體系相互打通銜接。企業社會責任內部控制審計可以結合傳統的社會責任報告審驗、內部控制審計、財務報告審計、人力資源審計、績效審計、環境審計、自然資源資產離任（任中）審計和經濟責任審計，統合綜效，提升審計監督效力。企業社會責任內部控制審計的理論基礎、應用環境和審計框架參見第五章第七部分，在此不贅述。

（6）應利用互聯網、物聯網、大數據和人工智能時代所能提供的控制資源，在現有企業QHSE管理系統基礎上，積極推動社會責任內部控制系統的分行業設計和落地實施。一方面，中國企業內部控制建設正在經歷由「點」「線」「面」「體」到「鏈」「網」「雲」「霧」的逐層遞階發展[237]。「雲控制」是基於互聯網的內部控制，「霧控制」是基於物聯網下的內部控制，內部控制建設的複雜性和自動化水準正進一步提高，朝著「大智移雲」和物聯網的方向發展。在這種時代背景下，只有審時度勢，及時調整控制方式，借助物聯網、互聯網、大數據和人工智能的技術支持提升內部控制效率，才會達到事半功倍的控制效果。以內部控制雲的發展為例，借助互聯網技術，管理信息系統與社會責任內部控制的融合能進一步達到「1+1>2」的效果。速度上，雲技術應用實現的遠程控制縮短了業務審查評價的時間間隔，較大地提高了管理監督的效率；寬度上，線上雲控制和線下實體控制的雙管齊下使業務數據成倍增長，擴大了內部控制的業務範圍；溫度上，企業社會責任內部控制系統對社會責任風險的控制，能夠促進員工和企業的共同成長，並且保障利益相關者的合法權益，凸顯以人為本。此外，內部控制人員還應借助人工智能深度挖掘和分析信息的能力，降低主觀判斷中可能存在的差錯率，提高內部控制質量。因此，通過信息化手段順勢而為，將信息技術應用於社會責任內部控制建設，能極大地降低時間成本、人力成本和潛在風險，進一步提高控制效率，為內部控制工作提供技術保障和制度保障。另一方面，構建企業社會責任內部控制系統不是全盤推翻現有的內部控制系統，而是對QHSE管理體系進行擴展和提升。目前中國石油石化行業、汽車行業等為數不多的行業構建了比較完整的QHSE管理體系，更多的行業還停留在傳統內部控制體系構建階段，信息化水準也有待提升。亟待轉變各行業、企業對社會責任管理的認識，特別是高層管理人員對企業社會責任的態度和取向，從行業生命週期、長期可持續發展和大數據驅動的戰略角度建立戰略性社會責任觀，將「互聯網+」思維融入社會責任內部控制建設，運用數據挖掘、數據分析技術和人工智能更好地建設企業社會責任內部控制，探索企業社會責任、內部控制和「大智移雲」之間的交互作用和

影響機制，以及如何在綠色供應鏈管理國際標準框架下，構建和發展中國企業分行業的社會責任內部控制信息化系統，有效管控企業社會責任風險，促進企業發展目標的實現。

　　社會責任是一個永恆的主題，內部控制建設是中國企業正在實施的一項重大基礎性工程。新時代，社會責任和內部控制的緊密結合，是大勢所趨。企業社會責任內部控制不是社會責任和內部控制的簡單疊加，也不是對傳統內部控制的推翻重來，而是實現傳統的物本導向內部控制向人本導向內部控制轉化。物本導向內部控制是基於股東單邊治理，以追求少數利益集團的經濟利益最大化為特徵，使利益相關者之間、人與環境之間的矛盾日益激化；人本導向內部控制是基於利益相關者共同治理，重視包括經濟價值、社會價值和環境價值的協同創造和合理分配，企業與社會、環境和諧共生，有利於平衡各方關係，促進企業的健康可持續發展。企業社會責任內部控制不僅識別評估和應對傳統風險，更將企業社會責任風險全面系統地納入管控框架。建設中國企業社會責任內部控制，需要對相關理論創新研究資源、政策與制度資源、文化資源、科技資源等進行整合，對企業社會責任內部控制的框架設計、實踐應用、評價反饋、優化提升進行分步驟、分階段推進。人本促和諧，創新促發展。在政策制定者、行業監管者、實務界、理論界等各方的共同努力下，企業社會責任內部控制的系統構建和有效運行，必將對促進中國經濟轉型升級和企業的健康可持續發展做出重要貢獻。

參考文獻

[1] 李偉陽, 肖紅軍. 全面社會責任管理: 新的企業管理模式 [J]. 中國工業經濟, 2010 (1): 114-123.

[2] 王海兵, 伍中信, 李文君, 等. 企業內部控制的人本解讀與框架重構 [J]. 會計研究, 2011 (7): 59-65.

[3] 王志永, 高強, 常國雄. 企業社會責任與內部控制互動機制研究 [J]. 企業活力, 2008 (12): 68-69.

[4] 張姍姍, 李玉娜. 企業社會責任與內部控制關係研究 [J]. 當代經濟, 2017 (22): 112-113.

[5] 王加燦, 沈小裕. 企業社會責任與企業內部控制的互動、耦合與優化 [J]. 吉林工商學院學報, 2012 (1): 36-40.

[6] 王海兵, 劉莎, 韓彬. 內部控制、財務績效對企業社會責任的影響: 基於A股上市公司的經驗分析 [J]. 稅務與經濟, 2015 (6): 1-9.

[7] 王海兵, 謝汪華. 民營企業社會責任內部控制文化構建研究 [J]. 當代經濟管理, 2015 (7): 31-37.

[8] 王海兵, 黎明. 汽車行業社會責任內部控制: 理論框架與實施路徑 [J]. 商業研究, 2014 (7): 149-155.

[9] 王清剛, 王靈寧. 基於風險導向的企業社會責任管理研究: 以××石油天然氣股份有限公司TH油田安全生產管理為例 [J]. 中南財經政法大學學報, 2011 (6): 57-62.

[10] 左銳, 曹健, 舒偉. 基於內部控制視角的企業環境風險管理研究 [J]. 西安財經學院學報, 2012 (5): 86-90.

[11] 鄧春華. 企業內部控制: 現狀及發展建議 [J]. 審計研究, 2005 (3): 72-75.

[12] 沈烈, 孫德芝, 康均. 論人本和諧的企業內部控制環境構建 [J]. 審計研究, 2014 (6): 108-112.

[13] 貫敬全,卜華.公司社會責任風險管控策略研究 [J].經濟體制改革,2014 (3):124-127.

[14] 王海兵,王冬冬.企業社會責任內部控制基礎理論研究 [J].會計之友,2015 (15):88-91.

[15] 花雙蓮.企業社會責任內部控制理論研究 [D].青島:中國海洋大學,2011.

[16] 王清剛.企業社會責任管理中的風險控制研究 [J].會計研究,2012 (10):54-64.

[17] 劉建秋,宋獻中.社會責任、信譽資本與企業價值創造 [J].財貿研究,2010 (6):133-138.

[18] 謝志華.內部控制:本質與結構 [J].會計研究.2009 (12):70-75.

[19] 高漢祥.公司治理與社會責任:被動回應還是主動嵌入? [J].會計研究,2012 (4):58-64.

[20] 田虹.企業社會責任與企業績效的相關性:基於中國通信行業的經驗數據 [J].經濟管理,2009 (1):72-80.

[21] 李正.企業社會責任與公司價值的相關性研究:來自滬市上市公司的經驗數據 [J].中國工業經濟,2006 (2):77 83.

[22] 劉建秋,盛夢雅.戰略性社會責任與企業可持續競爭優勢 [J].經濟與管理評論,2017,33 (1):36-49.

[23] 曾江洪,雷黎濤.契約途徑下的企業社會責任和社會資本關係 [J].財經科學,2011 (8):53-60.

[24] 王海兵.人本財務研究 [M].上海:立信會計出版社,2012.

[25] 張兆國,靳小翠.企業社會責任與財務績效之間的交互跨期影響實證研究 [J].會計研究,2013 (8):32-39.

[26] 溫素彬,方苑.企業社會責任與財務績效關係的實證研究:利益相關者視角的面板數據分析 [J].中國工業經濟,2008 (10):150-160.

[27] 李茜,熊杰,黃晗.企業社會責任缺失對財務績效的影響研究 [J].管理學報,2018,(02):255-261.

[28] 李百興,王博,卿小權.企業社會責任履行、媒體監督與財務績效研究:基於A股重污染行業的經驗數據 [J].會計研究,2018 (7):64-71.

[29] 馮臻.從眾還是合規:制度壓力下的企業社會責任抉擇 [J].財經科學,2014 (4):82-90.

［30］MCWILLIAMS A, SIEGEL D. Corporate social responsibility and financial performance: correlation or mis-specification? [J]. Strategic Management Journal, 2000 (21): 603-609.

［31］MOHR L A, WEBB D J. The effects of corporate social responsibility and price on consumer respomses [J]. Journal of Consumer Affairs, 2001 (39): 121-147.

［32］林鐘高, 吳林. 資源基礎觀、內部控制效率與企業成長 [J]. 財經科學, 2010 (9): 49-55.

［33］楊熠, 沈洪濤. 中國公司社會責任與財務業績關係的實證研究 [J]. 暨南學報 (哲學社會科學版), 2008 (6): 60-67.

［34］TREBUCQ, STEPHANE, D´ARCIMOLES. The corporate social performance-financial performance link: evidence from france [Z]. Electronic Journal, 2002 (11).

［35］黃群慧. 中國 100 強企業社會責任發展狀況評價 [J]. 中國工業經濟, 2009 (10): 23-35.

［36］沈洪濤. 公司特徵與公司社會責任信息披露: 來自中國上市公司的經驗證據 [J]. 會計研究, 2007 (3): 9-16.

［37］餘榕. 根植於內部控制審計的戰略管理框架研究 [J]. 審計研究, 2013 (6): 108-112.

［38］劉元春. 2012—2013 年中國宏觀經濟報告 [M]. 北京: 北京大學出版社, 2013: 41-42.

［39］楊偉民. 新常態, 大邏輯 [M]. 北京: 民主與建設出版社, 2014: 18-24.

［40］蔡樹堂. 動態能力對企業可持續成長作用機理的實證研究 [J]. 經濟管理, 2012 (8): 154-162.

［41］陳麗蓉, 韓彬, 楊興龍. 企業社會責任與高管變更交互影響研究 [J]. 會計研究, 2015 (8): 57-64.

［42］張川, 沈紅波, 高新梓. 內部控制的有效性、審計師評價與企業績效 [J]. 審計研究, 2009 (6): 79-86.

［43］費顯政, 李陳微, 周舒華. 一損俱損還是因禍得福: 企業社會責任聲譽溢出效應研究 [J]. 管理世界, 2010 (4): 74-82.

［44］馮麗麗. 內部控制、社會責任履行與企業價值: 基於《企業內部控制規範》執行的配對研究 [J]. 會計論壇, 2014 (2): 69-85.

［45］李偉, 滕雲. 企業社會責任與內部控制有效性關係研究 [J]. 財經

問題研究, 2015 (8): 105-109.

[46] 廖志敏, 陳曉芳. 強制披露理論依據之批評 [J]. 北京大學學報 (哲學社會科學版), 2009 (5): 136-145.

[47] 李心合. 內部控制研究的困惑與思考 [J]. 會計研究, 2013 (6): 54-61.

[48] 葉小勇. 填補市場與政府空白的第三只手: 可持續發展中的倫理道德 [J]. 新疆大學學報 (哲學·人文社會科學版), 2008 (2): 20-23.

[49] 吳磊. 公司治理與社會責任對企業成長的影響: 以中國製造業A股上市公司為例 [J]. 中南財經政法大學學報, 2015 (2): 143-149.

[50] 於良, 孫健, 孫嘉琦. 中小企業履行社會責任與企業可持續發展關係研究: 基於企業聲譽資本傳導機制的視角 [J]. 現代管理科學, 2016 (7): 15-17.

[51] 劉娜. 企業戰略管理中企業社會責任融入問題研究 [M]. 北京: 光明日報出版社, 2013: 92-97.

[52] CARRASCO-MONTEAGUDO I, BUENDíA-MARTíNEZ I. Corporate social responsibility: a crossroad between changing values, innovation and internationalisation [J]. European Journal of International Management, 2013 (3): 295-314.

[53] 朱乃平, 朱麗, 孔玉生, 等. 技術創新投入、社會責任承擔對財務績效的協同影響研究 [J]. 會計研究, 2014 (2): 57-63.

[54] ROYA DERAKHSHAN, RODNEY TURNER, MAURO MANCINI. Project governance and stakeholders: a literature review [J]. International Journal of Project Management, 2019 (1): 98-116.

[55] BARNEY J. Firm Resources and sustained competitive advantage [J]. Advances in Strategic Management, 1991 (17): 99-120.

[56] SIRSLY C A T, LAMERTZ K. When does a corporate social responsibility initiative provide a first-mover advantage? [J]. Business & Society, 2008 (3): 343-369.

[57] 財政部會計司. 內部控制: 整合框架 [M]. 北京: 中國財政經濟出版社, 2014: 20-21.

[58] 方紅星, 金玉娜. 高質量內部控制能抑制盈餘管理嗎: 基於自願性內部控制鑒證報告的經驗研究 [J]. 會計研究, 2011 (8): 53-60.

[59] 陳漢文, 程智榮. 內部控制、股權成本與企業生命週期 [J]. 廈門大學學報 (哲學社會科學版), 2015 (2): 40-49.

[60] 廖義剛. 環境不確定性、內部控制質量與權益資本成本 [J]. 審計與經濟研究, 2015 (3): 69-78.

[61] 干勝道, 胡明霞. 管理層權力、內部控制與過度投資: 基於國有上市公司的證據 [J]. 審計與經濟研究, 2014 (5): 40-47.

[62] 蘇冬蔚, 吳仰儒. 中國上市公司可持續發展的計量模型與實證分析 [J]. 經濟研究, 2005 (1): 106-116.

[63] 劉斌, 黃永紅. 中國上市公司可持續增長的實證分析 [J]. 重慶大學學報 (自然科學版), 2002 (9): 150-154.

[64] 張會麗, 吳有紅. 內部控制、現金持有及經濟後果 [J]. 會計研究, 2014 (3): 71-78.

[65] BROWN P, BEEKES W, VERHOEVEN P. Corporate governance, accounting and finance: a review [J]. Accounting & Finance, 2011 (1): 96-172.

[66] JAMALI D, SAFIEDDINE A M, RABBATH M. Corporate governance and corporate social responsibility synergies and interrelationships [J]. Corporate Governance: An International Review, 2008 (5): 443-459.

[67] 陳漢文, 韓洪靈. 實證審計理論 [M]. 北京: 中國人民大學出版社, 2012: 140-161.

[68] 陳曉珊, 匡賀武.「兩職合一」真正起到治理作用了嗎? [J]. 當代經濟管理, 2018, 40 (4): 22-29.

[69] CESPA G, CESTONE G. Corporate social responsibility and managerial entrenchment [J]. Journal of Economics & Management Strategy, 2007 (3): 741-771.

[70] 王燁, 葉玲, 盛明泉. 管理層權力、機會主義動機與股權激勵計劃設計 [J]. 會計研究, 2012 (10): 35-41.

[71] J HEIZER, B RENDER. Production and operations management [M]. [s. l.]: Prentice Hau Trade, 1996: 75-106.

[72] 王昶, 周登, SHAWN P DALY. 國外企業社會責任研究進展及啟示 [J]. 華東經濟管理, 2012, 26 (3): 150-154.

[73] 劉霄侖. 風險控制理論的再思考: 基於對 COSO 內部控制理念的分析 [J]. 會計研究, 2010 (3): 36-43, 96.

[74] BASU K, PALAZZO G. Corporate social responsibility: a process model of sensemaking [J]. Academy of Management Review, 2008, 33 (1): 122-136.

[75] 楊雄勝. 內部控制的性質與目標: 來自演化經濟學的觀點 [J]. 會

計研究, 2006 (11): 45-52.

[76] 劉國強. 企業戰略內部控制: 內部控制理論和實務的向前延伸 [J]. 財會學習, 2013 (9): 62-64.

[77] 孫偉, 李煒毅. 基於COSO ERM框架的企業社會責任風險管理研究 [J]. 中國註冊會計師, 2012 (12): 60-63.

[78] 劉祖斌. 論社會責任風險及其管理 [J]. 中國管理信息化 (綜合版), 2006 (8): 9-11.

[79] 許建, 田宇. 基於可持續供應鏈管理的企業社會責任風險評價 [J]. 中國管理科學, 2014, 22 (S1): 396-403.

[80] 袁裕輝. 供應鏈核心企業社會責任研究: 以複雜網絡理論為視角 [J]. 經濟與管理, 2012, 26 (7): 53-57.

[81] 李保京, 姜啟軍. 食品供應鏈社會責任風險傳導機制分析 [J]. 中國農學通報, 2014, 30 (3): 315-320.

[82] 楊克智, 李睿. 戰略導向內部控制研究 [J]. 現代管理科學, 2010 (7): 109-111.

[83] 鮑麗娜, 鮑麗. 基於企業社會責任的民營企業文化建設 [J]. 山西財經大學學報, 2007 (5): 66-71.

[84] 崔麗. 當代中國企業社會責任研究 [D]. 長春: 吉林大學, 2013.

[85] 包立峰. 以人為本企業文化的價值生態與建構 [D]. 瀋陽: 東北師範大學, 2012.

[86] KATHY S FOGEL, KEVIN K LEE, WAYNE Y LEE, JOHANNA PALMBERG. Corporate governance: an international review [J]. Business Financ, 2013, 21 (6): 6-534.

[87] 劉明明. 企業戰略變革的企業文化要素影響研究 [D]. 大連: 大連理工大學, 2012.

[88] 王海兵. 以人為本的內部控制機制探討 [J]. 中國註冊會計師, 2011 (3): 89-92.

[89] 趙建風. 上市公司股權結構對內部控制有效性的影響研究 [D]. 北京: 首都經濟貿易大學, 2013.

[90] 宋繼軍, 邵偉娟, 王文鋒. 成功民營企業文化建設基本經驗 [J]. 中外企業文化. 2013 (9): 51-53.

[91] 辛杰. 企業文化對企業社會責任的影響: 領導風格與高管團隊行為整合的作用 [J]. 山西財經大學學報, 2014 (6): 30-39.

[92] 李連華. 企業文化的內部控制效率分析 [J]. 財經論叢, 2012 (5): 51-53.

[93] 潘小梅. 內部控制與企業文化的耦合性分析 [J]. 西北民族大學學報 (哲學社會科學版), 2013 (1): 51-53.

[94] 王竹泉, 隋敏. 控制結構+企業文化: 內部控制要素新二元論 [J]. 會計研究, 2010 (3): 28-36.

[95] 範廣垠. 企業文化的新界定與企業文化管理模型 [J]. 華東經濟管理, 2009 (2): 121-123.

[96] 李國忠. 企業集團預算控制模式及其選擇 [J]. 會計研究, 2005 (4): 47-50.

[97] 陳豔利, 梁田, 徐同偉. 國有資本經營預算制度、管理層激勵與企業價值創造 [J]. 山西財經大學學報, 2018, 40 (6): 89-100.

[98] 李蕊愛. 中國企業預算控制存在的問題及應對措施 [J]. 商業研究, 2010 (7): 81-84.

[99] 張先治、翟月雷. 控制環境對預算控制系統的影響 [J]. 重慶理工大學學報 (社會科學版), 2010 (11): 17-21.

[100] 薛緋, 顧曉敏, 曹建東. 戰略預算編製改進研究: 起點、原則與方法 [J]. 學理論, 2013 (2): 71-74.

[101] 牛蕾. 戰略預算管理體系的構建 [J]. 銅陵學院學報, 2008 (1): 27-28.

[102] 呂鵬. 論企業戰略預算體系的構建 [J]. 生產力研究, 2007 (5): 134-136.

[103] 馬建威, 肖平. 基於可持續發展目標的企業戰略預算 [J]. 北京工商大學學報 (社會科學版), 2011, 26 (6): 104-109.

[104] 唐風帆, 王加禮. 基於企業戰略預算模式選擇 [J]. 合作經濟與科技, 2007 (7): 11-12.

[105] 李文君, 王海兵. 基於平衡計分卡的企業預算管理整合框架探析 [J]. 財務與會計 (理財版), 2014 (12): 42-44.

[106] 王海兵, 李文君, 何建國. 企業戰略性社會責任預算控制研究 [J]. 當代經濟管理, 2017, 39 (5): 12-17.

[107] 汪家常, 韓偉偉. 戰略預算管理問題研究 [J]. 管理世界, 2002 (5): 137-138.

[108] Fathilatul Zakimi, Abdul Hamid, et al. A case study of corporate social

responsibility by Malaysian government link company [J]. Procedia-Social and Behavioral Sciences, 2014 (164): 600-605.

[109] 王水嫩, 胡珊珊, 錢小軍. 戰略性企業社會責任研究前沿探析與未來展望 [J]. 外國經濟與管理, 2011 (11): 57-64.

[110] 李智彩, 範英杰. 戰略性企業社會責任研究綜述 [J]. 財政監督, 2014 (4): 19-21.

[111] 陳爽英, 井潤田, 劉德山. 企業戰略性社會責任過程機制的案例研究: 以四川宏達集團為例 [J]. 管理案例研究與評論, 2012 (6): 146-155.

[112] 王海兵, 劉莎. 企業戰略性社會責任內部控制框架構建研究 [J]. 當代經濟管理, 2015 (4): 31-37.

[113] 陳弘. 社會責任預算管理初探 [J]. 財會通訊, 2011 (7): 124.

[114] 周佳晴, 趙慧. 對社會責任預算管理的初步研究 [J]. 現代經濟信息, 2011 (5): 42.

[115] 楊弋, 鄔曉春, 劉錄, 等. 關於構建企業社會責任全面預算管理的思考 [J]. 國際商務財會, 2013 (12): 14-18.

[116] 吳秋生. 論企業發展戰略與內部控制的關係 [J]. 企業經濟, 2012 (10): 5-9.

[117] 徐虹, 林鐘高, 土海生. 內部控制戰略導向: 交易成本觀抑或資源基礎觀 [J]. 財經論叢, 2010 (5): 68-74.

[118] 池國華. 企業內部控制規範實施機制構建: 戰略導向與系統整合 [J]. 會計研究, 2009 (8): 64-71.

[119] 王海兵, 韓彬. 社會責任、內部控制與企業可持續發展: 基於A股主板上市公司的經驗分析 [J]. 北京工商大學學報 (社會科學版), 2016, (1): 75-84.

[120] PORTER, KRAMER. Strategy and society: the link between competitive advantage and corporate social responsibility [J]. Harvard Business Review, 2006, 84 (12): 78-92.

[121] 王水嫩, 胡珊珊, 錢小軍. 戰略性企業社會責任研究前沿探析與未來展望 [J]. 外國經濟與管理, 2011, (11): 57-63.

[122] 彭雪蓉, 劉洋. 戰略性企業社會責任與競爭優勢: 過程機制與權變條件 [J]. 管理評論, 2015, (7): 156-167.

[123] G BOESSO, F FAVOTTO, G MICHELON. Stakeholder prioritization, strategic corporate social responsibility and company performance: further evidence

［J］. Corporate Social Responsibility and Environmental Management, 2015, 22 (6): 424-440.

［124］邵興東, 孟憲忠. 戰略性社會責任行為與企業持續競爭優勢來源的關係: 企業資源基礎論視角下的研究［J］. 經濟管理, 2015 (6): 56-65.

［125］王海兵, 李文君. 企業戰略性社會責任預算控制體系構建探析［J］. 財務與會計, 2016 (11): 56-57.

［126］王豔麗. 內部控制的實施與加強: 以新疆民營企業的合同管理為例［J］. 中央財經大學學報, 2010 (10): 92-96.

［127］馬穎. 過程控制導向的企業合同內部控制系統研究［J］. 會計研究, 2011 (9): 61-65.

［128］王春暉, 曹越. 內部控制視角下對高校經濟合同管理的思考［J］. 會計之友, 2016 (19): 87-91.

［129］郝玉貴, 付饒, 龐怡晨. 政府購買公共服務、合同治理與審計監督［J］. 中國審計評論, 2015 (1): 58-66.

［130］穆伯祥. BOT融資項目違約風險的合同審計方法［J］. 財會月刊, 2014 (9): 107-109.

［131］李福才. 深圳燃氣重大合同管理專項審計案例［J］. 中國內部審計, 2012 (12): 60-63.

［132］陳平. 合同審計的實踐與思考［J］. 新會計, 2014 (1): 66-67.

［133］尹珏林, 楊俊. 可持續競爭優勢新探源: 戰略性企業社會責任整合性研究框架［J］. 未來與發展, 2009 (6): 63-68.

［134］王海兵. 企業社會責任內部控制審計研究［J］. 湖南財政經濟學院學報, 2015 (4): 43-51.

［135］AMéLIE BOHAS, NICOLAS POUSSING. An empirical exploration of the role of strategic and responsive corporate social responsibility in the adoption of different Green IT strategies［J］. Journal of Cleaner Production, 2016 (10): 240-251.

［136］王海兵, 賀妮馨. 面向綠色供應鏈管理的企業社會責任內部控制體系構建［J］. 當代經濟管理, 2018 (3): 13-18.

［137］繆桂英, 黃林華. 增值稅徵管模式下營改增企業稅務內部控制的改進［J］. 稅收經濟研究, 2014 (2): 51-54.

［138］朱錦程. 論全球化背景下企業社會責任的拓展［J］. 徐州教育學院學報, 2005 (3): 47-50.

[139] CARROLL A B. The pyramid of corporate social responsibility: toward the moral management of organizational stakeholders [J]. Business Horizons, 1991 (34): 39-48.

[140] 黃董良, 方婧. 企業稅務信息披露: 一種社會責任視角的分析 [J]. 財經論叢, 2008 (3): 21-27.

[141] 財政部, 國家稅務總局. 關於實施違規開具機動車銷售統一發票的機動車企業名單公示制度的公告 [S]. 2016.

[142] 全國稅務師職業資格考試教材編寫組. 稅法 (Ⅰ) [M]. 北京: 中國稅務出版社, 2017.

[143] 陳清. 「營改增」試點: 成效、問題與對策 [J]. 稅務與經濟, 2015 (1): 95-98.

[144] 陳仕遠. 基於稅收陷阱規避的納稅籌劃權行使方式分析 [J]. 重慶理工大學學報 (社會科學), 2017, 31 (2): 99-109.

[145] 王海兵, 楊小龍. 以人為本的企業財務文化研究 [J]. 會計之友, 2012 (8): 23-28.

[146] 韓朔. 中石油管道公司 QHSE 管理體系推進中的問題及對策分析 [J]. 遼寧工業大學學報 (自然科學版), 2016 (5): 339-341.

[147] 趙展寧. 對青海油田內部控制體系與 QHSE 管理體系融合的探索 [J]. 企業改革與管理, 2016 (7): 25, 54.

[148] 孫瑜. 國外企業社會責任研究綜述 [J]. 合作經濟與科技, 2012 (1): 57-58.

[150] 李炳毅, 李東紅. 企業社會責任論 [J]. 經濟問題, 1998 (8): 34-36.

[151] 雍蘭利. 論企業社會責任的界定 [J]. 道德與文明, 2005 (3): 42-45.

[152] 劉誠. 企業社會責任概念的界定 [J]. 上海師範大學學報 (哲學社會科學版), 2006 (5): 57-63.

[153] 孫魯毅, 劉威. 從「西方話語」到「本土關懷」: 企業社會責任理論的三重變奏及其中國啟示 [J]. 學術論壇, 2016 (5): 104-109.

[154] 楊漢明, 吳丹紅. 企業社會責任信息披露的制度動因及路徑選擇: 基於「制度同形」的分析框架 [J]. 中南財經政法大學學報, 2015 (1): 55-62, 159.

[155] 楊力. 企業社會責任的制度化 [J]. 法學研究, 2014 (5): 131-158.

[156] 李智彩, 範英杰. 社會責任、公司治理與財務績效關係研究: 以製

造業上市公司為例［J］. 中國註冊會計師, 2015（5）: 58-65.

［157］NAWATE T. Schlumberger commitment towards Quality, Health, Safety and Environment（QHSE）from the president to each one of us［J］. Journal of the Japanese Association for Petroleum Technology, 1999, 64（5）: 413-415.

［158］ETKIND J, BENNACEUR K, DMEC M. et al. Knowledge portals support widely distributed oilfield projects［C］// Proceedings of IEEE International Professional Communication Conference IEEE. Orlando: Fla, 2003: 189-200.

［159］DOS S J, EVANGELISTA A C J. Performance gains with the quality, health, safety and environment（QHSE）management in works of retrofit［C］// Singapore: IEEE International Conference on IndustrialEngineering and Engineering Management, 2015: 932-934.

［160］朱龍, 餘新文. QHSE 管理體系與企業內部審計［J］. 中國審計, 2009（2）: 64-65.

［161］王海兵, 宗廣平. 基於價值鏈的 Y 食品企業 QHSE 內部控制優化研究［J］. 商業會計, 2016（2）: 4-8.

［162］張武星. 質量安全環境與健康（QHSE）一體化管理體系探討［J］. 安全、健康和環境, 2004（9）: 18-21.

［163］陳志和. 質量、環境、職業健康安全管理體系標準整合研究［J］. 現代管理科學, 2009（2）: 112-114.

［164］袁勇, 王飛躍. 區塊鏈技術發展現狀與展望［J］. 自動化學報, 2016（4）: 481-494.

［165］魏光禧. 雲計算時代個人信息安全風險與防控措施［J］. 重慶理工大學學報（社會科學）, 2016（2）: 92-97.

［166］GREGOR SCHöNBORN, CECILIA BERLIN. Why social sustainability counts: the impact of corporate social sustainability culture on financial success［J］. Sustainable Production and Consumption, 2019（1）: 1-10.

［167］楊弋, 焦珊珊, 姜澤洪, 等. 基於內部控制下的社會責任績效考核初探: 以 ZHKL 公司為例［J］. 財務與會計, 2013（12）: 62-63.

［168］張安平, 李文, 郭建偉. 雪佛龍公司的全面社會責任管理模式及其啟示［J］. 經濟管理, 2011, 33（5）: 123-128.

［169］陽秋林, 李冬生. 建立中國企業社會責任審計的構想［J］. 審計與經濟研究, 2004（6）: 11-13.

［170］姜虹. 國外企業社會責任審計研究述評與啟示［J］. 審計研究,

2009 (3): 33-37.

[171] 李豔. 社會責任審計發展現狀及方法研究 [J]. 財會月刊, 2010 (24): 69-70.

[172] 周蘭, 郭芬. 低碳經濟下企業社會責任審計模式研究 [J]. 中南財經政法大學學報, 2011 (3): 120-125, 144.

[173] 黃孟芳, 盧山冰. 基於利益相關者的組織價值審視及價值範式建構: 社會責任審計與社會會計 [J]. 西北大學學報 (哲學社會科學版), 2013, 43 (2): 99-102.

[174] 盛永志. 企業內部控制審計 [M]. 北京: 清華大學出版社. 2011.

[175] 李嘉明, 趙志衛. 中國企業開展社會責任內部審計的構想 [J]. 中國軟科學, 2007 (4): 123-126.

[176] 許葉枚. 社會責任、內部審計與企業價值 [J]. 浙江學刊, 2009 (6): 174-178.

[177] 張國清. 自願性內部控制審計的經濟後果: 基於審計延遲的經驗研究 [J]. 經濟管理, 2010, 32 (6): 105-112.

[178] 田超, 干勝道. 企業社會責任內部控制制度的研究 [J]. 經濟研究參考, 2010 (49): 36-39.

[179] 王海兵, 童倩. 知識經濟背景下的中國企業內部審計創新研究 [J]. 管理現代化, 2015 (3): 43-45.

[180] 張龍平, 陳作習, 等. 美國內部控制審計的制度變遷及其啟示 [J]. 會計研究, 2009 (2): 75-80.

[181] 鄭石橋, 鄭卓如. 核心文化價值觀和內部控制執行: 一個制度協調理論架構 [J]. 會計研究, 2013, (10): 28-33.

[182] 邢雅林, 張建英. 涉農企業社會責任信息披露影響因素研究 [J]. 廣西財經學院學報, 2014, (3): 113-120.

[183] 趙麗錦. 內部控制、會計信息質量與企業投資效率 [J]. 山東財經大學學報, 2014, (6): 82-92.

[184] 辛杰, 於俊軍. 企業社會責任非正式制度的誘致性變遷 [J]. 湖南科技大學學報 (社會科學版), 2014, (5): 57-62.

[185] 黃俊, 陳宗霞, 羅麗娜. 企業社會責任管理模式研究: 以東風汽車股份有限公司為例 [J]. 科技管理研究, 2012 (14): 126-130.

[186] R M VANALLE, W C LUCATO, L B SANTOS. Environmental requirements in the automotive supply chain: an evaluation of a first tier company in the bra-

zilian auto industry [J]. Procedia Environmental Sciences, 2011 (10): 337-343.

[187] JAEGUL LEE, FRANCISCO M VELOSO, DAVID A HOUNSHELL. Linking induced technological change, and environmental regulation: evidence from patenting in the U. S. auto industry [J]. Research Policy, 2011, 40 (10): 1240-1252.

[188] SANDRA M C LOUREIRO, IDALINA M DIAS SARDINHA, LUCAS REIJNDERS. The effect of corporate social responsibility on consumer satisfaction and perceived value: the case of the automobile industry sector in Portugal [J]. Journal of Cleaner Production, 2012, 37 (10): 172-178.

[189] 鄧子綱. 汽車企業社會責任研究 [D]. 武漢: 中南大學, 2011.

[190] 劉建堤. 企業社會責任評價標準研究: 以東風汽車公司為例 [J]. 江漢大學學報 (社會科學版), 2012 (6): 9-13.

[191] 張兆國, 張旺峰, 楊清香. 目標導向下的內部控制評價體系構建及實證檢驗 [J]. 南開管理評論, 2011 (1): 148-156.

[192] 劉建秋, 宋獻中. 社會責任對企業價值的影響機理: 理論與實證研究 [M]. 北京: 經濟科學出版社, 2012.

[193] 王海兵, 梁松. 汽車行業社會責任內部控制實現路徑探微 [J]. 會計之友, 2014 (11): 95-97.

[194] 林鐘高, 王書珍. 論內部控制與企業價值 [J]. 財貿研究, 2006 (5): 117-122.

[195] 董冠洋. 審計署查出11起債市違法犯罪線索非法牟利超6億元 [N]. 中國新聞網, 2015-01-27.

[196] 中國銀行業協會. 中國銀行業金融機構企業社會責任指引 [S]. 中國銀行業協會, 2009.

[197] 柴玉珂. 商業銀行的社會責任及其信息披露 [J]. 經濟導刊, 2011 (6): 78-79.

[198] 劉勇奮, 胡恩中, 周良. 商業銀行公司治理、社會責任與金融消費者權益保護 [J]. 上海金融, 2013 (11): 95-99+62.

[199] 胡廣文, 張鵬. 金融危機條件下中國商業銀行履行社會責任問題研究 [J]. 區域金融研究, 2009 (8): 58-61.

[200] TIROLE, JEAN. Corporate governance [J]. Econometrica, 2001 (1): 69.

[201] 蕭松華, 譚超穎. 中國商業銀行社會責任評價指標體系構建探討

[J]. 金融論壇, 2009 (8): 20-24.

[202] 何德旭, 張雪蘭. 利益相關者治理與銀行業的社會責任 [J]. 金融研究, 2009 (8): 75-91.

[203] 張立軍, 馬霄, 李敏. 低碳經濟背景下企業社會責任評價體系研究 [J]. 科技管理研究, 2013 (5): 67-70.

[204] 徐泓, 朱秀霞. 上市公司社會責任評價指標研究 [J]. 經濟與管理研究, 2010 (5): 79-83.

[205] DUBEY R, GUNASEKARAN A, PAPADOPOULOS T. Green supply chain management: theoretical framework and further research directions [J]. 2017, 24 (1): 1-35.

[206] 汪應洛, 王能民, 孫林岩. 綠色供應鏈管理的基本原理 [J]. 中國工程科學, 2003 (11): 82-87.

[207] 陳遠高. 供應鏈社會責任的概念內涵與動力機制 [J]. 技術經濟與管理研究, 2015 (1): 75-78.

[208] 繆朝煒, 伍曉奕. 基於企業社會責任的綠色供應鏈管理: 評價體系與績效檢驗 [J]. 經濟管理, 2009 (2): 174-180.

[209] 吳定玉. 供應鏈企業社會責任管理研究 [J]. 中國軟科學, 2013 (2): 55-63.

[210] 李金華, 黃光於. 供應鏈社會責任的整合治理模式與機制 [J]. 系統科學學報, 2016, 24 (1): 65-69.

[211] CARBONE V, MOATTI V, VINZI V E. Mapping corporate responsibility and sustainable supply chains: an exploratory perspective [J]. Business Strategy and the Environment, 2012, 21 (7): 475-494.

[212] 李廣華, 段燦. 綠色供應鏈中政府、企業和消費者的演化博弈模型分析 [J]. 商業時代, 2013 (3): 49-51.

[213] VAN TULDER R, VAN WIJK J, KOLK A. From chain liability to chain responsibility: MMNE approaches to implement safety and health codes in international supply chains [J]. Journal of Business Ethics, 2009, 85 (Suppl2): 399-412.

[214] 許建, 田宇. 基於可持續供應鏈管理的企業社會責任風險評價 [J]. 中國管理科學, 2014 (S1): 396-403.

[215] MZEMBE A N, LINDGREEN A, MAON F, et al. Investigating the drivers of corporate social responsibility in the global tea supply chain: a case study of

eastern produce limited in malawi [J]. Corporate Social Responsibility and Environmental Management, 2016, 23 (3): 165-178.

[216] 朱慶華, 閻洪. 綠色供應鏈管理: 理論與實踐 [M]. 北京: 科學出版社, 2013.

[217] 王海兵, 曹瑞翔. 「互聯網+」時代企業內部審計發展趨勢 [J]. 重慶理工大學學報 (社會科學版), 2017 (3): 55-60.

[218] 湯曉建. 內部控制、制度環境與企業社會責任信息披露質量 [J]. 會計與經濟研究, 2016 (2): 85-104.

[219] 秦榮生. 「互聯網+」時代的審計發展趨勢研究 [J]. 中國註冊會計師, 2016 (1): 84-88.

[220] 時軍. 新常態經濟背景下中國環境審計目標設置與實施研究 [J]. 中國註冊會計師, 2015 (12): 83-87.

[221] 劉長翠, 張宏亮, 黃文思. 資源環境審計的環境: 結構、影響與優化 [J]. 審計研究, 2014 (3): 38-42.

[222] 李然. 資源環境審計問題及對策 [J]. 財會通訊, 2010 (7): 94-95.

[223] 王海兵. 政府審計參與國家治理的理論基礎和路徑選擇研究 [J]. 湖南財政經濟學院學報, 2013, 29 (5): 21-35.

[224] 徐建芳. 對中國資源環境審計的思考及建議 [J]. 中國內部審計, 2013 (6): 88-90.

[225] 鄭石橋, 呂君杰. 領導幹部資源環境責任審計本質: 理論框架和例證分析 [J]. 會計之友, 2018 (13): 152-156.

[226] 譚寧. 關於社會責任投資與社會環境審計關係的研究綜述 [J]. 現代國企研究, 2015 (10): 183-186.

[227] 康雲雷, 張瑞明. 環境審計推動企業履行社會責任 [J]. 會計之友, 2011 (24): 114-116.

[228] 裴森林, 張容海. 強化資源環境審計的幾點思考: 以甘肅省為例 [J]. 財會研究, 2011 (6): 65-67, 70.

[229] 袁廣達. 中國上市公司環境審計理論與應用 [M]. 北京: 經濟科學出版社, 2014.

[230] 謝志華, 陶玉俠, 杜海霞. 關於審計機關環境審計定位的思考 [J]. 審計研究, 2016 (1): 11-16.

[231] 王海兵, 周琳. 企業環境社會責任審計論綱 [J]. 會計之友, 2017

（7）：103-109.

［232］中華人民共和國審計署.「十三五」國家審計工作發展規劃［R］. 2016.

［233］黃溶冰，趙謙. 環境審計在太湖水污染治理中的實現機制與路徑創新［J］. 中國軟科學，2010（3）：66-73.

［234］向思，陳煦江. 長江經濟帶上游地區水污染審計機制的構建與實施路徑探討［J］. 綠色財會，2017（4）：12-16.

［235］肖紅軍，陽鎮. 中國企業社會責任40年：歷史演進、邏輯演化與未來展望［J］. 經濟學家，2018（11）：22-31.

［236］王海兵，賀妮馨. 企業文化建設三大路徑：以海底撈為例（上）［N］. 財會信報，2018-06-25（B05）.

［237］王海兵，賀妮馨. 企業內部控制建設的八個層級［J］. 會計之友，2018（3）：136-139.

國家圖書館出版品預行編目（CIP）資料

中國企業社會責任內部控制研究 / 王海兵 編著. -- 第一版.
-- 臺北市：財經錢線文化, 2020.06
　　面；　　公分
POD版

ISBN 978-957-680-441-0(平裝)

1.企業社會學 2.企業管理 3.中國

490.15   109007297

書　　名：中國企業社會責任內部控制研究
作　　者：王海兵 編著
發 行 人：黃振庭
出 版 者：財經錢線文化事業有限公司
發 行 者：財經錢線文化事業有限公司
E - m a i l：sonbookservice@gmail.com
粉 絲 頁：　　　　　網　址：
地　　址：台北市中正區重慶南路一段六十一號八樓 815 室
8F.-815, No.61, Sec. 1, Chongqing S. Rd., Zhongzheng
Dist., Taipei City 100, Taiwan (R.O.C.)
電　　話：(02)2370-3310　傳　真：(02) 2388-1990
總 經 銷：紅螞蟻圖書有限公司
地　　址：台北市內湖區舊宗路二段 121 巷 19 號
電　　話：02-2795-3656　傳真：02-2795-4100　　網址：
印　　刷：京峯彩色印刷有限公司（京峰數位）

　　本書版權為西南財經大學出版社所有授權崧博出版事業股份有限公司獨家發行電子書及繁體書繁體字版。若有其他相關權利及授權需求請與本公司聯繫。

定　　價：420 元
發行日期：2020 年 06 月第一版
◎ 本書以 POD 印製發行